Les paysages de l'électricité

Perspectives historiques et enjeux contemporains (XIXe-XXIe siècles)

P.I.E. Peter Lang

Bruxelles · Bern · Berlin · Frankfurt am Main · New York · Oxford · Wien

Christophe Bouneau, Denis Varaschin, Léonard Laborie,
Renan Viguié, Yves Bouvier (dir.)

Les paysages de l'électricité

Perspectives historiques et enjeux contemporains (XIXe-XXIe siècles)

« Histoire de l'énergie »
n° 4

Illustration de couverture : Interconnexion France-Espagne – Ligne 400 000 V Baixas Vich (Pyrénées Orientales). © Médiathèque RTE – Michel Monteaux.

Éditions scientifiques internationales
Bruxelles, 2012
1 avenue Maurice, B-1050 Bruxelles, Belgique
www.peterlang.com; info@peterlang.com

ISSN 2033-7469
ISBN 978-90-5201-893-5
D/2012/5678/100

Ouvrage imprimé en Allemagne

« Die Deutsche Nationalbibliothek » répertorie cette publication dans la « Deutsche Nationalbibliografie » ; les données bibliographiques détaillées sont disponibles sur le site http://dnb.de.

Table des matières

Introduction

Christophe BOUNEAU & Denis VARASCHIN

Le Code de l'environnement définit le paysage comme un patrimoine commun de la nation et précise que chaque collectivité publique en est le gestionnaire et le garant dans le cadre de ses compétences. Son Article L110-1 déclare ainsi : « les espaces, ressources et milieux naturels, les sites et paysages, la qualité de l'air, les espèces animales et végétales, la diversité et les équilibres biologiques auxquels ils participent font partie du patrimoine commun de la nation ».

Le paysage s'affirme avant tout comme une notion assez récente, complexe et évolutive. Elle est apparue dans le droit public français avec les lois de 1887 sur le patrimoine historique et de 1906 sur la protection des monuments naturels et des sites. Cette dernière a reconnu que le droit de propriété, ce droit « sacré et inviolable » issu de la Révolution, pouvait être limité pour préserver « les beautés de la nature », pour conserver au bénéfice de tous des paysages « remarquables et pittoresques ».

La notion de paysage oscille donc en permanence entre deux pôles :

- le paysage comme résultante de l'action de l'homme et du monde vivant, que nous contribuons à transformer et à faire vivre et non comme une nature morte ;
- le paysage comme perception visuelle de son environnement.

La Convention européenne du paysage[1] reprend cette approche et le définit comme « une portion de territoire perçue par les populations, dont le caractère résulte de l'action de facteurs naturels et/ou humains et de leurs interrelations ». Cette Convention note aussi que l'innovation et les évolutions techniques, et elle cite tout particulièrement les réseaux, accélèrent souvent la transformation des paysages. Ainsi la « patrimonialisation des paysages » s'est opérée, au fil du temps, selon trois paradigmes :

- le pittoresque, qui impose le paysage comme objet patrimonial assimilé à une œuvre peinte,

[1] Conseil de l'Europe – Traité européen n° 176 du 20 octobre 2000, entré en vigueur le 1er mars 2004.

- l'environnement, qui classe les grands paysages et qui s'attache à le mettre en valeur par une gestion des sites,
- le culturel, qui se positionne par une interaction dynamique entre naturel et social.

L'histoire sédimentée du concept de paysage et sa trajectoire historiographique reposent donc durablement sur la construction et la déconstruction d'un artefact, que l'on se focalise dans cette geste quasiment héroïque sur sa découverte avec Augustin Berque[2] ou sur son invention avec Anne Cauquelin[3]. Pourtant les historiens dans cette investigation paysagère par les sciences humaines et sociales furent plutôt des « latecomers » : le rapport entre technologies et paysage n'a commencé à retenir l'attention des historiens que très timidement dans les années 1970, une fois venu le temps de la désindustrialisation. À ce titre, *Le Paysage de l'industrie, Ruhr-Wallonie-Région du Nord*, introduit précisément ce nouveau champ de recherches historicisé, celui des paysages technologiques[4]. Dans son premier essai d'approche synthétique de cette trajectoire et de cette temporalité du paysage français paru en 1983, le géographe Jean-Robert Pitte[5] ne peut regarder le paysage de l'énergie électrique du XXe siècle, des centrales et des lignes, que comme un espace instrumental impensable, subi et inappropriable par l'individu.

Au-delà de cette approche fondatrice, mais déjà datée d'un point de vue historiographique, la notion de paysages de l'électricité reste profondément ambivalente dans la conjonction des deux termes et donc dans leur déploiement historique. Dans sa complexité, elle renvoie à cinq ordres de questions transversales auxquelles tentent de répondre, chacune dans leur perspective et sur leur terrain paysager spécifique, les contributions de cet ouvrage :

– L'électricité se dérobe le plus souvent au regard. Comment l'invisible, qui n'est pas virtuel mais qui correspond à un « système abstrait », donne-t-il naissance à du visible dans l'espace ? Ces paysages étudiés ressortent à la fois du matériel et de l'immatériel mais aussi de l'implicite.

---

2 Berque A., *Écoumène. Introduction à l'étude des milieux humains*, Paris, Belin, 2000.

3 Cauquelin A., *L'Invention du paysage*, Paris, PUF, 1989 et *Le Site et le paysage*, Paris, PUF, 2002.

4 *Le paysage de l'industrie, Ruhr-Wallonie-Région du Nord*, Bruxelles, Éditions des archives de l'architecture moderne, 1975.

5 Pitte J.-R., *Histoire du paysage français*, Paris, Tallandier, 1983. Sur cette historicité/temporalité du paysage voir également la réflexion théorique de Danny Trom, « Voir le paysage, enquêter sur le temps », *Politix*, n° 39, 1997.

– Le système électrique est savant : construction et même ensemble de constructions, il fonctionne comme un système. Ce système donne naissance à des formes, des signes, et des symboles qui s'emboîtent dans d'innombrables et parfois improbables combinaisons pour participer à la composition du paysage.

– Comme le montrent les travaux de David Nye[6], l'électricité et son économie renvoient assez facilement au sentiment du « sublime », dans un rapport culturel et psychologique au paysage, où la réception, la perception et l'appréciation sont régies par des sensibilités et des conventions.

– Si la crainte de l'appauvrissement, de la dénaturation, de la disparition du paysage « naturel » est un lieu commun notamment à l'origine de la création en 1902 de la Société pour la protection des paysages de France, le paysage électrique est devenu particulièrement un objet conflictuel depuis les années 1970. Ces contestations contemporaines portées par une incontestable montée de la « brutalisation » des paysages portent une confusion environnement/nature/paysage et ne sont pas sans rappeler la diabolisation de l'industrie au XIXe siècle ni le culte rousseauiste de la nature du siècle précédent.

– Le paysage est traversé par des dynamiques de l'ordre de la transformation (du naturel à l'humain) et de l'évolution (historique). Affecté par le temps, il doit être apprécié dans la longue durée de l'histoire. Sans remonter à la foudre des Anciens, si l'on se réfère à l'électrification des phares des côtes de France et plus tard, à la première Exposition internationale de 1881, c'est un siècle et demi de présence de l'électricité dans le paysage, et même de prédication de l'électricité par le paysage, que cet ouvrage tente d'appréhender.

Dans la genèse scientifique du colloque du Comité d'histoire de la Fondation EDF – et donc cet ouvrage qui en est issu – il faut souligner le rôle pionnier du séminaire CNRS-ISCC « Le patrimoine matériel et immatériel de la communication des entreprises », coordonné par Denis Varaschin et Yves Bouvier[7], au moins pour sa perspective entrepreneuriale, celle des entreprises de réseaux, qui incarnent dans des cycles au demeurant très différents l'intérêt public. L'étude comparée et combinée des politiques patrimoniales et des politiques de communication d'EDF, de RTE, de la SNCF et de la RATP a donné lieu à la publication d'un numéro spécial de *Flux* à la portée séminale[8]. Plus spécifiquement pour

---

6 Nye D., *American Technological Sublime*, Cambridge/Londres, MIT, 1994.

7 Neuf séances de séminaire se sont tenues de 2007 à 2009, à Paris et en Savoie.

8 « Patrimoine de la communication des entreprises de réseau », *Flux*, n° 82, 2010/4, voir en particulier l'Introduction rédigée par Yves Bouvier, Marie-Noëlle Polino et Denis Varaschin p. 5-7. Voir également Varaschin D. (dir.), « Le patrimoine de

l'industrie électrique, son système, ses réseaux et ses équipements, quatre réalités complémentaires et quatre configurations et approches patrimoniales qui ne s'emboîtent pas dans des cercles concentriques, le DVD *Mémoires de l'électricité*, réalisé sous la direction de Denis Varaschin représente une référence majeure et une ressource inépuisable[9]. Les électriciens d'aujourd'hui proposent en tout cas une mise en scène qui ne nie absolument pas l'essence matérielle de leurs activités, tout en tenant compte des volontés d'« immatérialisation » et de dématérialisation des formes exprimées par la société. Toutefois, par leurs activités quotidiennes mais aussi par leur action patrimoniale, comme le montre l'action développée par Claude Welty à *Électropolis*[10], ils participent aussi au maintien des traces héritées du passé et donc à la stratification du paysage de l'électricité.

Les paysages de l'électricité conduisent donc à s'interroger sur les notions de liens (un assemblage), de processus (historique) et de passages (en accompagnement de la société). Le paysage électrique est une construction culturelle, qui est le produit d'une technique et d'une société, toutes deux relatives et en mouvement[11]. Le paysage étant un miroir de la société, au-delà de la conflictualité remarquée, au-delà des polémiques et de la caricature, la recherche du consensus, de la coconstruction ou du simple compromis ne serait-elle pas l'utopie d'une autre utopie ? Du rêve à la réalité, de l'enfantement technicien à la gestion collective, l'électricien-architecte du paysage s'est attaché à promouvoir des esthétiques, à assurer des identités et à établir une culture.

Dès la première phase de déploiement de l'innovation électrique au XIXe siècle et de construction d'un système électrique à la fois technique et économique, la nouvelle forme d'énergie s'est en effet immiscée dans les paysages existants, qu'ils fussent métropolitains, industriels ou ruraux. Mais cette immixtion, sous le signe de l'étrangeté de l'appareillage, du bâtiment, des configurations spatiales et des postures professionnelles, s'est progressivement, parfois radicalement, transformée en genèse d'un paysage électrique spécifique. Ce nouveau système paysager, dont la signifiance recueillait tous les signes ambivalents de la modernité, avant d'être aujourd'hui en certains cas patrimonialisé, a produit des figures extrêmement diverses :

---

l'électricité », *L'Archéologie industrielle en France*, n° 52, 2008 et Bouvier Y., Varaschin D. (dir.), *Le Patrimoine industriel de l'électricité et de l'hydroélectricité*, Chambéry, Presses du LLS/Université de Savoie, 2009.

9 Varaschin D. (dir.), *Mémoires de l'électricité*, DVD, Paris, Éditions de la MSH, 2007, coll. Mémoires industrielles.

10 Voir le site www.electropolis.tm.fr.

11 Gouy-Gilbert C., Dalmasso A., Jakob M. (dir.), *Alpes électriques. Paysages de la houille blanche*, Renage, Dire l'entreprise, 2011, 159 p.

– l'entrelacs des réseaux de distribution urbains, décrits par un Paul Bourget dans *Outre-Mer* pour la métropole américaine,
– la centrale thermique et ses installations annexes, nouvelle composante des pays noirs et des complexes industrialo-portuaires,
– les grands barrages hydroélectriques, cathédrales de la seconde industrialisation aux conséquences humaines et paysagères souvent saisissantes,
– les nouveaux paysages des centrales nucléaires, où s'imbriquent périmètres de sécurité, accès à la ressource en eau, nouvelles formes architecturées,
– les couloirs de pylônes électriques THT rappelant constamment le dilemme entre préservation de paysages supposés naturels et recherche de l'intérêt général, sans oublier la relativité du jugement esthétique,
– enfin les paysages éolien et solaire, dont le paradigme est objet aujourd'hui de multiples débats, préservation du paysage ne rimant pas toujours avec développement durable.

Dans une perspective de longue durée sur un siècle et demi, du milieu du XIXe siècle à bientôt la deuxième décennie du XXIe siècle, quatre phases de représentation et de traitement paysager de l'électricité peuvent être distinguées, chaque espace (national ou régional) connaissant des logiques de cheminement propres et des décalages observables :

– une première phase d'indifférence ou d'indistinction, où la question même du paysage électrique se construit sous des modes mineurs ou à la périphérie des systèmes, même si des conflits d'usage « paysager » ont pu rapidement émerger, en particulier dans la concurrence avec une vocation touristique affirmée ; dans cette période de genèse, la référence, l'héritage et la comparaison avec l'univers ferroviaire, son paysage et déjà son patrimoine sont omniprésents : l'électricité s'est bien déployée dans ses aménagements et ses faciès régionaux comme « la fille du chemin de fer » jusqu'au second conflit mondial[12] ;
– une phase d'exhibition du paysage électrique, signe de la modernité, en particulier de l'industrialisme, comme en atteste l'affiche du candidat François Mitterrand en 1965, « Un président jeune

[12] Voir Caron F., « À propos de la dynamique des systèmes : pour une histoire des relations entre Électricité et Chemin de fer », *Électricité et électrification dans le monde*, Paris, PUF, 1992, p. 477-486 et Bouneau C., *Entre David et Goliath. La dynamique des réseaux régionaux. Réseaux ferroviaires, réseaux électriques et régionalisation économique en France du milieu du XIXe siècle au milieu du XXe siècle*, Bordeaux, éditions de la Maison des sciences de l'homme d'Aquitaine, 2008.

pour une France moderne », symbolisée par la figure du pylône en arrière-plan[13] ou, plus récemment, les panneaux photovoltaïques qui s'imposent comme une production ostentatoire d'énergie ;

- une phase de critique et de remise en cause radicale, où l'ère du soupçon déconstruit le paysage électrique, soumis aux syndromes du NIMBY (*Not In My Back Yard*) et du BANANA (*Build Absolutely Nothing Anywhere Near Anything*), dont les États-Unis furent le berceau à partir des années 1970 ;
- une phase contemporaine complexe où l'acceptabilité paysagère doit à la fois intégrer toujours plus de facteurs démocratiques, médicaux et esthétiques, mais aussi composer avec de nouveaux objectifs économiques (notamment à l'échelle européenne) et de développement durable. Ceux-ci confirment s'il en était besoin que le paysage n'a rien de naturel et que le paysage électrique est le fruit d'une cohabitation et d'une coconstruction forcément douloureuse, marquée en permanence du sceau du compromis. En outre, l'identification de cycles paysagers courts semble aujourd'hui indispensable avec des courbes qui placent au pinacle certains paradigmes énergétiques comme l'éolien au cœur des années 2000, avant que ne s'opère au début des années 2010 un retournement de cycle contestant les avantages compétitifs de l'éolien, en stigmatisant en particulier son inscription paysagère.

Dans ces deux dernières phases, depuis donc les années 1970, pas un projet d'équipement électrique qui ne suscite désormais des passions locales, des oppositions farouches et qui ne demande de longues années de concertation. Par exemple, en dix ans, deux projets majeurs d'équipement de réseaux, celui reliant la France à l'Espagne via la Vallée du Louron (en 1996)[14] et celui de la ligne Boutre-Broc-Carros relatif à la sécurisation électrique de la région Provence-Alpes-Côte d'Azur (en 2006) ont tourné court, après des années, voire des décennies, d'échanges, de débats et de propositions. Ce défi environnemental de plus en plus pressant recouvre un défi démocratique d'une complexité sans précédent par la multiplicité des « stakeholders », parties prenantes aux enveloppes, aux alliances et en définitive aux postures très volatiles, qui dépassent

---

[13] Voir Bouneau C., Derdevet M., Percebois J., *Les réseaux électriques au cœur de la civilisation industrielle*, Paris, Timée Éditions, 2007, préface d'A. Piebalgs, commissaire européen à l'énergie, plus particulièrement p. 76.

[14] Voir Viguié R., *Histoire des échanges électriques entre la France et l'Espagne de l'entre-deux-guerres à nos jours*, mémoire de master sous la dir. de Bouneau C., Université Michel-de-Montaigne Bordeaux 3, 2007. Renan Viguié a obtenu en 2008 le prix de l'Académie François-Bourdon.

assez largement le syndrome classique du « dégoût collecteur »[15]. Tout se passe comme si, en moins d'une génération avec la crise de la haute croissance, les équipements électriques, pour l'ensemble de la filière production/transport/ distribution, étaient devenus auprès de nos concitoyens des « monstres froids », amas technocratiques d'appareillages électriques et de treillis métalliques, porteurs de maléfices sanitaires et esthétiques.

Hier symbole du développement industriel, du désenclavement, de l'aménagement du territoire, le pylône est aujourd'hui intolérable. Alors que pendant deux siècles, ceux des deux premières révolutions industrielles, les installations industrielles se devaient d'être visibles, car leur présence était un signe d'entrée dans la modernité pour la ville ou le village qui les accueillaient, dorénavant nous voici dans l'ère du « Cachez ce pylône que je ne saurais voir » et le XXIe siècle voit triompher une nouvelle esthétique industrielle, celle de l'invisibilité[16].

Ce recul incontestable de l'intérêt général au profit de contingences locales s'inscrit dans un mouvement plus général de remise en cause des élites, qu'elles soient politiques, économiques ou techniciennes. Pour intégrer les exigences locales dans l'impératif de l'équipement collectif, les procédures de consultation et de débat ont donc été considérablement renforcées, sans pour autant résoudre l'équation posée ni entraîner l'adhésion du public. Le droit des ouvrages électriques, né de la loi du 15 juin 1906, s'est ainsi étoffé et complexifié à partir des années 1970, afin d'assurer une meilleure protection de l'environnement et une plus grande participation des élus et du public à l'élaboration des projets d'aménagement. Au-delà de la phase de concertation préalable, prend place désormais la procédure du débat public créée par la loi du 2 février 1995 relative au renforcement de la protection de l'environnement, dite « loi Barnier ». Ce dispositif très normé, placé sous l'égide de la Commission nationale du débat public (CNDP), vise à associer le public en amont des décisions et à lui donner l'occasion de se prononcer sur l'opportunité même du projet. Ces débats publics, très encadrés, sont censés permettre l'expression de tous. Leur bilan et leur compte-rendu

---

15 Voir pour une mise en perspective historique à la fois problématique et synthétique Laborie L., *Comment nous sommes devenus écolos. Communication, environnement et société*, Paris, Ellipses, 2011, Duverger T., *La décroissance, une idée pour demain. Une alternative au capitalisme. Synthèse des mouvements*, Paris, Éditions Sang de la Terre, 2011.

16 Cette mutation visuelle marque tous les secteurs industriels et énergétiques ; par exemple Isséane, le nouveau centre de tri et de valorisation énergétique des déchets ménagers d'Issy-les-Moulineaux, est tout à fait emblématique : il est enfoui à 31 mètres sous terre et doté d'un dispositif rendant invisible la vapeur d'eau s'échappant de ses cheminées.

sont publiés par la CNDP et mis à disposition du commissaire enquêteur chargé de mener ensuite l'enquête publique[17].

Ce n'est donc qu'après être sorti d'un véritable « labyrinthe » juridique que les travaux de construction d'un équipement électrique peuvent être engagés, en vue de sa future mise en service. Comment s'étonner, dans ces conditions, que le débat public, paradigme d'une démocratie formelle et encadrée, effraie la démocratie représentative et que les élus se tiennent à distance de ces débats pourtant stratégiques pour l'aménagement du territoire ? Le paradoxe de ces deux dernières décennies est bien là : rares sont les élus, en France comme dans l'ensemble de l'Europe et du monde occidental, qui s'investissent aujourd'hui dans ce qui faisait, hier, leur fierté, apporter à leur territoire le chemin de fer, le téléphone, l'eau ou l'électricité.

Comment, dans ces conditions, faire prévaloir une instance ou du moins une forme d'intérêt général, et d'ailleurs quel intérêt général ? L'Européen, qui encourage la solidarité et les échanges pour éviter les incidents majeurs entre les pays ? Le national, envisagé sous l'angle du fragile équilibre entre offre et demande d'électricité, et qui continue d'exercer ses prérogatives régaliennes dans un domaine toujours considéré comme stratégique, alors que la politique énergétique européenne reste balbutiante[18] ? Ou le régional et le local, c'est-à-dire la sécurité de régions entières qui peuvent, demain, se retrouver face à un *blackout* électrique, comme en France la région Provence-Alpes-Côte d'Azur au nom de la protection d'« espaces remarquables », au sens du Code de l'urbanisme ? Comment arbitrer désormais entre ces différents intérêts généraux qui, souvent, rentrent en collision sur la même échelle territoriale ?

En fait, l'irrésistible déclin de la mystique de l'aménagement électrique, et globalement de l'électrification et de ses *Networks of Power*[19], traduit une mutation profonde de notre société : les choix d'aménagement d'hier étaient portés par un État fort et une technostructure associée, au nom du bien commun. Chacun acceptait que l'intérêt collectif primât sur l'intérêt particulier, de même que chacun acceptait l'autorité des élites. Ce temps est totalement révolu : les élites sont disqualifiées,

---

[17] Avant cette dernière, il est en général nécessaire d'obtenir une déclaration d'utilité publique (DUP). Son objet consiste à affirmer le caractère d'intérêt général d'un projet d'ouvrage électrique, ce qui ouvre la voie aux éventuelles procédures de mise en servitudes légales (pour une ligne), dans l'hypothèse où tous les propriétaires concernés n'auraient pas donné leur accord, ou d'expropriation pour un poste.

[18] Voir Derdevet M., *L'Europe en panne d'énergie. Pour une politique énergétique commune*, Paris, Descartes, 2009.

[19] Voir « Networks of Power, L'électricité en réseaux », *Annales historiques de l'électricité*, n° 2, 2004.

la « rationalité » des ingénieurs se heurte à une mise en doute systématique de leur pouvoir de décider ce qu'est l'intérêt général. Cette crise multiforme de l'expertise renvoie à la formule ironique prémonitoire de Paul Valéry : « un homme compétent est un homme qui se trompe selon les règles »[20]. L'électricité n'est plus une fée, le projet européen ou même le simple intérêt public n'évoquent plus rien de concret et apparaissent comme des mots vides : la notion même de « paysages de l'électricité » peut figurer pour la majorité des citoyens européens la cristallisation de l'horreur technicienne et technocratique, et pour certains tout simplement de l'« horreur économique ». Indéniablement pour lever les réticences qui accompagnent le développement des équipements électriques, il faut encore à coup sûr améliorer la concertation entre les experts et les dirigeants des entreprises, qui sont toujours censées incarner l'intérêt public, et les élus, les associations, les riverains, afin de les convaincre que les ouvrages projetés sont indispensables à l'alimentation en électricité de leurs concitoyens. Il n'est de bon projet d'aménagement, durable, qu'un projet accepté : c'est ce que montrent, souvent en creux, dans la diversité de leurs terrains d'étude, de leurs contextes de tensions et de conflits et de leurs perspectives, les contributions réunies dans cet ouvrage.

Soulignons que si la majorité des études traite du réseau de transport d'électricité, dans ses paysages ruraux comme dans ses paysages urbains (tramways), en dépassant le champ de la haute tension, notre spectre tente de restituer une typologie énergétique complète, avec des contributions portant également sur les paysages de la production thermique charbonnière, hydraulique, nucléaire, éolienne et solaire.

Ainsi, depuis au moins deux décennies, les équipements électriques sont placés en France et dans l'ensemble du monde occidental sous fortes contraintes, celles de l'avènement des deux paradigmes, de plus en plus difficilement conciliables, du développement durable et de la « dérégulation », dont il ne faut pas sous-estimer l'importance dans notre perspective paysagère. La trajectoire de dérégulation, contrebalancée partiellement par la recherche de nouvelles formes de régulation, favorise une multiplication et une segmentation des parties prenantes des enjeux paysagers énergétiques. L'accélération marquée des processus de résistance renforce les goulets d'étranglement des politiques d'aménagement depuis la fin des années 1980. Les hésitations de l'État, liées à la fois à la montée politique et sociétale des préoccupations environnementales et à la remise en cause globale des institutions et de la définition de l'intérêt général, conduisent souvent au blocage des aménagements structurants bien au-delà de la sphère de l'industrie élec-

20 Valery P., *Mauvaises pensées et autres*, Paris, Gallimard, 1942.

trique. Autoroutes, LGV, usines d'incinération et stations d'épuration rendent compte de cette trajectoire autant que le réseau électrique, voire les centrales nucléaires qui relèvent cependant du risque industriel majeur, celui de Fukushima, qui dépasse largement les controverses et les enjeux paysagers et les relativise. Sur la longue durée, le mouvement historique semble irréversible : la judiciarisation des espaces naturels et des espaces protégés, en alourdissant en permanence les contraintes, complexifie toujours plus les procédures d'établissement des équipements électriques ; elle rallonge les cycles d'équipement et durcit, par la diffusion du principe de précaution, les calculs d'optimisation économique.

En définitive, si l'on adopte la perspective largement catastrophiste de Paul Virilio, cet ouvrage, dans la diversité et la complémentarité de ses contributions, restitue « le grand accélérateur » dans une double appréhension diachronique des perspectives historiques et des enjeux contemporains des paysages de l'électricité. Mais nous restons résolument historiens et l'approche schumpétérienne et néoschumpétérienne, combinant le statique et le dynamique avec les configurations et les trajectoires de l'innovation, reste particulièrement valide[21]. Comme le montre l'étude des grands réseaux techniques en démocratie[22], les dynamiques d'innovation ne sont pas un facteur accessoire ou résiduel dans la confrontation paysagère des usages et des groupes impliqués (au sens anglo-saxon de « stakeholders ») qui caractérise les équipements électriques. L'innovation, en repoussant aussi bien les dérives technophiles, « démiurgiques », que les dérives technophobes, sanctifiant le retour de l'âge de la bougie, est un fait total structurant pour les paysages électriques.

En adoptant une approche constructionniste, celle de la construction sociale des techniques, l'innovation technologique a considérablement influé sur les systèmes paysagers aussi bien de la production d'énergie électrique (de la concentration à la décentralisation) que sur le réseau de transport d'électricité (de la HT à la THT) ou les tramways électriques (alimentation aérienne ou par le sol). La construction des paysages électriques et leur mise en débats se déroulent dans des contextes très

---

21 Voir notamment Bouneau C., Lung Y. (dir.), *Les territoires de l'innovation, espaces de conflits*, Bordeaux, éditions de la Maison des sciences de l'homme d'Aquitaine, 2006. Voir pour le bilan et les publications des programmes interdisciplinaires de la MSHA LSI et LTI le site www.msha.fr/activitesderecherche.

22 Ce chantier d'investigation est investi aujourd'hui par l'ANR RESENDEM, *Les grands réseaux techniques en démocratie. Innovation, usages et groupes impliqués dans la longue durée (France et Europe de la fin du 19e au début du 21e siècles)*, dirigée par Pascal Griset, avec sur l'énergie une équipe bordelaise coordonnée par Christophe Bouneau. Voir pour ses manifestations scientifiques et ses premiers résultats son site dédié www.msha.fr/resendem.

différents selon que l'on considère le système électrique dans son ensemble, le réseau lui-même, transcription spatiale du système technique, l'équipement, en tant qu'infrastructure inscrite dans le paysage ou « simplement » l'objet électrique. Celui-ci peut être patrimonialisé dans un musée tel qu'*Électropolis* ou analysé en termes sémiologiques, comme le faisait déjà Roland Barthes en mettant en exergue des fétiches techniques dans *Mythologies* en 1957.

La question du compromis paysager, « de la solution la moins pire », pour reprendre la formule de Caroline Gagnon, reste en dernier ressort la seule cruciale. Dans une critique du concept mou d'acceptabilité, pour que ce compromis fasse sens il faut qu'il repose sur des choix et des priorités. En tout cas, il nécessite une logique de co-construction et de cohabitation qui ne soit pas simplement une juxtaposition des « stakeholders » : c'est le processus lui-même qui compte, cet espace-temps qui doit être nourri et habité : il faut ménager à tout prix des espaces de dialogue et donner tout son sens à la table de négociation.

Les quatre trajectoires dominantes dégagées dans leur contribution par l'équipe québécoise pour l'analyse paysagère des réseaux à haute tension peuvent être certainement élargies à l'ensemble des paysages électriques, de la production à la distribution :

- le passage d'une approche spécifiquement visuelle à une approche sociétale, intégrant l'ensemble des externalités économiques ;
- le passage d'une logique d'évitement, de contournement et de camouflage – le champ sémantique est ici très révélateur – à une logique d'opportunité, s'adaptant aux ressources et aux marqueurs de chaque territoire ;
- le passage d'une approche sectorielle, isolant les problématiques industrielles, à une approche transversale, celle d'un projet paysager étudié et concerté pour chaque territoire ;
- le passage d'une responsabilité unique, celle de l'entreprise d'ingénieurs, à une responsabilité partagée, mobilisant tous les « stakeholders ».

Ce n'est qu'à ce prix que le paysage de l'électricité, qui fait encore défaut à un tiers de l'humanité totalement dépourvu d'accès à la ressource fondamentale électrique, pourra rester synonyme de « progrès », en assumant ses ambiguïtés culturelles, en tant que ligne de vie et linéament de développement, voire de civilisation.

Ainsi cet ouvrage s'inscrit dans un chantier critique multiforme, qui dépasse largement la question des externalités économiques et sociales négatives, question toujours au demeurant stratégique. Il souhaite poser un jalon dans une histoire culturelle, construite et non pas prétendument neutre, du dialogue entre l'électricité et le paysage. Il confirme que ce dialogue déjà multiséculaire ne se réduit pas à la mesure extrêmement volatile du gradient technophile/technophobe, tradition/modernité et bien entendu nature/culture. La dimension systémique de l'industrie électrique, verticale comme sa filière, prend ici tout son sens dans l'univers du paysage, macrocosme segmenté en microcosmes plans : l'électricité est ainsi en quelque sorte orthogonale géométriquement à la notion même de paysage. Cet ouvrage insiste surtout sur l'épaisseur, la complexité et la densité de la trame historique de ces paysages de l'électricité, où les faciès territoriaux se reconstruisent sans cesse en brassant le quotidien et le sublime, la fabrique de la nature et les superstitions de la culture.

Première partie

Le paysage électrique comme héritage : genèse, recomposition et valorisation

Les phares, le paysage et la lumière électrique sur les côtes de France

Jean-Christophe FICHOU

Si l'éclairage électrique a profondément changé la vie nocturne des citadins, il faut se rappeler que cette lumière si particulière n'est pas née dans les villes. Il est bien entendu que l'architecture et la ville sont rapidement colonisées par quantité de dispositifs lumineux chargés de les embellir, d'améliorer le confort des citadins, d'augmenter la production des usines, de dynamiser l'activité commerciale. Source de beauté et de plaisir, expression d'une modernité portée par l'avant-garde artistique et les progrès techniques, il faut insister sur le fait que l'éclairage électrique est d'abord loué pour son efficacité. Dès la première phase des prémices de l'innovation électrique au milieu du XIXe siècle et des balbutiements de la mise au point, bien loin encore d'imaginer une construction d'un système électrique complexe, technique et économique, la nouvelle forme d'énergie s'est immiscée dans les paysages existants et même, ce qui est peu connu, ruraux. C'est pourquoi on la retrouve en premier lieu dans des sites pour le moins inattendus, en bord de mer, sur des caps désertés, à l'écart des chemins et des agglomérations, au sommet des plus grands phares français. En effet, il s'agit d'une des premières utilisations fonctionnelles de la lumière électrique dans le monde à l'écart des usines et des laboratoires urbains.

En décembre 1858, pour la première fois, le feu du phare de South Foreland, à côté de Douvres, est alimenté par l'électricité. En effet, ce sont les phares qui sont les premiers sites à bénéficier d'une application commerciale de l'arc électrique engendré par une génératrice. Si l'Angleterre ne continue pas dans cette voie de l'électrification, le service des phares français se lance à son tour dans l'aventure et conçoit un plan d'envergure pour convertir les feux les plus puissants du littoral à la lumière électrique. À la fin du XIXe siècle, une véritable ceinture lumineuse électrique signale les côtes de la République. Cet effort est remarquable à plus d'un titre : premièrement, les génératrices et machines à vapeur ont été installées dans les endroits les plus reculés de France et non pas en zone urbaine comme on l'affirme trop fréquemment ; deuxièmement, il faut souligner la hardiesse du pari engagé car personne à cette époque n'a idée des réels avantages ou désavantages de la lumière électrique. D'ailleurs, en 1900, seule une quarantaine de phares sont électrifiés à travers le monde, dont les trois quarts en France. La dizaine restante étant de conception et de fabrication française.

La mise en œuvre de cette aventure technique et humaine est méconnue. La nécessité s'impose de comprendre les motifs d'une telle gageure technologique alors que les coûts d'installation et de maintenance de tels feux sont beaucoup plus élevés que ceux des lampes à pétrole traditionnelles, parvenues de plus à un niveau de production lumineuse jugée très satisfaisante. Ce choix et cette volonté de mise en œuvre traduisent aussi une façon unique de symboliser pour la nation sa maîtrise de la science électrique et de la technologie afférente. La majorité des pays, en conservant les caractéristiques et les performances éprouvées des feux à pétrole ont fait preuve d'utilitarisme dans leurs décisions, et n'ont pas adopté la lumière électrique ou simplement à titre d'essai. La seule à tenter cette conversion et à déployer en grand l'innovation électrique en des lieux très excentrés, difficiles d'accès, fut la France et ses ingénieurs des Ponts et Chaussées. Il est évident que la performance symbolique a lourdement pesé, car la lumière électrique était autant une aide à la navigation qu'une technologie politique[1].

Les premières expériences

En 1813, le physicien Humphrey Davy demande à la Société royale de Londres, où il professait, la construction d'une immense batterie de piles dans l'intention de parfaire ses expériences relatives à la décomposition des alcalis de la pile de Volta. Il arme chaque extrémité des fils de deux cônes de charbon qu'il rapproche ensuite ; il jaillit tout d'un coup une gerbe brillante, une gigantesque étincelle. Il éloigne les deux pôles et pourtant l'arc électrique subsiste. Cette première expérience contenait le germe d'une application de cette lumière à l'éclairage des phares[2]. En 1843 la pile de Bunsen, qui fournit un courant assez constant et une force électromotrice suffisante, permet aux physiciens d'employer avec succès la lumière électrique pour réaliser la plupart des expériences, mais son usage s'avère impossible dans la pratique et donc impropre à l'éclairage quel qu'il soit, maritime ou non. Ces inconvénients disparaissent lorsqu'on recourt aux machines « magnéto-électriques » pour engendrer le courant nécessaire à l'alimentation de l'arc lumineux et dont la première suffisamment puissante est conçue en

---

1 Schiffer M., « The Electric Lighthouse in the Nineteenth Century : Aid to Navigation and Political Technology », *Technology and Culture*, vol. 46, n° 2, avril 2005, p. 275-305.

2 Lucas F., *Étude historique sur les voies de communication de la France*, Paris, Imprimerie nationale, 1873, p. 212.

1849 par Nollet, professeur à l'École militaire de Bruxelles. Elle est composée de soixante gros aimants et entre leurs pôles tournent des bobines de fil. La machine, acquise par la compagnie L'Alliance, et perfectionnée par Masson et par Van Malderen, permet d'engendrer assez d'électricité pour alimenter des lampes électriques à arc[3].

De même, le dispositif des charbons est amélioré par Léon Foucault qui a l'idée de leur substituer des baguettes taillées dans la masse d'un graphite très résistant qui se décompose très lentement[4]. Enfin, un régulateur automatique d'allure pour maintenir constant l'écartement de ces charbons est réalisé aussi par Léon Foucault en 1847[5] puis amélioré par Serrin[6].

> Jusque vers 1845, on se contentait de rapprocher à la main les charbons de l'arc voltaïque à mesure qu'ils se consumaient. À cette époque, Th. Wright, le premier, imagina une lampe automatique. Trois ans plus tard, Foucault construisait son régulateur et la question entrait dans le domaine de la pratique[7].

Les premières expériences publiques d'éclairage par l'arc voltaïque sont faites à Paris, sur la place de la Concorde, puis on se lance dans des démonstrations publiques de l'illumination des grands espaces par l'arc voltaïque[8]. Le monde des ingénieurs est très impressionné par l'efficacité des machines et s'enflamme pour les multiples applications prévisibles ; les ingénieurs du service des phares et balises, dont le service central est à Paris, ne peuvent ignorer ces expériences, d'autant plus qu'à cette époque ils sont à la recherche d'une énergie plus puissante que l'huile de colza pour éclairer les optiques de phares.

En fonction de ces diverses inventions, l'administration des Ponts et Chaussées encourage constamment et subventionne largement, la lumière électrique qui est rapidement envisagée pour l'éclairage des phares ; les premières expériences pratiques sont menées aux phares de La Hève, au-dessus du Havre, quelques années cependant après les essais britanniques conduits sous la direction de Faraday lui-même. La

---

3 de Parville H., *L'électricité et ses applications : exposition de Paris*, Paris, G. Masson, 1883 (2e éd.), p. 74.

4 Tobin W., Lequeux J., *Léon Foucault : le miroir et le pendule*, Paris, EDP Sciences, 2002, 357 p.

5 Caron F., Cardot F. (dir.), *Histoire de l'électricité en France, tome premier*, Paris, Fayard, 1991, p. 157.

6 Dary G., *À travers l'électricité*, Paris, Vuibert et Nony, 4e édition, sd (1895), p. 139.

7 Foussereau M., « L'éclairage électrique », *Journal de physique théorique appliquée*, n° 1, 1882, p. 125-136.

8 Figuier L., *Les nouvelles conquêtes de la Science – L'Électricité*, Paris, Marpon & Flammarion, 1884, p. 20.

lumière électrique brille pour la première fois à Blackwall en 1857 et les résultats s'avèrent suffisamment satisfaisants pour que la *Trinity House*, le service des phares anglais, décide d'introduire cette nouvelle source à titre d'essai dans le phare de South Foreland, près de Douvres, allumé en décembre 1858[9]. Mais les essais échouent.

À titre permanent, c'est le phare de Dungeness qui est ensuite allumé en juin 1862 ; ses lampes fonctionnent au moyen d'une machine électromagnétique conçue par le professeur Holmes selon les caractéristiques de la machine Nollet-Van Malderen. Il faut noter que la première expérience publique de cet ingénieur britannique s'était déroulée en 1855 sur le parvis de l'hôtel des Invalides à Paris devant une assemblée de scientifiques français entre autres[10]. Convaincus de l'avenir prometteur de ce mode d'alimentation énergétique, et plus encore de la possibilité de « percer le brouillard »[11], Léonce Reynaud et Ernest Degrand, directeur et ingénieur du service des phares, après leur visite au phare de South Foreland en 1859[12], insistent pour imiter nos voisins dans cette voie. Ils travaillent alors en étroite collaboration avec la société française L'Alliance dirigée par Berlioz qui, après l'achat de deux machines Holmes pour des essais opérationnels, construit sa propre génératrice magnéto-électrique selon les principes des machines de Clarke et de Van Malderen[13]. Jusqu'en 1870 ce fut la seule machine fournissant des résultats vraiment industriels.

Elle est ensuite modifiée et améliorée par un ingénieur maison, de Méritens, qui donne son nom à l'appareil destiné à fournir l'énergie électrique nécessaire à l'alimentation des lampes à arc Serrin. Les expériences commencent dès 1860 au Dépôt des phares, à Paris, et les résultats prouvent qu'avec la machine de Méritens et le régulateur Serrin on pouvait produire une lumière qui convenait parfaitement à l'éclairage des phares et dès lors Reynaud décide d'en faire une application immédiate[14]. Peu de temps après l'introduction de l'armature de Siemens, les ingénieurs commencent à penser que la puissance de ces machines

---

9 Alayo J.C., « L'application de la lumière électrique aux phares », *Bulletin d'histoire de l'électricité*, n° 21, 1993, p. 13.

10 Komesaroff, « Early electric lighthouses », *Bulletin de l'AISM*, n° 82, 1982, p. 3.

11 Figuier L., *op. cit.*, p. 245.

12 Komesaroff, *op. cit.*, p. 4.

13 Le service des phares mène ses premières expériences en la matière quai de Billy, à Paris. Il en ressort immédiatement des résultats très positifs puisque l'intensité de la lumière électrique produite est 7 à 8 fois plus importante que celle des plus grandes lampes à 4 et 5 mèches concentriques alimentées au pétrole utilisées alors par le service des phares.

14 Wallon H., *Les phares de la Normandie*, Rouen, Cagnard et Lestringant, 1900, p. 338.

pouvait être augmentée presque indéfiniment : alors on pourrait développer un courant électrique surpassant de beaucoup tous ceux qu'on avait obtenus jusqu'alors avec les piles.

> On pourrait se servir avec beaucoup d'avantages de ces courants pour la production de la lumière électrique pour l'illumination des phares. Cette idée fut accueillie à peu près en même temps en Angleterre et en France ; et l'on ne tarda pas à l'appliquer dans les deux pays. Une machine extrêmement puissante, construite par la Compagnie de l'Alliance, en France, et mise en action par une machine à vapeur, fut installée au phare du cap de La Hève, près du Havre, en 1863 et l'on s'en est servi depuis ce temps pour la production[15].

Le 14 juillet 1863, M. Béhic, ministre du Commerce et des Travaux publics, ordonne de faire l'essai de l'éclairage par l'électricité, dans un phare de premier ordre, celui du cap de La Hève, près du Havre. Cette décision a été prise à la suite d'un avis émis par la Commission des phares, et sur un rapport de Léonce Reynaud, secrétaire de ladite commission et directeur du service des phares[16]. Cette installation commence à fonctionner au phare sud de La Hève, le 26 décembre 1863 et après 15 mois d'expérimentation on décide d'appliquer le même système d'éclairage au phare Nord de La Hève[17]. Les machines magnéto-électriques installées par la compagnie L'Alliance fonctionnent de manière jugée très efficace et le gouvernement de Napoléon III s'en fait le héraut enthousiaste :

> L'appareil est à six disques. Le maximum de lumière s'obtient par une rotation de trois à quatre cents tours à la minute ; une machine à vapeur de la force de trois chevaux suffit pour cette vitesse. Les machines à six disques ou roues produisent, sans réflecteur ni lentille, une lumière qui équivaut à celle de deux cents à deux cent trente lampes Carcel. Avec la lentille du phare, l'effet est le même que celui de cinq mille lampes[18].

Sans nul doute, durant la première décennie d'utilisation, le procédé demeure encore artisanal et confidentiel, si bien qu'on ne se lance pas dans un programme de modification généralisée des sources lumineuses avant de disposer d'un système fiable. On constate cette lenteur à l'occasion de l'Exposition universelle de 1878 :

> Ce n'est point que les machines destinées à produire du courant électrique aient des imperfections ou aient donné lieu à des accidents ; elles ont fonc-

---

15 Molloy G., *Glanures dans la science*, Paris, R. Haton, 1890, p. 246.

16 Figuier L., *Les merveilles de la science ou description populaire des inventions modernes*, vol. 4, Paris, Furne, Jouvet, 1870, p. 453.

17 Archives nationales (AN), F 14-19902, phares de La Hève.

18 Quet A., *De l'électricité, du magnétisme et de la capillarité*, Paris, Impr. impériale, 1867, p. 137.

tionné, avec toute la régularité désirable. Mais tous les phares importants des côtes de France sont depuis longtemps installés avec les appareils optiques destinés à recevoir un éclairage à l'huile[19].

On se trouve en présence d'une objection d'économie si bien qu'après La Hève et Gris-Nez, il faut attendre douze ans avant que le phare du Planier, en face de Marseille, ne soit allumé en 1880. Mais, dès lors, le service des phares peut se faire une idée exacte de ce mode de production de lumière, encouragé par les navigateurs qui se plaisent

> à reconnaître les bons services que leur rendent les phares électriques et les avantages du système ont été vivement appréciés ; l'augmentation de portée des feux est très sensible, surtout par des temps un peu brumeux ; elle permet à bien des navigateurs de continuer leur marche et d'entrer au port la nuit alors qu'ils n'auraient pas pu le faire avec les phares à huile[20].

Il convient cependant de nuancer cette opinion si favorable de la part de l'ingénieur en chef de la Seine inférieure chargé de l'électrification des phares de La Hève. En fait, les puissances lumineuses obtenues à Dungeness et à La Hève restent relativement faibles eu égard aux moyens mis en œuvre et elles ne dépassent que légèrement en intensité la lumière des appareils lenticulaires de premier ordre munis de becs à cinq mèches alimentés au pétrole[21].

Un nouveau paysage maritime

Quoi qu'il en soit, le paysage maritime évolue ; d'une part, et c'est le plus important, pour les marins qui disposent dès à présent de feux plus puissants et donc la sécurité maritime est améliorée. D'autre part, les installations nouvelles demandent des bâtiments et des tours adaptés aux nouveaux feux. Cependant, la lumière électrique comporte encore beaucoup d'inconvénients qui amènent à penser que cette source d'énergie prometteuse coûte encore trop cher et que la technique doit s'améliorer avant de penser à généraliser son emploi. Elle nécessite en premier lieu de vastes locaux pour abriter les génératrices et les machines à vapeur qui les entraînent, pour emmagasiner le charbon, l'huile, pour recueillir et conserver l'eau des bouilleurs et de refroidissement. Il faut aménager des lieux isolés, à l'écart des routes et des villes. Le matériel expérimental dans bien des cas oblige à une certaine délicatesse d'emploi et

---

19 *Exposition universelle de 1878 à Paris, Rapports du jury international*, Paris, Imprimerie nationale, 1880. Cité dans Bellet D., « Les phares électriques des côtes de France », *La Nature*, n° 2, 1892, p. 91.

20 de Rochemont Q., « Sur les phares électriques de la Hève », *Annales des Ponts et Chaussées*, n° 4, 1870, p. 339.

21 De Joly G., Laroche C., *Travaux maritimes, premier tome*, Paris, Baillères et fils, 1923, p. 72.

les pannes, bien que rares, nécessitent dans les premiers mois d'utilisation un soin particulier et permanent de la part d'ouvriers spécialisés introuvables dans la plupart des localités environnant les phares si bien que le service central s'aperçoit de l'intérêt de former de nouveaux gardiens électriciens et mécaniciens qu'il faut loger. Dans ces conditions, seul le phare de Gris-Nez est électrifié en 1868.

Malgré toutes ces difficultés d'installation, de mise au point, d'adaptation pour des sites isolés et sauvages, il convient de remarquer la précocité de la prouesse technique conclue dix ans avant l'éclairage des rues de Paris puisque la première tentative d'éclairage électrique public et régulier eut lieu en février 1878. D'ailleurs, il est intéressant de constater que le système retenu par les édiles parisiens est celui qui a déjà fait ses preuves dans les phares :

> C'est le Syndicat d'étude de la lumière électrique qui installa des lampes d'un nouveau système, celui de M. Jablockhoff, d'abord sur la place de l'Opéra, puis sur l'avenue, et enfin place du Théâtre-Français. Cette installation comprenait soixante-deux foyers, dont huit doubles sur la place de l'Opéra. Elle était divisée en quatre groupes, produisant chacun une force électromotrice distincte composée de machines Gramme installées, pour le premier groupe, dans les sous-sols de l'Opéra ; pour le deuxième et le troisième, dans la cour d'une maison neuve de l'avenue de l'Opéra, et, enfin, pour le quatrième groupe, dans le sous-sol d'une maison de la rue d'Argenteuil[22].

Il faut attendre les travaux de l'ingénieur anglais Wilde, qui s'avise en 1865 d'apporter aux machines électriques une modification telle qu'elle ne tarde pas à ouvrir un vaste champ à l'ingéniosité des constructeurs et des ingénieurs en imaginant le principe de la dynamo-électrique. La première de ces machines utilisée dans la pratique est l'œuvre de Zénobe Gramme, ancien ouvrier menuisier qui en 1860 est embauché par Van Malderen, alors contremaître à L'Alliance, et qui l'avait connu à Liège[23] ; il est pris comme modeleur dans les ateliers[24]. Sa première dynamo est construite par l'entreprise Sautter-Lemonnier, spécialisée dans la fabrication des optiques de phares ; elle fonctionne en 1870 et est reconnue par l'Académie des sciences le 7 juillet 1871[25]. Encore une fois ce sont les ingénieurs qui portent le projet et l'encouragent : « la lumière électrique peut dans certains cas, être employée

[22] Defrance E., *Histoire de l'éclairage des rues de Paris*, Paris, Imprimerie nationale, 1904, p. 118.

[23] Malézieux X., « Notes sur l'éclairage électrique et les machines magnéto-électriques de Gramme », *Annales des Ponts et Chaussées*, 1876, p. 119-168.

[24] *L'Alliance. Fédération des mécaniciens, chauffeurs, conducteurs de France. Organe du Syndicat général professionnel*, n° 3, 1901, p. 439.

[25] Malézieux X., *op. cit.*, p. 121.

avec quelques avantages dans l'éclairage ; des phares, des entrées de port, des quais de manutention… »[26] Il convient toutefois de signaler que ce sont les machines de l'Alliance, que « chacun connaît maintenant [et] qui sont devenues si précieuses pour la production de la lumière électrique »[27], qui sont utilisées et non celles de Gramme qui ne sont disponibles qu'en 1872. Elles étonnent pourtant par leur puissance et présentent de nombreux avantages par rapport aux machines précédentes, mais le service des phares hésite pourtant longtemps avant d'abandonner ses machines Méritens. Il faut attendre 1893 au phare de La Hève, l'année suivante au phare de la Grande Foule sur l'île d'Yeu puis en 1897 au phare d'Eckmühl pour assister au remplacement des anciennes machines par le service des phares car on avait reconnu sans peine la supériorité des dynamos Labour spécialement construites par la Société d'éclairage électrique pour ce service[28].

> Le phare électrique d'Eckmühl (Penmarch) est non seulement en tant que phare le plus monumental et le plus puissant qui existe aujourd'hui, mais il marque un nouveau succès brillant de M. Bourdelles, le directeur du service des phares français dans l'application de son système de feux-éclairs avec lequel son nom restera toujours associé et qu'il n'a cessé de perfectionner dans la voie scientifique.

Cependant, il est évident que la décision de convertir les grands phares à la lumière électrique s'effectue dans des conditions très malaisées. Parfois, de simples problèmes d'approvisionnement en eau interdisent l'installation de tels dispositifs toujours onéreux du fait de l'isolement des établissements. Ainsi, à La Hève les deux citernes ne suffisent plus au fonctionnement des locomobiles et il faut installer des aérocondenseurs, qui permettent de récupérer plus de la moitié de cette eau si précieuse au-dessus du Havre[29]. Les machines qui devaient être installées au phare de La Coubre, à la pointe nord de l'embouchure de la Gironde, développent une puissance moyenne de six chevaux et « d'après les renseignements qui nous ont été donnés au Service central […] la consommation annuelle d'eau exigerait 543 m^3. Il est donc impossible de satisfaire aux besoins de la machinerie avec les eaux pluviales seules »[30] ; des aérocondenseurs s'avéraient encore une fois

---

[26] « La Lumière électrique », *Journal des Mines et de la métallurgie*, novembre 1877, p. 721.

[27] Bertin A., *Rapport sur les progrès de la thermodynamique en France*, Paris, Imprimerie impériale, 1867, p. 48.

[28] Du Riche Preller C., « Le nouveau phare électrique d'Eckmühl à Penmarch (Finistère) », *L'Éclairage électrique*, t. XVI, n° 35, août 1898, p. 369-378.

[29] Wallon H., *Les phares établis sur les côtes maritimes de la Normandie*, Rouen, 1900, p. 345.

[30] AN, F14 20147, La Coubre ; le 22 novembre 1892, l'ingénieur Caboche au directeur.

nécessaires. Au Planier, en face du port de Marseille, en 1900, il faut construire une nouvelle citerne de 80 m^3 car la première citerne de 20 m^3 est insuffisante. D'ailleurs, les précipitations trop rares de la région ne suffisent jamais à les remplir si bien qu'un navire-citerne est obligé de les alimenter pratiquement chaque été[31].

Dans son rapport pour servir à la rédaction des avant-projets relatifs à l'éclairage électrique des phares de Barfleur, de La Hague, de Carteret et de Chausey, l'ingénieur Allard demande de rechercher le moyen de se procurer la quantité d'eau nécessaire, en creusant des puits, en recueillant les eaux pluviales sur les toits ou des dallages de captation[32], en récupérant les eaux usées, en construisant des citernes… Il est, dans ces conditions, inimaginable de convertir les phares de Sein, de Groix ou de Belle-Île car l'eau est trop rare et les coûts de transport des matières premières, comme le charbon, vers ces îles coupées du monde entraînaient *de facto* l'abandon des feux électriques. On reporte donc les installations en ces lieux[33].

En dépit des indéniables succès rencontrés tant en Grande-Bretagne qu'en France, moins de six phares anglais furent convertis à l'éclairage électrique au cours des trente années suivant la première expérience de South Foreland en 1858 et encore convient-il de préciser que trois d'entre eux abandonnent par la suite ce mode d'alimentation dont Dungeness en 1874 et South Foreland en 1879. Malgré les qualités de cet éclairage et surtout le fait que les coûts d'exploitation, par mille de portée, s'avèrent moins importants que ceux des autres sources d'illumination, le très fort investissement initial décourage les utilisateurs.

À la même époque, en France, après les phares doubles de La Hève et celui de Gris-Nez, l'administration continue, mais très lentement et par faute de crédit, la conversion des grands phares d'atterrissage de la Manche, à La Canche notamment, dans l'Atlantique aux Baleines sur l'île de Ré et à la Palmyre en Gironde, ainsi qu'en Méditerranée, au Planier[34].

---

31 AN, F14 20224, Le Planier.

32 Archives départementales du Finistère, 4S1244, Batz ; devis et cahier des charges pour la réalisation d'un dallage de 850 m^2 autour du phare de l'île de Batz. Travaux adjugés le 17 mars 1883.

33 Sur l'île de Sein, par exemple, les habitants ne disposaient d'aucune source ni même de puits. La seule eau potable provenait des eaux pluviales recueillies dans des citernes. Il leur fallut attendre l'installation en 1935 de groupes électrogènes diesel importants, formant une véritable petite centrale électrique, et l'électrification du grand phare pour disposer d'une source d'énergie suffisante pour la désalinisation de l'eau de mer par le « bouilleur », comme on l'appelait sur l'île.

34 Lucas F., « Les Machines magnéto-électriques et l'arc voltaïque des phares », *Annales des Ponts et Chaussées*, n° 2, 1885, p. 47-121.

> Les vifs éclats que ce phare lance chaque soir sur les galeries du Palais permettent de juger du plaisir qu'ont dû éprouver les marins, quand le 1er décembre dernier, pour la première fois dans la Méditerranée, un feu semblable a remplacé le vieil appareil à huile[35].

Ces différentes réalisations permettent aussi de conforter la position de l'industrie française dans le domaine des phares. Ainsi la maison Sautter vend son premier équipement complet en 1866 à la Russie pour l'éclairage du phare du cap Fontana, au sud d'Odessa. Les optiques, les machines magnéto-électriques Méritens, les régulateurs Serrin et les locomobiles traversent toute l'Europe pour finalement éclairer les abords du grand port de la mer Noire trois ans plus tard, en 1869. Cette même année, le phare de Port-Saïd à l'entrée du canal de Suez que l'on inaugure en grande pompe en novembre 1869, signale lui aussi de ses rayons électriques le delta du Nil et, « en quelque sorte, l'apogée de la science française »[36]. Construit selon les mêmes plans que le phare octogonal de Calais il portait à son sommet une optique Sautter et un appareillage français installé par cette société ; la volonté de prouver au monde la puissance de la technique française n'était certainement pas absente lors de l'édification et du choix du mode d'éclairage. La maison Barbier et Bénard ne resta pas en retard et acquis les brevets nécessaires pour construire l'ensemble des appareillages électriques si bien qu'en ce domaine encore une fois la prééminence française s'affirme[37]. Fort de cette expérience nationale, dès 1880, le service des phares étudie un projet de remplacement graduel de tous les appareils de premier ordre éclairés à l'huile par des appareils éclairés à l'électricité et le directeur du service, Émile Allard, déclare alors qu'il approuve la « tendance évidente à développer l'emploi de l'électricité dans les phares et le moment paraît venu d'étudier les bases d'un programme général pour les côtes de France »[38]. La victoire de l'électricité paraît donc définitive, bien que les « appareils soient encombrants, et leur prix d'installation trop considérable eu égard aux services rendus »[39].

---

35 Guérout A., « L'installation électrique des phares actuels », *La Lumière électrique*, n° 79, décembre 1881, p. 453.

36 Lejeune D., *La France des débuts de la IIIe République, 1870-1896*, Paris, A. Colin, 1994, p. 78.

37 Encore une fois reste symptomatique la faible place occupée par cette technique de l'éclairage maritime dans notre histoire ; la monumentale histoire de F. Caron et F. Cardot accorde aux phares électriques une dizaine de lignes seulement. Pourquoi ce vide alors que les firmes françaises détenaient en ce domaine une incontestable supériorité, un quasi-monopole international, qu'elles conservèrent jusqu'à la Seconde Guerre mondiale ? Le retard français est une illusion dans ce cas précis.

38 Allard E., *Mémoires sur les phares électriques*, Paris, Imprimerie nationale, 1881, p. 36.

39 Du Moncel T., *L'éclairage électrique*, Paris, Hachette et Cie, 1880, p. 299.

De nouveaux phares

Une décision ministérielle en date du 23 juillet 1886 définit l'ordre de priorité d'installation des feux électriques de grand atterrage qui seuls dorénavant doivent être équipés rapidement pour compléter le réseau déjà en place :

Ouessant (Le Créac'h), allumé le 4 novembre 1888.

Belle-Île (Goulfar), allumé le 5 janvier 1890.

Barfleur, allumé le 17 janvier 1893.

Penmarc'h (Eckmühl), allumé le 17 octobre 1897.

La Coubre, allumé en novembre 1895.

Île d'Yeu (La Grande Foule), allumé le 24 mars 1895.

Cette décision prescrit d'autre part « d'attendre avant de compléter l'éclairage des côtes de France, suivant la loi du 3 avril 1882, les résultats que fournira l'expérience des feux susdits, lesquels sont les plus urgents »[40], si bien que l'ajournement de l'éclairage électrique décidé dans une vingtaine de phares français, on ne monta jamais les machines ni ne nomma les gardiens-mécaniciens qui devaient occuper les locaux flambant neufs comme à Fréhel ou à L'Ailly.

Cependant, l'une des conséquences de l'adoption du plan général d'illumination des grands phares par la lumière électrique est la construction de nouvelles tours. En effet, la portée des lentilles éclairées à l'électricité dépasse notablement celle des anciens appareils illuminés au pétrole ; dans ces conditions, il faut profiter de cette amélioration et augmenter la portée du feu tout simplement par l'élévation de la hauteur du foyer. Il est admis d'exhausser les édifices

> de manière à se rapprocher autant que possible de la hauteur normale de 60 mètres, pourvu que les maçonneries anciennes soient assez solides pour supporter la surcharge. Lorsque cette dernière condition n'est pas remplie, on se décide à reconstruire la tour en lui donnant la hauteur d'environ 60 mètres[41].

Pour cette raison, en partie, l'administration des Ponts et Chaussées reconnaît l'intérêt de reconstruire le phare du Planier (figure 2). Plus étonnante est la construction des tours d'Eckmühl (figure 3) et de La Vierge (figure 1) dans le Finistère. Les deux tours originelles, trop basses pour accueillir la lumière électrique, ne peuvent être exhaussées ; il faut les reconstruire. Pour la première tour, le service des phares bénéficie d'un don extraordinaire puisque dans son testament Adélaïde-

[40] Archives départementales des Côtes-d'Armor, 11S7-24 : phare du cap Fréhel.

[41] Allard E., *op. cit.*, p. 367.

Louise Davout, marquise de Blocqueville, petite fille du maréchal Davout, prince d'Eckmühl, demande « qu'il soit élevé un phare sur un point dangereux des côtes de France, non miné par la mer ». Un décret ministériel en date du 16 mars 1893 légalise les accords qui prévoient le remplacement de la vieille tour par une nouvelle qui prend officiellement le nom de phare d'Eckmühl et qui est construite avec les 300 000 francs or de la marquise. Quant au phare de La Vierge, allumé le 1er mars 1902, il est tout simplement le plus haut phare du monde érigé à ce seul effet. La lumière électrique, très tôt dispensée sur notre littoral, en des lieux souvent désolés et non pas en milieu urbain comme il est souvent de mise de l'affirmer, a donc entraîné la création d'un paysage particulier totalement ignoré.

Conclusion

Après l'allumage du phare de La Vierge, le programme d'électrification connaît une pause sérieuse qui confine à l'arrêt presque complet, liée essentiellement aux coûts d'installation. Du fait de la situation isolée des établissements et des conditions de distribution des réseaux domestiques inexistants avant le XXe siècle, la production de courant s'effectue sur place par « locomobile » et nécessite des gardiens plus nombreux et plus spécialisés. Cette politique d'attente se trouve confortée car après 1890 le service des phares parvient à mettre au point un nouveau système d'éclairage par la vapeur de pétrole, beaucoup plus éclairant que la flamme nue, et qui n'implique pas de modifications importantes du dispositif optique. Dans ces conditions, bien que plus efficace, l'éclairage électrique est condamné car trop onéreux et trop complexe. Il s'agit d'un cas historique que ce hiatus dans l'évolution des techniques, entre la maîtrise d'une nouvelle technologie et son application dans le monde de la signalisation maritime. Pourtant développé à l'origine par les services des phares français et britannique qui appellent à leur aide des mécaniciens et des ingénieurs de génie, cet éclairage particulier ne connaît pas de suite brillante dans le domaine des phares, alors que la ville adopte beaucoup plus facilement cette source d'énergie. En aucun autre domaine, l'adoption d'un nouveau mode de production de lumière n'est aussi lente en dépit des réels succès obtenus dès 1865, treize ans avant l'éclairage public par l'électricité de l'avenue de l'Opéra à Paris.

Figure 1 : Les phares de l'île Vierge

Figure 2 : Le phare du Planier

Figure 3 : Le phare d'Eckmühl

De la relégation à l'engouement

L'alimentation électrique des transports urbains de surface et le paysage français (XIXe-XXIe siècles)

Arnaud PASSALACQUA

L'électricité est l'une des principales énergies utilisées par les transports urbains européens. Métros et trains suburbains ne sont pas les seuls à l'employer, puisque des formes électriques de transport collectif de surface ont vu le jour dès le dernier tiers du XIXe siècle, avec le tramway puis le trolleybus. La nécessité d'une alimentation extérieure, face à l'échec des modèles équipés de batteries, a dès lors ouvert le débat de l'acceptabilité des infrastructures du réseau électrique destiné au fonctionnement des transports urbains. Les arguments esthétiques opposés à l'implantation de lignes aériennes se sont alors déployés non sans succès, notamment pour le cœur des villes les plus fières de leur paysage urbain, à commencer par Paris et Londres. Mais ces débats cachaient également un rejet social d'un mode plus économique et donc rapidement perçu comme pouvant rallier banlieue et centre-ville à un moindre coût pour tous. La peur des quartiers bourgeois à l'encontre du déferlement d'une masse ouvrière refaisait ainsi surface, de même qu'elle avait également alimenté le rejet des premiers rails de tramway hippomobile, au cours des années 1850. La question paysagère a donc pu être instrumentalisée.

Ce thème a été souvent débattu, notamment autour du travail de John McKay[1]. Aussi, il ne s'agit pas ici de discuter à nouveau des analyses déjà menées, mais de proposer la confrontation d'étapes successives de l'histoire de l'énergie électrique dans le monde du transport urbain en renvoyant aux épisodes fondateurs du XIXe siècle. Trois temps seront ici analysés. La question de l'intégration de systèmes électriques de transport dans le paysage industrialisé des villes de la Belle Époque sera d'abord discutée, le cas parisien pouvant être utilement contrebalancé

1 Voir McKay J., *Tramways and Trolleys. The Rise of Urban Mass Transport in Europe*, Princeton, Princeton University Press, 1976, 266 p. et Mom G., Norton P., Clarsen G., Pirie G. (eds.), *Mobility in History*, Neuchâtel, Alphil, 2010, p. 43-141.

par l'analyse d'autres contextes. L'épisode suivant, qui n'est pas sans lien avec le précédent, concerne le rejet français du trolleybus, qui a suscité un retour de la question paysagère et de l'aménagement de voirie au cours de l'entre-deux-guerres. Enfin, pendant contemporain après une phase de disparition de l'alimentation électrique dans les transports urbains de surface, l'équipement des villes françaises en tramway depuis la fin du XXe siècle a vu la naissance d'une nouvelle relation entre paysage et transport, dans laquelle le tramway devient producteur de paysage.

Électrification des tramways et instrumentalisation du paysage (1880-1914)

L'argument esthétique fait figure de véritable *leitmotiv* de l'histoire des tramways européens. John McKay a probablement apporté dans ce domaine la principale contribution, mais il convient de relativiser la portée de cet argument massue selon lequel les tramways auraient été rejetés pour des raisons esthétiques[2]. Une analyse fine des contextes, du poids relatif des différents groupes impliqués et de la sensibilité du moment aux questions paysagères peut conduire à des considérations plus nuancées[3]. Soulignons toutefois que l'historiographie elle-même contribue à faire de la question paysagère un point fixe du monde du tramway, qu'il s'agisse du tramway ancien ou des formes modernes qu'il a adoptées.

Dans le contexte français, le rejet du tramway est anciennement ancré, puisque le premier projet européen de tramway urbain, celui proposé par Alphonse Loubat en 1855 à Paris, se heurte à une hostilité administrative, fondée sur la peur que cette ligne de tramway hippomobile constitue un équipement dangereux et la source d'une congestion accrue au cœur de Paris[4]. C'est pourquoi « l'Américain », comme il fut rapidement surnommé, vit son parcours limité à la Concorde, où les voyageurs désireux de se rendre au centre de Paris devaient se reporter sur un omnibus. Point de discussion paysagère en l'occurrence, mais des arguments destinés à cacher deux craintes que ne pouvaient exprimer les autorités impériales. D'une part, la crainte de la technique : cette technique nouvelle, venue de New York, pouvait-elle être implantée à Paris sans conséquence sur la santé des Parisiens et celle des omnibus, auxquels s'intéressaient simultanément les préfets Charles Pietri et Georges-

[2] McKay J., *Tramways and Trolleys*, *op. cit.*

[3] Mom G., Norton P., Clarsen G., Pirie G. (eds.), *Mobility in History*, *op. cit.*, p. 43-141.

[4] Robert J., *Les Tramways parisiens*, Neuilly-sur-Seine, Jean Robert, 1959, rééd., 1992, p. 37-39.

Eugène Haussmann ? D'autre part, une peur sociale, celle d'offrir une desserte efficace et à moindre coût aux populations périphériques qui pourraient dès lors rallier le centre de Paris plus aisément que ne le permettaient des omnibus aux tarifs élevés et aux itinéraires plutôt centraux.

Ces timides débuts du tramway dans le contexte parisien se retrouvent à l'échelle du pays. Il ne fut effectivement adopté que pour des liaisons rurales secondaires, aucune ville française ne s'en dotant au cours du Second Empire. En revanche, les années 1870-1880 virent les réseaux de tramways se multiplier, dans le nouveau contexte d'une IIIe République, soucieuse de développer les services urbains tout en contrôlant les libertés municipales, après l'épisode de la Commune.

Ces premiers tramways étaient à traction hippomobile mais les transports urbains constituèrent rapidement un terrain d'application de la nouvelle source d'énergie que fut l'électricité, magnifiée par l'Exposition universelle de 1889. L'idée de motoriser ces tramways hippomobiles avait suscité de multiples voies expérimentales, dont plusieurs furent mises en service au cours des années 1890 : vapeur, air comprimé, câble, batteries, etc. La France accusait toutefois un retard en la matière, peut-être lié au rejet dont ce mode de transport a souffert initialement, si bien que c'est surtout sous l'impulsion de la compagnie Thomson-Houston, d'origine américaine, que les villes françaises s'équipèrent en tramways électriques, dans le sillage de Rouen qui constitua la vitrine de cette société, à partir de 1896.

Le choix de l'électricité posa de façon nette la question de l'insertion des tramways dans le milieu et le paysage urbains. Les vitesses nouvelles et le poids accru des véhicules posèrent des questions de cohabitation avec les autres usagers de l'espace public, humains ou animaux. Surtout, le mode de propulsion techniquement le plus efficace, celui par alimentation aérienne, se confronta à un rejet massif dans les lieux les plus prestigieux des villes françaises. À Bordeaux, Marseille ou Paris, des interdictions totales ou partielles de l'alimentation aérienne conduisirent à un paysage scindé. En périphérie où elle était généralement admise, l'alimentation aérienne fut la norme. En revanche, elle fut bannie des quartiers centraux[5]. Si les discours incriminent le plus souvent une esthétique qui serait inappropriée, il est permis de douter de leur pleine sincérité. En effet, porté par des élites intellectuelles, culturelles ou politiques, ce refus masquait bien souvent celui d'un mode socialement discrédité. En desservant la banlieue, où il lui a toujours été plus simple de trouver sa place et où ses bas tarifs pouvaient s'adapter à une clientèle moins aisée, le tramway s'est forgé une image de mode populaire,

---

5 Robert J., *Histoire des transports dans les villes de France*, Neuilly-sur-Seine, Jean Robert, 1974, p. 96-100.

susceptible de faciliter l'accès des banlieusards aux quartiers centraux ou bourgeois. Cette hypothèse d'un rejet social instrumentalisant un argument esthétique est d'autant plus fondée que ces discours sont généralement émis par des élites sociales.

L'insertion des tramways dans le paysage des centres-villes se fit donc au prix d'adaptations qui nuisirent à leur efficacité. Diverses formes de propulsion furent adoptées pour permettre le passage du tramway dans ces zones : batteries (Paris, Lyon, Nice, Dunkerque, Lille), plots (Lyon, Paris), caniveau (Paris), etc. Des solutions hybrides furent même inventées, certains tramways parisiens alternant les types de propulsion lors de la traversée de places protégées, comme celle de la République à Paris, malgré les pertes de temps provoquées par l'accrochage et le décrochage de la perche ainsi que par l'entrée et la sortie du caniveau.

Ces contraintes, directement ou indirectement liées au paysage, conduisirent donc à nettement affaiblir les tramways. D'une part en maintenant diverses filières de propulsion énergétique, quand l'alimentation aérienne aurait pu l'emporter et unifier cet univers. D'autre part, par les coûts de maintenance généralement élevés des systèmes d'alimentation alternatifs. Si bien qu'à la fin du XIXe siècle, le tramway pouvait faire figure de mode à la légitimité chancelante.

Dans certains cas, le rejet du tramway se fit au nom de l'esthétique sans véritable instrumentalisation, comme pour l'avenue Foch à Paris, qui lui fut interdite si bien qu'il dut circuler à contresens sur la place de l'Étoile afin d'éviter de croiser l'artère la plus large de Paris[6]. Sur les boulevards, autre lieu de la vie parisienne, l'omnibus Madeleine-Bastille trouva de multiples défenseurs pour dénigrer les projets de tramways qui visaient à remplacer la ligne la plus chargée du réseau, mais aussi la plus symbolique de Paris, capitale du XIXe siècle[7].

L'entrée dans le siècle nouveau ne pouvait toutefois supporter ces archaïsmes. De l'Exposition universelle de 1900 à la Première Guerre mondiale, les grandes métropoles européennes connaissent effectivement une accélération et une massification de leur mobilité urbaine, que ce soit par l'ouverture de différents métros ou par la motorisation des transports publics de surface, omnibus et fiacres. L'espace urbain s'ouvrit dès lors à des réseaux de transport au caractère industriel plus

---

6 Robert J., *Les Tramways parisiens*, *op. cit.*, p. 532.

7 Benjamin W., *Paris, capitale du XIXe siècle. Le Livre des passages*, Paris, Le Cerf, 1993, 974 p. Sur ces projets, voir Saint-Martin L., « Réorganisation des omnibus et tramways de Paris », *Bulletin technologique de la société des anciens élèves des écoles nationales d'arts et métiers*, n° 4, avril 1904, p. 245-256 ; sur le Madeleine-Bastille, voir Passalacqua A., *L'Autobus et Paris. Histoire de mobilités*, Paris, Economica, 2011, p. 17-46.

évident, si bien que l'obstacle paysager rencontré par le monde du tramway fut peu à peu levé. L'assouplissement était déjà sensible dans les petites villes avant 1900. Il s'opéra progressivement et fut marqué notamment par l'acceptation de lignes aériennes au centre de la capitale à l'occasion de la réforme tarifaire et structurelle de 1910. Le tramway électrique devint ainsi un élément nettement visible de l'aménagement urbain, ce que reflète par exemple la réalisation du Mongy, inauguré en 1905, dans l'agglomération lilloise.

L'argument paysager s'est donc dilué. En témoigne son absence lors du démantèlement des tramways parisiens. Ce n'est effectivement pas contre l'alimentation aérienne que les détracteurs des tramways livrent bataille de la fin des années 1920 au milieu des années 1930. L'idée n'est même pas avancée. En l'occurrence, les rails ont plutôt joué le rôle de dispositif repoussoir, plus pour des raisons fonctionnelles que d'esthétique, d'ailleurs. La ville s'était donc habituée au paysage urbain industriel que les transports participaient à dessiner.

Autres contextes, autre poids du paysage (1880-1914)

En dehors des frontières françaises, d'autres perceptions des transports et du paysage urbains conduisirent à d'autres choix, ce qui incite à souligner le caractère construit de ce rejet du tramway pour des raisons esthétiques. Certes des systèmes hybrides, croisant alimentation aérienne et autre source d'énergie, furent en service à Berlin, Prague, Vienne, Budapest ou Bruxelles. Mais une analyse contextuelle plus poussée permet de relativiser le poids de la question paysagère dans trois pays où le tramway s'est largement diffusé : la Grande-Bretagne, les États-Unis et la Suisse.

En Grande-Bretagne, l'argument paysager a probablement été très surestimé. Comme l'a souligné récemment Barbara Schmucki, l'opposition à l'esthétique électrique s'y est avérée plus bruyante que réellement massive[8]. Des élites ayant accès aux médias se sont émues de cette alimentation aérienne de tramways qu'elles n'empruntaient pas. En revanche, l'acceptation s'est jouée par la pratique. Les Britanniques ont rapidement compris l'intérêt de tramways électriques fiables et donc alimentés par voie aérienne. Toutefois, dans le contexte national, le cas de Londres, qui a connu un fort rejet fondé sur l'argument paysager et alimenté par un milieu spécifique, a masqué une diffusion bien plus générale.

8 Schmucki B., « Toward new routes in tramway history », in Mom G., Norton P., Clarsen G., Pirie G (eds.), *Mobility in History*, *op. cit.*, p. 127-133.

Aux États-Unis, pays d'origine du tramway, l'acceptation de ce mode électrique et de ses équipements aériens s'est opérée sans obstacle particulier. Le paysage urbain des villes nord-américaines, marqué par un dessin industriel plus présent qu'en Europe, s'est sûrement plus aisément accommodé de lignes électriques. Ce mode s'est d'ailleurs rapidement avéré crucial pour la desserte des périphéries, dans un contexte où le mode de vie pendulaire s'est diffusé dès la fin du XIXe siècle. Seul lieu du rejet, Washington vient souligner une large acceptation par ailleurs. Cette ville, au statut de capitale, possède effectivement un paysage urbain unique en Amérique du Nord. Celui d'une ville au dessin contrôlé, selon les plans de Pierre Charles L'Enfant, devenue le symbole d'un classicisme à l'américaine, dont les lignes ne pouvaient laisser place à une électricité trop visible, ce qu'entérina une loi fédérale de 1889[9]. Ailleurs, en revanche, l'électricité s'est affichée comme triomphante, que ce soit pour les transports urbains ou pour les réseaux de transport et de distribution de cette énergie, dont le caractère visible marque, aujourd'hui encore, une nette différence avec le paysage européen.

Le cas suisse a été plus spécialement étudié par Cédric Humair[10]. Il marque l'observateur par l'absence totale de l'argument esthétique, dans un pays qui a pourtant fait de son paysage un fondement de son activité économique et de son identité. En 1888, la Suisse a ainsi accueilli le premier tramway électrique à alimentation aérienne d'Europe, entre Vevey et Montreux. Pourquoi les cantons se sont-ils si aisément prêtés à la pénétration de la ligne électrique ?

Contrairement à ce qui se passa en Grande-Bretagne, les valeurs des élites suisses n'accordaient en fait qu'un poids faible à l'esthétique, notamment au vu de l'efficacité financière d'un système de transport adapté à l'énergie hydroélectrique. Ces élites elles-mêmes étaient d'ailleurs faibles dans le contexte national. Par ailleurs, le pays a forgé de façon précoce une habitude des câbles aériens dans son paysage, du téléphone à l'éclairage. Le téléphérique, mode de transport suisse s'il en est, n'est-il pas fondamentalement défini par l'insertion de câbles dans des paysages vierges ? Le tramway électrique, devenu signe de la modernité, a d'ailleurs rejoint le téléphérique comme icône de l'art de vivre suisse.

La ville européenne a donc finalement offert une place plus importante aux tramways à alimentation aérienne que ne le laissent penser

---

9 Voir notamment Rein L., « D.C. streetcar project may get hung up on overhead wires », *The Washington Post*, 6 avril 2010.

10 Voir Humair C., « Following the American sister republic : urban public transport in Switzerland 1870-1910 », in Mom G., Norton P., Clarsen G., Pirie G. (eds.), *Mobility in History*, *op. cit.*, p. 105-126.

certains cas emblématiques. Même dans le cas français, qui présente une richesse particulière du fait d'une instrumentalisation de cette question paysagère, le paysage urbain s'est industrialisé, en se fondant notamment dans le moule haussmannien[11]. Ailleurs, des phénomènes similaires sont notables, de la Barcelone d'Ildefons Cerdà à l'Amsterdam d'Henrik Berlage. Dans les milieux de l'aménagement, la réaction face à cette vague de modernité est d'ailleurs demeurée marginale, comme l'illustre le cas de Camillo Sitte, défenseur d'un paysage pittoresque dans une Vienne qui bascule à son tour dans cette esthétique industrielle, en devenant d'ailleurs l'une des capitales européennes du tramway[12].

Le trolleybus et le retour de la question paysagère à Paris (1920-1960)

Si la question paysagère s'est progressivement effacée à propos du tramway, elle fait sa réapparition au milieu du XXe siècle, dans le contexte parisien. La Première Guerre mondiale avait suscité quelque inquiétude à propos d'une croissante dépendance vis-à-vis du pétrole qu'elle avait contribué à simultanément accélérer et révéler. Au gré des tensions diplomatiques de l'entre-deux-guerres, les pouvoirs publics incitèrent ainsi les acteurs du secteur des transports à rechercher de nouvelles formes énergétiques. Néanmoins, la compagnie parisienne des transports de surface, la STCRP[13], ne fit pas preuve d'un enthousiasme flagrant face à ces sollicitations, que ce soit en raison des difficultés techniques rencontrées ou de ses relations financières avec le monde du pétrole. Elle choisit toutefois de profiter de ces essais marginaux pour parfaire son image en diffusant des clichés falsifiés de trolleybus arrêtés devant le palais du Trocadéro[14]. Des lignes aériennes furent ajoutées sur les clichés, pour simuler le passage d'un trolleybus dans ces lieux figurant parmi les plus prestigieux de la capitale et qui furent à ce titre toujours préservés de toute ligne d'alimentation aérienne.

Les tensions internationales des années 1930 suscitent une relance du monde français du trolleybus, qui semblait plutôt somnoler jusqu'alors. Les cas de Londres et des États-Unis, où ce système de transport avait trouvé un large développement, inspirèrent effectivement confiance dans ces autobus fonctionnant à l'électricité et nécessitant une double ligne

---

11 Loyer F., *Paris XIXe siècle. L'Immeuble et la Rue*, Paris, Hazan, 1987, 488 p.

12 Sitte C., *L'Art de bâtir les villes : l'urbanisme selon ses fondements artistiques*, Paris, Le Seuil, 1996, 188 p.

13 Société des transports en commun de la région parisienne.

14 Ce dont témoignent les clichés R1200, R1217 et R1218 de la photothèque de la RATP.

aérienne, quand les tramways n'en exigeaient qu'une simple. Plusieurs villes françaises furent ainsi équipées, notamment Lyon et Alger.

Mais ce n'est qu'en raison des difficultés d'approvisionnement dues au deuxième conflit mondial que les formes alternatives de motorisation des réseaux d'autobus connurent un renouveau, notamment en région parisienne[15]. Aux côtés des carburants alternatifs – alcool, gaz, charbon, etc. –, l'électricité s'impose comme une solution de long terme. Énergie nationale, elle fut défendue par les Allemands comme par le gouvernement de Vichy, à travers Jean Berthelot, son secrétaire d'État aux Communications. Elle présentait aussi l'avantage d'incarner symboliquement et techniquement la fusion entre métro et autobus, décidée par ce même Jean Berthelot en 1941.

Le développement concret d'un réseau de trolleybus demeura toutefois difficile, malgré l'ambition des plans annoncés, en raison notamment du manque de cuivre. Si seulement quatre lignes furent ouvertes au départ de deux portes de Paris, les réflexions conduites sur ce mode de transport nouveau marquèrent le retour du questionnement paysager à travers la question de son insertion sur l'espace public. Construire une ligne nouvelle imposait effectivement de penser l'aménagement des axes parcourus, même en temps de guerre. La nécessité de dessiner le paysage est tangible, à travers notamment des coupes en travers[16]. Par son fonctionnement électrique, le trolleybus impose ainsi de dessiner la voirie et donc de penser la place de chacun sur un espace nécessairement restreint. Des questions lointaines de celles de l'alimentation énergétique, mais qui surgissent de ce fait, alors que l'autobus à moteur thermique n'avait jamais nécessité de concevoir un dessin spécifique de l'espace public.

Cette problématique du dessin de l'espace public en lien avec les besoins des transports collectifs de surface marque la deuxième moitié du XXe siècle. Pour répondre à la congestion automobile ainsi que sous l'effet d'une aspiration collective à la vitesse, les transports collectifs de surface se sont métamorphosés, notamment dans le cadre d'une refonte profonde de leur rapport à l'espace et donc au paysage. Sommé de devenir un « métro de surface », l'autobus s'est donc progressivement trouvé une infrastructure, couloir réservé, puis couloir protégé et site propre[17]. Les problématiques paysagères ont dès lors trouvé une actualité renouvelée, avant que ne les renforce à la fin du XXe siècle

---

15 Molles C., *La Fin du pétrole. Histoire de la pénurie sous l'Occupation*, Paris, Descartes et Cie, 2010, 122 p.

16 Voir le carton AP, Pérotin/10331/56/1/256.

17 L'expression « métro de surface » se trouve dès les années 1970.

l'engouement pour un mode de surface électrique doté d'une infrastructure : le tramway.

Le tramway, producteur du paysage urbain de la France contemporaine

Retournant la relation ancienne entre tramway et paysage, qui témoignait plus d'un rejet de l'objet que de son acceptation, la France contemporaine a vu le tramway se muer en un objet envié, un projet copié et un des meilleurs défenseurs de l'idée d'un paysage urbain maîtrisé. Ce retournement historique mérite une analyse, dans un contexte où la multiplication des réalisations, chacune se voulant spectaculaire à sa propre échelle, pose la question ambiguë de la différenciation des villes par la diffusion d'un objet peu à peu devenu banal.

Depuis les premières inaugurations – à Nantes en 1985 et Grenoble en 1987 –, le tramway dit moderne a effectivement trouvé deux positionnements vis-à-vis des questions paysagères. Sa première posture a été et demeure celle de l'accompagnateur de la requalification urbaine. Élément-clé du projet urbain, le tramway a alors servi de clé de voûte d'un système de rénovation de l'espace public de façade à façade, qui a notamment produit un paysage minéral dont les composantes sont similaires dans les différentes villes françaises : granit, pavés sciés, béton, etc. Traversant le centre-ville, il a rendu possible des mutations du paysage urbain, tout en cherchant, le plus souvent, à se couler dans le moule de villes dont les centres sont souvent denses, constitués et – pour partie – protégés.

La deuxième posture du tramway est celle de producteur de paysage. Dans les quartiers plus périphériques, où la requalification urbaine prend un autre sens dans la mesure où elle peut également toucher au tissu urbain lui-même, notamment dans les grands ensembles, le tramway a introduit un nouveau vocabulaire d'aménagement, dont l'élément le plus marquant est la plateforme engazonnée. Ces étendues végétales, malgré leurs limites, comme leur caractère extrêmement artificiel en décalage avec un discours environnementaliste les promouvant, sont bien l'une des innovations paysagères majeures de la ville contemporaine. D'abord par leur étendue, dans la mesure où elles couvrent à présent une proportion importante des lignes de tramway, par exemple plus des deux tiers du tramway T3 parisien, datant de 2006, ce dont son promoteur, le maire socialiste Bertrand Delanoë, se targue[18]. En ce sens, le tramway s'est fait porteur d'une innovation, répondant par ailleurs à une idéologie contem-

[18] Delanoë B., « Les déplacements, un enjeu central », *L'Humanité hebdo*, 16 décembre 2006, p. 9.

poraine soucieuse de contrebalancer les modes de vie urbains par des éléments réputés naturels.

C'est également par le renouvellement du mobilier urbain qu'il propose que le tramway a généralement imposé un souci nouveau de dessin des espaces publics. De même, il a tenté d'incarner l'image de la ville au-delà de son paysage en lui offrant une icône. L'idée, mise en œuvre par Alstom, de proposer à chaque ville de dessiner le nez du tramway et de choisir la livrée des véhicules s'est ainsi révélée être un outil de promotion urbaine très puissant. De Montpellier et ses tramways aux couleurs psychédéliques, à Reims et son nez de tramway en profil de flûte de champagne, les villes ont effectivement joué sur cet objet médiatisé pour renforcer l'image qu'elles ont choisi de mettre en avant.

Le tramway contemporain est donc devenu bien plus qu'une infrastructure de transport en commun. Il est simultanément un moyen de lutter contre l'automobile, un outil de requalification de l'espace public et du paysage et le passage obligé de tout programme politique municipal, sa réalisation s'inscrivant souvent bien dans le cadre d'un mandat. Cette dernière dimension est très nette dans les revirements récents de villes qui s'étaient pourtant engagées sur d'autres voies : Dijon (autobus en site propre), Toulouse (métro léger), Tours (autobus en site propre), etc.

Si le poids de l'effet de mode, notamment dans le champ politique est indéniable dans cette adhésion massive des principales agglomérations françaises en faveur du tramway, il ne faut pas sous-estimer celui du constructeur Alstom, héritière de Thomson-Houston à la position quasi hégémonique et l'une des principales compagnies françaises dans le secteur de l'électricité. Ni celle de l'école française du paysage urbain, qui a trouvé dans les projets de tramway une activité importante et médiatique. Les paysages ainsi composés sont d'ailleurs extrêmement classiques, employant pour l'essentiel un même vocabulaire, de Nice à Brest et de Bordeaux à Strasbourg. Une véritable production nationale de paysage urbain s'est ainsi constituée. Les projets de tramway se résument d'ailleurs le plus souvent à quatre noms : un maire, quand ils sont pourtant généralement portés par une structure intercommunale, un architecte, un paysagiste et un « designer », auteur du mobilier urbain accompagnant le projet.

Si bien que l'hypothèse d'une instrumentalisation du tramway par le paysage, à l'opposé de la configuration prévalant pour le tramway ancien, mérite d'être étudiée. Le retournement historique est d'autant plus marqué que la ville contemporaine assume pleinement les équipements électriques de ses tramways qui sont relativement similaires à ceux du premier XXe siècle. La ligne aérienne a été pleinement acceptée et le dessin des poteaux destinés à la soutenir est même devenu l'un des enjeux majeurs du cahier des charges confié au « designer » en charge du projet. Cette nouvelle vision s'accompagne d'une évolution de l'image des énergies. Alors que l'électricité jouit du statut d'énergie d'avenir, en raison des vertus environnementales qu'elle présenterait, le pétrole, qui fait encore rouler les autobus, a vu son image se dégrader fortement, sous l'effet des crises environnementales, des conflits géopolitiques et des pollutions locales qu'il produit.

Le caractère électrique du tramway peut dès lors d'autant plus se trouver magnifié, comme en témoignent les gigantesques arcs colorés supportant les lignes aériennes aux stations du tramway de Mulhouse, inauguré en 2006. Dans d'autres villes, le jeu de lumière, permis par le mobilier des stations, vient renforcer, de nuit, le caractère électrique classique du paysage urbain.

Dans ce contexte, il est pourtant un dispositif, demeuré marginal, qui perturbe cette analyse : l'alimentation par le sol. Alors qu'elle a été largement employée au début du XXe siècle, sous la forme de caniveau central ou de plots alimentés au passage du tramway, l'alimentation par le sol ne fut pas promue par les tout premiers projets de tramway achevés. Ce n'est qu'à Bordeaux, en 2003, que furent ouverts les premiers tronçons de tramway contemporain alimentés par le sol. Dans une ville à l'architecture remarquable, dont l'unité classique et néoclassique est exceptionnelle et qui a ouvert ses lieux les plus prestigieux à ce nouveau mode de transport (place des Quinconces, place Pey-Berland, etc.), le souci esthétique fait figure de question légitime. Peut-être d'autant plus fortement que la ville avait connu antérieurement des réalisations devenues discutables en faveur d'un autre système de transport, l'automobile (parking Victor-Hugo, abords du pont Saint-Jean, etc.).

Bordeaux a donc fait le choix d'une alimentation par le sol pour les lieux jugés les plus remarquables de l'agglomération, qui se sont ainsi vus épargner lignes aériennes et poteaux, selon les volontés de l'architecte des bâtiments de France. Dès lors, l'idée d'une ville capable de modernité tout en respectant son patrimoine bâti s'est notamment fondée sur une image emblématique, celle du tramway traversant le pont de pierre, sans alimentation aérienne. Elle synthétise effectivement le paysage bordelais – pierre, architecture classique, Garonne et tramway – tout en en bannissant l'électricité.

Cette image résonne avec celle d'une autre ville inscrite le long d'un large fleuve, dotée d'un tramway et marquée par une architecture minérale, peut-être moins maîtrisée : Orléans. Le choix fut ici différent. Orléans a inauguré son tramway en 2000. Il traverse la Loire sur le pont George V, dont les parapets sont équipés de poteaux portant simultanément l'éclairage public et la ligne électrique aérienne du tramway. Vue depuis la rive gauche de la Loire, la cathédrale d'Orléans voit s'insérer devant elle un pont de pierre qui ne masque pas le caractère électrique que lui impose le tramway.

Le rapprochement entre Bordeaux et Orléans est d'autant plus pertinent que les deux ponts sont inscrits au titre des monuments historiques, respectivement depuis 2002 et 1926. Sur les bords de la Garonne, cette inscription s'est donc faite à la veille de l'inauguration du tramway, ce qui vient alimenter l'intérêt porté au patrimoine de la ville, que le nouveau maire, promoteur du tramway, avait d'ailleurs lancé dans un large ravalement.

Néanmoins, il est également possible de considérer ce choix de Bordeaux non pas fondé sur des arguments esthétiques, mais sur une course en avant technique, contrainte par l'interdiction faite à l'alimentation aérienne. Dans un contexte où de nombreuses villes avaient inauguré un tramway ou en avaient le projet, Bordeaux, qui avait longtemps rêvé d'un métro, a trouvé dans ce système d'alimentation une façon de se différencier et d'affirmer sa capacité technique.

Enfin, le rôle d'Alstom est essentiel pour comprendre le choix de Bordeaux. La firme française s'est effectivement impliquée dans la recherche d'un procédé efficace d'alimentation par le sol et a cherché à le faire adopter par une ville importante, susceptible de constituer une vitrine, comme Rouen put l'être pour la maîtrise de l'électricité de Thomson-Houston à la fin du XIXe siècle. Bordeaux a tenu ce rôle, non sans soucis liés à l'innovation. Loin d'être directement opérationnels, les dispositifs d'alimentation par le sol connurent des difficultés multiples, notamment des problèmes d'isolation et de dysfonctionnement en cas d'humidité. L'image du tramway à Bordeaux et de Bordeaux comme ville de tramway en a pâti.

Avant que le système soit amélioré, au bout de plusieurs années, l'alimentation par le sol figurait donc au rang des pistes d'innovation sur lesquelles des doutes profonds existaient. Dans ce monde du tramway en pleine effervescence, elles étaient d'ailleurs nombreuses, la principale étant probablement le tramway sur pneu, qui, dans la version adoptée par Nancy (2000) et Caen (2002), fait figure d'impasse. Au-delà des questions de mise au point technique de l'alimentation par le sol, l'historien peut s'interroger sur la pertinence historique de tels dispositifs. Plusieurs villes au patrimoine bâti reconnu pour sa qualité se sont dotées de tramways à l'alimentation aérienne. Ce choix est-il le fait des craintes d'agglomérations échaudées par les déboires bordelais ? Ou ne traduit-il pas une évolution de la perception sociale d'une électricité qui aurait trouvé sa place dans les villes, même aux paysages les plus aboutis ?

Jusqu'à récemment, cette interprétation semblait prévaloir. Mais trois projets contemporains relancent le débat. Angers et Reims, dont l'inauguration des tramways a eu lieu en 2011, et Orléans, qui prévoit une nouvelle ligne pour 2013, ont opté pour l'alimentation par le sol. Est-ce un légitime souci esthétique, fondé sur une reconnaissance de son patrimoine par l'État, voire par l'UNESCO[19] pour le cas de Reims ? Ou une façon d'affirmer la valeur patrimoniale de son paysage urbain en optant pour une solution dont on fait savoir qu'elle le protège ? Ou n'est-ce pas plutôt un engouement pour une technologie capable de différencier un projet au sein d'un paysage des tramways français qui marque par son homogénéité ?

En dehors du cadre français, les villes qui ont opté pour l'alimentation par le sol pour leur projet de tramway frappent d'ailleurs par leur rapport très spécifique à la question patrimoniale. Brasilia, ville de l'architecture et de l'urbanisme modernes s'il en est, a ainsi retenu ce dispositif. De même que Dubaï, territoire des projets les plus démesurés. Ces deux cas ne viennent-ils pas confirmer l'idée que l'alimentation par le sol joue aujourd'hui plutôt le rôle d'une technologie signifiant la modernité que celui, premier, de protection du paysage urbain ? Dès lors ne révèlent-ils pas plus une passion pour l'électricité et ses applications que leur rejet ?

[19] United Nations Educational, Scientific and Cultural Organization.

« The Electric City »

Sherbrooke et son paysage hydroélectrique de 1880 à nos jours

Rémi GUILLEMETTE

À la fin du XIXe siècle, Sherbrooke, ville québécoise située à environ 150 km au sud-est de Montréal et à 50 km de la frontière américaine, représente un exemple typique d'une ville industrielle nord-américaine de petite taille. Le développement rapide de son potentiel hydroélectrique en fait un acteur principal dans la production d'électricité au Québec. Jusqu'aux années 1920, Sherbrooke contient plus de la moitié des centrales et barrages hydroélectriques de la province. Elle constitue donc un intéressant laboratoire pour l'étude de l'imbrication des structures hydroélectriques dans le paysage.

Figure 1 : carte du sud de la province de Québec
© Rémi Guillemette, 2011

Nous aborderons les conséquences de l'implantation de cette nouvelle technologie sur le paysage urbain sherbrookois. Nous y démontrerons, d'une part, comment l'omniprésence des structures hydroélectriques dans le paysage quotidien des habitants permet aux citadins d'apprivoiser rapidement ces nouveaux éléments paysagés. D'autre part, nous définirons et expliquerons la succession des différents rôles que prennent les structures hydroélectriques afin d'illustrer comment elles ont toujours été bien intégrées au paysage sherbrookois même si leurs sens ont évolué.

Un aperçu de l'histoire de Sherbrooke montre l'importance de l'exploitation énergétique des rivières Magog et Saint-François pour le développement de la ville. La colonisation de la région sherbrookoise débute dans les dernières décennies du XVIIIe siècle. En 1802, la mise en service d'un premier barrage dans les gorges de la rivière Magog, ainsi que l'implantation de moulins hydrauliques, suscitent la création d'un hameau sur les rives de cette rivière, près du confluent avec la rivière Saint-François. En 1834, un élément vient favoriser la croissance de Sherbrooke, l'implantation du bureau de la British American Land Company (BALC). Le but initial de cette organisation est l'établissement de colons britanniques sur les terres des Cantons de l'Est. La BALC joue un rôle de premier plan dans le développement de Sherbrooke. Dès les premières années, elle prend conscience du potentiel hydraulique de la rivière Magog et procède à l'achat de terrains riverains. Dans les décennies suivant sa création, la BALC érige de nombreux barrages, aménage des zones industrielles, s'implique dans la construction d'un chemin de fer et élabore un plan d'urbanisme qui fonde l'actuelle organisation spatiale de Sherbrooke. À cette époque, on avance même que la rivière Magog constitue la plus grande force hydraulique du continent[1]. Cette prise en charge du développement de Sherbrooke entraîne une première phase d'industrialisation. Entre 1834 et 1866, bon nombre de petites et moyennes entreprises viennent s'y établir et tirent parti de la force hydraulique de la Magog et de ses quatre barrages. Cette croissance industrielle est la plus forte au Québec, à l'exception de Montréal[2].

Entre 1866 et 1896, une seconde phase d'industrialisation a lieu. L'arrivée d'une entreprise de grande envergure, la Paton Manufacturing Company, marque le début des grandes industries à Sherbrooke. Durant cette période, la BALC continue d'aménager la rivière Magog afin de subvenir aux besoins énergétiques des entreprises qui s'installent à Sherbrooke. Par exemple, en 1882, afin d'éviter certains problèmes d'alimentation énergétique causés par la baisse du niveau d'eau de la

---

1 Kesterman J.-P., *Tout le long de la rivière Magog. Se promener du lac Memphrémagog à la Cité des rivières*, Sherbrooke, Éditions GGC, coll. « Patrimoine », 2004, p. 17.

2 Kesterman J.-P., *Histoire de Sherbrooke*, Sherbrooke, Éditions GGC, coll. « Patrimoine », 2000, t. 1, p. 192.

rivière Magog, la BALC procède à la construction d'un barrage en aval du lac Magog qui hausse le niveau d'environ un mètre et inonde de nombreuses terres[3].

Avec l'arrivée de l'électricité en 1888, Sherbrooke débute une troisième phase d'industrialisation et, encore une fois, l'exploitation énergétique de la rivière en est le moteur. Désormais, les entreprises peuvent s'installer où elles le désirent et ne sont plus limitées aux emplacements situés près des sites de production d'énergie hydraulique. Ce faisant, les habitations d'ouvriers commencent à se disperser sur le territoire de la ville et l'arrivée du tramway favorise ce mouvement d'expansion urbaine.

Jusqu'à la crise économique des années 1930, la ville est en expansion. Cela s'accompagne d'un besoin énergétique croissant à la suite de l'implantation de nombreuses industries qui profitent de tarifs énergétiques avantageux. Afin de soutenir son développement économique, la ville procède à la construction de deux nouvelles centrales sur la rivière Saint-François, à Weedon et à Westbury. En 1929, ces deux centrales produisent à elles seules plus de la moitié de l'énergie du Service d'électricité de Sherbrooke. Elles permettent à Sherbrooke de demeurer un important centre industriel au Québec[4].

---

3 Kesterman J.-P., *Histoire de Sherbrooke*, Sherbrooke, Éditions GGC, coll. « Patrimoine », 2000, t. 2 p. 17.

4 Kesterman J.-P., *Histoire de Sherbrooke*, Sherbrooke, Éditions GGC, coll. « Patrimoine », 2000, t. 3 p. 51.

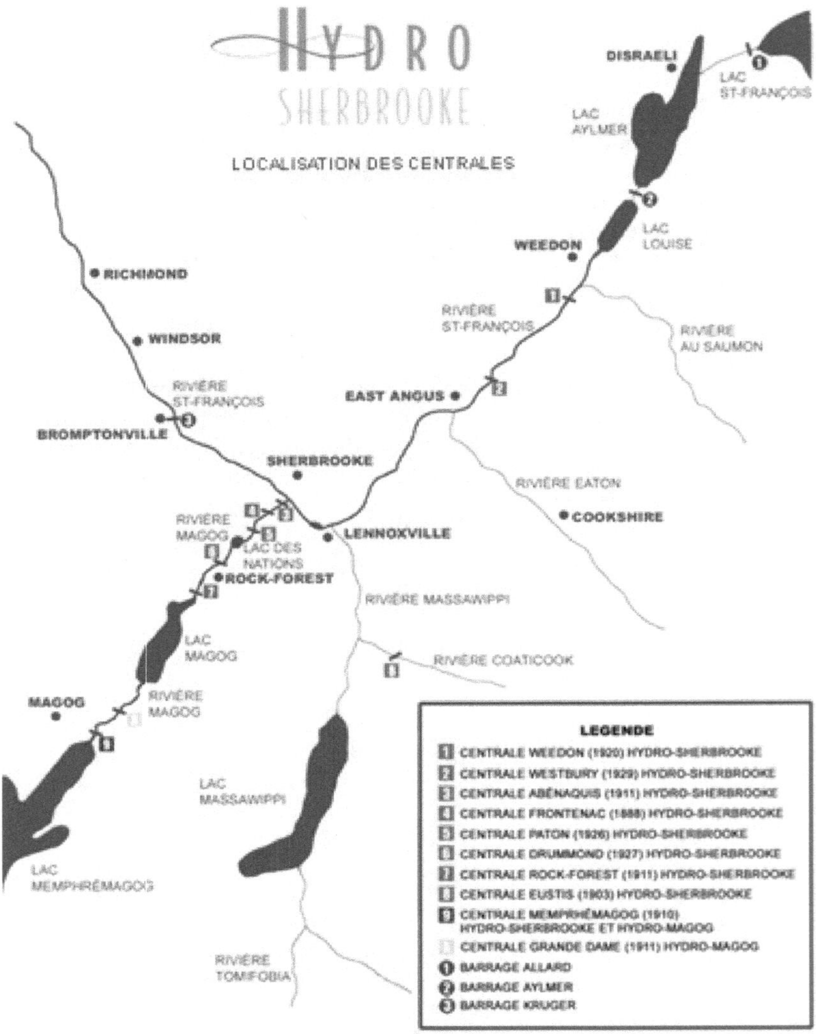

Figure 2 : localisation des centrales et barrages d'Hydro-Sherbrooke
© Service d'Hydro-Sherbrooke, 2008

Les années 1930 à 1960, malgré certaines difficultés liées à la crise économique, correspondent à la quatrième phase d'industrialisation de Sherbrooke. Durant cette période, de nouvelles industries, principalement textiles et métallurgiques, continuent de s'implanter à Sherbrooke. Mais, plus les années 1960 approchent, plus l'économie se diversifie. Contrairement aux époques précédentes, le potentiel énergétique de la région ne suffit plus et l'endettement municipal empêche la construction de nouvelles centrales. En 1939, la ville doit signer une entente avec la Shawinigan Water And Power Company pour l'achat d'électricité. En 1940, c'est 9 % de l'énergie consommée qui est achetée et à partir des années 1960 c'est plus de 65 % de l'électricité de Sherbrooke qui provient de Shawinigan[5].

Par la suite, nous assistons à un renversement des pôles économiques. Les industries textiles et métallurgiques, traditionnels piliers de la prospérité sherbrookoise, sont victimes de la désindustrialisation. Dès lors, l'économie de service prend la relève. Sherbrooke, en raison de son rôle de métropole régionale, possède et développe un bon nombre d'institutions de services juridiques, financiers, hospitaliers et éducatifs. Encore aujourd'hui, Sherbrooke joue ce rôle de métropole régionale dont les activités économiques relèvent majoritairement du secteur tertiaire.

Tout au long de son histoire, le territoire sherbrookois se transforme. L'homme le modifie afin de l'adapter à ses besoins énergétiques grandissants et entraîne ainsi l'apparition et la succession de nouveaux paysages. Le paysage est un lieu de mémoire, un lieu empreint de caractéristiques culturelles. L'étude du paysage permet de cerner les relations entre le territoire (représentant à la fois des contraintes et des opportunités pour les activités humaines) et les systèmes sociaux ; de mettre en lumière les mutations paysagères résultant des activités économiques et sociales. Modelés par l'homme, les paysages se construisent donc selon des critères esthétiques et fonctionnels et se transforment afin de répondre à divers objectifs : industriels, économiques, énergétiques, touristiques, etc. Les paysages sont donc le résultat du rapport de force entre les acteurs décisionnels d'une société sur un espace donné.

L'exploitation énergétique, moteur du développement et de la prospérité de la société sherbrookoise, contribue à l'émergence de nouveaux paysages qui s'intègrent au patrimoine collectif. L'emplacement des éléments hydroélectriques joue un rôle dominant dans cette assimilation. En plein cœur de la ville, leur localisation promeut la proximité et la cohabitation entre la population et ces nouveaux éléments, permettant ainsi à la ville de les apprivoiser. Par exemple les centrales et barrages Frontenac et Abénaquis, présents dans les gorges de la rivière Magog dans le centre-ville. Le regard porté par les citoyens sur le paysage hydroélectrique est tributaire des usages qu'ils en font et de leur inter-

---

5 Kesterman J.-P., *La ville électrique. Un siècle d'électricité à Sherbrooke 1880-1988*, Sherbrooke, Les Éditions Oliviers, 1988, p. 170.

relation[6]. Comme les fonctions des éléments paysagers évoluent, le regard se modifie et ainsi s'enchaînent quatre phases de représentation du paysage.

Figure 3 : vue sur la centrale Frontenac dans les gorges de la rivière Magog
© Rémi Guillemette, 2011

La première phase, « progrès et richesse », découle de valeurs économiques et utilitaires. Elle aborde les rivières comme un ensemble de ressources hydroélectriques à gérer et à exploiter afin d'en tirer des bénéfices. Durant cette phase, se déroulant entre 1888 et 1930, Sherbrooke connaît son apogée aux niveaux industriel et démographique. C'est durant cette période que la ville popularise le slogan : « Sherbrooke : the electric city », afin d'attirer des industries et de la main-d'œuvre. Le paysage de la région sherbrookoise est profondément marqué par cette phase. Le corridor industriel longeant la rivière Magog continue de se développer, et une seconde zone industrielle apparaît, s'étendant de manière perpendiculaire à la rivière. Les nouvelles technologies de transport de l'électricité permettent aux industries de s'éloigner des

6 Tremblay F., « Les paysages de rivière », in Poullaouec-Gonidec P., Domon G., Paquette S. (dir.), *Paysages en perspective*, Montréal, Presses de l'Université de Montréal, 2005, p. 143.

berges. Certaines rues, auparavant commerciales, accueillent de massifs bâtiments industriels, d'un simple coup d'œil, le passant peut percevoir cette évolution. Cette transformation porte un important développement économique.

Durant cette phase, il y a aussi valorisation architecturale des installations hydroélectriques. En 1920, lors de la construction d'un nouveau barrage et d'une nouvelle centrale, Charles J. Des Baillets, ingénieur suisse et directeur du Service de gaz et d'électricité de Sherbrooke, conçoit les plans d'un harmonieux barrage blanc aux arches élégantes et d'une centrale aux lignes sobres comprenant de gigantesques fenêtres[7]. Cette recherche de l'esthétisme contraste avec les barrages précédemment conçus, pour lesquels seul l'aspect fonctionnel était pris en compte. Il en résultait de simples prismes rectangulaires faits de briques rouges. La recherche de la beauté et de l'harmonie au sein des structures hydroélectriques est aussi perceptible dans la volonté municipale de remplacer les anciens poteaux électriques faits de bois, par de nouveaux en métal affichant des frises ornementales. La ville retire aussi une rangée de poteaux électriques des rues qui en contiennent des deux côtés, afin d'alléger le paysage[8].

Cette première phase modifie de manière importante le paysage des rivières et de leurs affluents. Trois lacs servant de réservoirs sont transformés afin d'augmenter leur capacité. Autour du lac Magog, une centaine de propriétaires riverains sont expropriés afin de permettre la hausse du niveau du lac d'un peu plus d'un mètre[9]. Sur la rivière Saint-François, deux étendues d'eau sont aussi transformées. Des barrages sont construits en aval des lacs Aylmer et Saint-François afin d'assurer un apport régulier pour les centrales de Weedon et Westbury. Ces trois lacs jouent un rôle dans la deuxième phase de représentation du paysage.

En somme, durant cette première phase, les structures hydroélectriques représentent la richesse, le progrès et le développement économique en offrant des emplois aux ouvriers et des possibilités d'investissement et de croissance aux industriels. Elle est aussi accompagnée d'une recherche d'esthétisme afin de mettre en valeur le paysage hydroélectrique qui amène cette prospérité.

---

7 Kesterman J.-P., *La ville électrique. Un siècle d'électricité à Sherbrooke 1880-1988*, *op. cit.*, p. 132.

8 Cité de Sherbrooke, Service du gaz et de l'électricité, *Rapport de l'opération des services du gaz et de l'électricité au 31 décembre 1927*, Sherbrooke, 1928.

9 Kesterman J.-P., *Tout le long de la rivière Magog. Se promener du lac Memphrémagog à la Cité des rivières*, *op. cit.*, p. 21. La ville procède à l'achat des terrains riverains qui seront inondés, les contrats d'achat sont disponibles au Service des affaires juridiques de la ville de Sherbrooke gestionnaire des archives municipales de la ville de Sherbrooke.

Vient ensuite une phase « loisirs et hygiène », une période caractérisée par une idéologie hédoniste. Durant cette phase qui occupe la première moitié du XXe siècle, l'utilisateur recherche, sur le territoire, du plaisir ainsi que du confort psychologique et physique. Cette poursuite du bonheur amène Sherbrooke à faire l'acquisition de nombreux terrains riverains afin d'y aménager des parcs et des espaces verts, d'y construire des plages le long des cours d'eau et d'utiliser les réservoirs (artificiellement créés afin d'assurer un apport énergétique régulier) à des fins de détente et de distraction. C'est durant cette phase qu'est créé un élément majeur du paysage sherbrookois contemporain, le lac des Nations. En effet, la retenue d'eau en amont des gorges de la rivière Magog inonde les berges, particulièrement sur la rive sud. Selon le propriétaire de l'époque, C.B. Howard, une centaine d'acres (soit plus de 400 000 m^2) sont submergés[10]. Ce nouveau plan d'eau accueille, depuis 1935, la plage publique du parc Jacques-Cartier.

Figure 4 : vue sur le lac des Nations à partir de la promenade
© Laurence Pothen, 2010

Les trois lacs (Magog, Aylmer et Saint-François), transformés durant la première phase, deviennent des lieux de villégiature et de nombreuses

[10] Kesterman J.-P., « Le regard de l'historien pose sur une ville des Appalaches : le paysage de Sherbrooke », *Journal of Eastern Townships Studies*, n° 20, printemps 2002.

résidences secondaires s'y établissent. La population vient y respirer l'air de la campagne et s'adonne à des activités de plaisance sur l'eau et les berges de ces réservoirs hydroélectriques. Il y a donc une cohabitation des fonctions énergétiques et récréatives. De plus, pendant cette période est fondée la Sherbrooke City Improvement Association[11]. Cette association cherche à sensibiliser le conseil municipal et la population à l'hygiène, à la propreté, à la mise en valeur et à la contemplation des beautés naturelles du paysage de la ville, principalement la rivière Magog. Les éléments hydroélectriques du paysage sont donc perçus par l'observateur comme étant porteurs de plaisir, de bien-être et d'une beauté naturelle.

L'émergence de nouvelles problématiques environnementales durant les années 1960 engendre la phase de « retour à la nature ». La remise en question des habitudes de consommation et d'exploitation des ressources amène un nouveau regard sur les paysages hydroélectriques sherbrookois. C'est dans ce contexte qu'apparaît le Comité d'hygiène et d'aménagement des rivières Magog et Saint-François (CHARMES). Il est créé pour régler la problématique des plages publiques qui devaient être fermées à cause de la mauvaise qualité de l'eau de la rivière Magog, mettre fin aux problèmes environnementaux engendrés par le déversement de substances industrielles polluantes dans la rivière Saint-François et combattre l'utilisation des cours d'eau comme décharge dans laquelle la population jette réfrigérateur, pièces de voitures, et autres objets. Cet organisme a la mission d'entretenir et d'aménager les milieux naturels en respectant leur caractère indigène et en assurant leur saine utilisation[12]. CHARMES souhaite donc redéfinir la relation entre les citadins et les rivières. Pour y parvenir, il organise des activités de nettoyage, des séances d'information et de sensibilisation aux écosystèmes riverains, réaménage les berges et les environs des cours d'eau, participe avec le conseil municipal à l'établissement d'une nouvelle réglementation pour la protection des berges et des cours d'eau. Ces mesures visent à inscrire le paysage riverain dans le patrimoine collectif comme étant, non pas seulement une ressource énergétique ou un lieu de plaisance, mais, aussi, un patrimoine naturel à entretenir, à préserver et à valoriser afin d'éviter de toucher négativement les réseaux d'échanges écosystémiques et de limiter la pollution qui nuit à la santé de l'homme.

---

11 Castonguay S., Fougères D., « Les rapports riverains de la ville : Sherbrooke et ses usages des rivières Magog et Saint-François, XIXe-XXe siècles », *Urban History Review/Revue d'histoire urbaine*, vol. 36, n° 1, automne 2007, p. 6.

12 Depuis janvier 2011, Destination Sherbrooke constitue une alliance entre les organisations paramunicipales qu'étaient CHARMES, Tourisme Sherbrooke et Sherbrooke, Cité des rivières. http://www.destinationsherbrooke.com/fr/organisation/index.aspx.

La dernière phase, « joyau et cœur de la ville », débute au tournant du XXIe siècle. Elle repose sur les valeurs symboliques et culturelles induites par le contact entre l'observateur et l'omniprésence des structures hydroélectriques. La population et le gouvernement municipal prennent conscience du rôle des cours d'eau dans leur histoire et souhaitent affirmer l'importance de ces paysages. La valorisation du patrimoine collectif est au cœur de cette phase. Cette dernière phase englobe les trois précédentes et les valeurs qui y sont associées, c'est-à-dire économiques et utilitaires, hédonistes et écologiques.

Les valeurs utilitaires sont rappelées par les centrales qui se transforment en musées et accueillent des visiteurs curieux de mieux connaître leur histoire et leur rôle dans le développement de la ville. De plus, les barrages des gorges de la rivière Magog sont illuminés par des projecteurs multicolores afin de les valoriser et mettre en avant leurs fonctions industrielles. « Les installations du barrage Abénaquis assurent une excellente intégration de l'effet inusité de la conduite d'eau et des vestiges du canal de fuite en brique. La mise en lumière des rapides et du bouillonnement de l'eau rappelle la force de cette dernière »[13]. Cette initiative a valu un prix national à la ville de Sherbrooke, soit le prix Aménagement 2010 de la coalition Les Arts et la Ville, dans la catégorie « Municipalités de 100 000 habitants et plus ». La corporation Cité des rivières, un organisme municipal à vocation récréotouristique, met en place un spectacle à grand déploiement dans lequel l'eau et sa force tiennent le rôle principal. La production Omaterra vise la mise en valeur des gorges de la rivière Magog et du centre-ville de Sherbrooke, lieux qui contiennent de nombreux éléments de production énergétique[14].

Pour la recherche du plaisir et du bien-être, la ville procède à la construction d'une promenade de trois kilomètres autour d'un réservoir artificiel, le lac des Nations, où les citoyens sont invités à circuler à pied, en vélo, et en patin à glace durant l'hiver. Situées sur le parcours, la fontaine et la halte des Nations offrent, selon les autorités municipales, deux aires de repos de qualité supérieure[15]. Aussi, afin d'agrémen-

---

13 Cité des rivières, *Cité des rivières et la Ville de Sherbrooke obtiennent une reconnaissance nationale*, 2010, [en ligne], www.omaterra.com/mobile/communiques-de-presse/sentier-lumineux-de-la-gorge-de-la-riviere-magog/.

14 Tourisme Cantons-de-l'Est, *Cité des rivières reçoit une reconnaissance internationale pour Omaterra le grand spectacle de l'eau*, 2010, [en ligne], http://www.cantonsdelest.com/pressRelease/1234/sherbrooke-cite-des-rivieres-recoit-une-reconnaissance-nationale-pour-omaterra-le-grand-spectacle-de-l-eau.

15 Destination Sherbrooke, *Promenade du Lac-des-Nations*, 2011, [en ligne], http://www.destinationsherbrooke.com/fr/visiteurs/quoi-faire/sport-et-plein-air/promenade-du-lac-des-nations.aspx.

ter l'expérience du randonneur, des œuvres d'art sont présentes le long de la promenade. Pour les valeurs récréatives associées au plaisir, un club nautique s'installe sur le lac des Nations et la municipalité organise des descentes en rafting des gorges de la rivière Magog (évènement qui n'a eu lieu qu'une seule fois, pour des raisons de sécurité, un participant étant mort par noyade lors de la descente inaugurale)[16].

Finalement, les valeurs écologiques sont toujours présentes. CHARMES, de même que d'autres organismes (tels qu'Action Saint-François et le Conseil de gouvernance de l'eau des bassins versants de la rivière Saint-François) continuent leur travail afin de sensibiliser la population à l'importance du respect des rivières. Cet ensemble de valeurs et de représentations du paysage lié à la production énergétique des rivières, s'inscrit dans le patrimoine collectif et amène la ville à adopter un nouveau slogan : « Sherbrooke : cité des rivières ».

Figure 5 : vue sur le barrage Abénaquis illuminé
© Rémi Guillemette, 2010

En somme, depuis la fondation de Sherbrooke au tournant du XIXe siècle, le développement et la croissance de la ville sont tributaires de l'exploitation de son potentiel énergétique. D'abord l'énergie hydraulique, puis hydroélectrique, permettent à Sherbrooke de devenir l'un des principaux centres industriels au Québec. L'importance de l'énergie et des cours d'eau pour l'essor de Sherbrooke s'exprime entre autres par la

16 Berubé A., « La tragique descente en rafting à la télé », *La Tribune*, 13 novembre 2008, [en ligne], http://www.cyberpresse.ca/la-tribune/sherbrooke/200811/13/01-800339-la-tragique-descente-en-rafting-a-la-tele.php.

présence de ces deux éléments sur les armoiries de la ville (les rivières Magog et Saint-François y sont dessinées et deux éclairs représentent l'électricité). Les autorités municipales façonnent le territoire afin de répondre à la demande énergétique des industries qui s'implantent et à celle de la population qui s'établit en sol sherbrookois. Des centrales, barrages, réservoirs et un réseau de distribution sont créés à cet effet. Le paysage de Sherbrooke est le résultat des échanges entre l'environnement, les citoyens et les éléments reliés à la production d'électricité.

Conclusion

Les regards portés sur le paysage ont évolué en fonction de l'utilisation des structures hydroélectriques. Ainsi, quatre phases s'enchaînent et sont respectivement associées à un système de valeurs. Chacune de ces phases donne un sens spécifique au paysage. La première phase, « progrès et richesse », résulte de valeurs économiques et utilitaires. Ensuite vient « loisirs et hygiène », période déterminée par une idéologie hédoniste. Puis, la montée des valeurs environnementales amène la phase « retour à la nature » et modifie la relation qu'entretient l'observateur avec les sources d'énergie hydroélectrique. Finalement, la période « joyau et cœur de la ville » repose sur des valeurs symboliques et culturelles, elle réunit les trois phases précédentes et amène la ville à reconnaître et valoriser le paysage et le patrimoine hydroélectrique sherbrookois.

Le paysage électrique publicitaire

Développement, enjeux et perspectives

Stéphanie LE GALLIC

Il y a un peu plus d'un siècle, la publicité lumineuse, autrement dit la publicité à la réalisation de laquelle participe une source lumineuse, faisait son apparition dans la capitale française. Cette première publicité électrique réalisée à partir de lampes à incandescence fut installée place de l'Opéra pour la célèbre marque Kodak. Elle remporta un certain succès et marqua de ce fait la naissance de la publicité électrique à Paris, quelques années seulement après New York et Londres.

La publicité électrique se diffusa ensuite dans le tissu urbain au gré de son développement, privilégiant les lieux où la circulation était la plus dense – grands boulevards, zone autour des gares, et aujourd'hui boulevard périphérique – et modifiant du même coup le paysage nocturne de la cité.

Loin de se réduire aux données visuelles immédiates du monde qui nous entoure, les paysages façonnés par la publicité lumineuse rencontrent la subjectivité de l'observateur et donnent une résonance particulière à la définition d'Augustin Berque dans ses *Cinq propositions pour une théorie du paysage*. En effet, la publicité est par essence une mise en scène conçue pour s'adresser à un public. Public des promeneurs boulevardiers pour commencer, automobilistes empruntant le boulevard périphérique pour la majorité aujourd'hui. Or, ce même public se révèle souvent méfiant envers la publicité lumineuse, accusée de polluer le paysage urbain.

Il est donc question ici de s'intéresser aux différents acteurs qui façonnent le paysage électrique publicitaire parisien, de l'afficheur au destinataire de ces écritures lumineuses. Cette réflexion s'inscrit dans le temps long – un siècle – ce qui permet de saisir les évolutions et de peser l'influence, fluctuante, des différents acteurs.

Naissance d'un nouveau paysage urbain par la publicité électrique

La publicité électrique fit partie du paysage parisien depuis la fin du XIXe siècle puisqu'elle accompagna l'électrification de la capitale. Juchés sur les toits et les balcons des immeubles haussmanniens, les noms des célèbres marques dominaient les principaux axes de circulation et attiraient l'attention des passants dès la tombée de la nuit. Les sources d'archives évoquent à plusieurs reprises les attroupements de la population, attirée irrésistiblement vers ces écritures lumineuses.

Ce furent d'abord des lampes à incandescence qui furent utilisées pour dessiner les premiers slogans lumineux. Les Établissements Paz et Silva, Jacopozzi, OMEGA, Janvier Publicité étaient les principales sociétés du secteur de la publicité électrique et rivalisaient d'ingéniosité pour leurs créations. La publicité lumineuse se développa rapidement dans certains quartiers stratégiques de la capitale, tels que les grands boulevards.

Par exemple, place de l'Opéra en 1913[1], les grandes marques du début du siècle s'affichaient en lettres lumineuses : la publicité pour le dentifrice des Bénédictins de Soulac côtoyait tout aussi bien les chocolats Suchard que la liqueur Grand Marnier ou la Société laitière Maggi. Les ampoules disposées les unes à côté des autres esquissaient les noms de ces marques bien connues. Ces lampes étaient également utilisées pour concevoir des tableaux lumineux animés ou des journaux électriques à l'instar de l'électrographe installé boulevard des Italiens.

Puis, à partir de 1912 et surtout des années 1920, les tubes luminescents mis au point par le chimiste Georges Claude redessinèrent littéralement les paysages nocturnes des grandes métropoles mondiales, dans les publicités, les enseignes, les salles de cinéma. Le néon triomphait dans tous les lieux d'animation nocturne : grands boulevards, Montmartre, Montparnasse essentiellement. Tubes au néon et lampes à incandescence étaient alors utilisés indifféremment pourvu que la luminosité soit garantie. Ainsi, sur une photographie prise en 1930 qui prend pour décor le carrefour Richelieu-Drouot, ce ne sont pas moins de cinq annonceurs différents qui éclairent la place : les deux procédés sont alors appliqués. Mais l'évolution en faveur du néon se confirma et sur une autre photographie prise une trentaine d'années plus tard, tandis que la publicité pour Grundig voisine le « soutien-gorge le plus sexy du monde » et les stylos Parker, le néon a définitivement supplanté les ampoules…

---

[1] Gombault G., « Les enseignes lumineuses », *La Science et la Vie*, n° 1, avril 1913.

Dès les premiers temps de la publicité électrique, l'enthousiasme des flâneurs fut tempéré par les critiques de promeneurs bucoliques hurlant à l'inesthétisme et à l'américanisation de la France. L'attitude du critique d'art Charles Fegdal fut symptomatique à cet égard et son jugement se révéla assez sévère lorsqu'il évoqua « l'inesthétisme presque général de nos enseignes lumineuses »[2]. Celles-ci devraient leur essor à une américanisation des mœurs parisiennes, thème qui revient comme un leitmotiv tout au long de l'histoire de la publicité lumineuse. Les lourdes structures métalliques supportant les publicités étaient mises au banc des accusés. Invisibles à la nuit tombée, elles enlaidissaient considérablement le paysage dès les premiers rayons du soleil.

Bien qu'on ne parlait pas encore de « paysage » ou de « pollution visuelle », le cadre général et l'architecture furent progressivement pris en compte par les publicitaires eux-mêmes qui ne demeuraient pas insensibles aux critiques qui leur étaient adressées. « Le bon goût peut présider à la réalisation d'un motif publicitaire. Il n'est nullement indispensable que ce motif abîme l'aspect des bâtiments sur lesquels il se trouve placé »[3] peut-on lire dans un article consacré au décor de la rue en 1935.

D'ailleurs, depuis le début du siècle, le législateur était intervenu à plusieurs reprises afin de protéger le cadre de vie des agressions publicitaires. Cette protection était certes limitée puisque réservée aux seuls sites et monuments dont l'intérêt particulier était reconnu. Il s'agissait pour commencer de la loi du 27 janvier 1902 qui donnait aux maires, et à défaut aux préfets, le droit d'interdire l'affichage sur les édifices et monuments ayant un caractère artistique. Elle était complétée par la loi du 21 avril 1906 instituant une commission des sites et monuments naturels dans chaque département et donnant aux préfets la possibilité d'établir un périmètre de protection dans lequel l'affichage était interdit ainsi que par celle du 31 décembre 1913 sur les monuments historiques qui complétait la précédente[4]. Ces différentes mesures n'empêchèrent nullement André Citroën d'installer une publicité géante sur la tour Eiffel[5] pendant près d'une dizaine d'années. De plus, ces lois ne s'adressaient pas spécifiquement à la publicité électrique.

2 Fegdal C., *Les vieilles enseignes de Paris*, Paris, Eugène Figuière et compagnie Éditeurs, 1913, p. 224.

3 « Le décor de la rue », *Parade, les étalages et le décor de la rue*, n° 103, juillet 1935.

4 Archives nationales de Fontainebleau, fonds 19780334 ; article 1.

5 Le Gallic S., « Un support architectural original pour une publicité lumineuse : la tour Eiffel », in Monin E., Simonnot N., *L'architecture lumineuse au XXe siècle*, Gand, Snoeck, 2012, p. 143-149.

L'Administration et le paysage électrique publicitaire parisien

Les premiers textes législatifs concernant la publicité lumineuse *stricto sensu* se préoccupaient davantage des taxes perçues grâce à la publicité que du paysage en tant que tel[6]. La loi du 12 avril 1943 est intéressante à cet égard car elle introduisit une double rupture.

D'abord, elle renforçait et élargissait la protection à l'ensemble du paysage. En effet, par le biais de règlements locaux de publicité, elle donnait la possibilité d'adapter la réglementation de l'affichage en fonction du contexte local. C'était le premier texte législatif organisant une véritable police administrative de l'affichage. Les textes antérieurs n'étaient que des extensions des pouvoirs de police généraux des maires et des préfets[7].

Ensuite, elle interdisait de fait, sans la nommer, la publicité lumineuse électrique. Il s'agissait d'une loi générale sur la publicité, mais promulguée dans le contexte de l'Occupation et du *blackout* qui avait condamné les publicités à l'extinction. Cette situation particulière explique sûrement l'oubli du législateur de mentionner ce type de publicité. Malgré tout, deux de ses articles imposaient des conditions telles, que la publicité lumineuse se trouvait de fait condamnée par la nouvelle loi.

Ainsi, son article 3 interdisait toute publicité sur les toitures et au-dessus de la ligne de base de celle-ci » et l'établissement de publicité devant les fenêtres, baies ou devantures des immeubles bâtis »[8]. Techniquement, même si l'expression « publicité lumineuse » n'était jamais employée, celle-ci ne pouvait plus exister, puisque, par définition, elle devait être placée en hauteur pour être aperçue de loin et attirer le regard. De même, l'article 4 de cette loi condamnait la publicité lumineuse, dans la mesure où il était interdit aux dispositifs de publicité d'excéder « une surface supérieure à seize mètres carrés, ou de dépasser la hauteur de six mètres au-dessus du sol »[9]. Or, disposer d'une taille significative était une des conditions d'existence de la publicité lumineuse. Celle-ci se trouvait ainsi définitivement entravée, aucune

6 Voir les lois du 12 juillet 1912, du 30 juin 1923 et du 29 avril 1926 qui édictent des taxes prohibitives pour limiter l'affichage, Archives nationales de Fontainebleau, fonds 19780334 ; article 1.

7 Dupont A., sénateur, *Publicité extérieure, enseignes et préenseignes*, rapport à Madame Chantal Jouanno, secrétaire d'État à l'Écologie et à Monsieur Hubert Falco, secrétaire d'État à l'Aménagement du territoire, juin 2009, 62 p., p. 8.

8 Loi n° 217 du 12 avril 1943 relative à la publicité lumineuse par panneaux-réclames, par affiches et aux enseignes, article 3.

9 *Ibid.*, article 4.

flexibilité permettant de s'affranchir des interdictions légales ne semblant exister.

À la Libération, en 1945, il aurait été assez facile d'abroger une loi parue pendant l'Occupation, « en l'absence de toute représentation parlementaire ou municipale »[10]. Mais, singulièrement, il n'en fut rien, comme si les dispositions prises pendant la guerre arrangeaient finalement les élus. En effet, ceux-ci pouvaient dès lors utiliser la loi comme rempart face aux assauts des publicitaires et prétexter leur impuissance à satisfaire leurs exigences. Cette loi apparut donc comme une arme redoutable pour lutter contre les outrances de la publicité lumineuse.

Il faut toutefois nuancer ces propos, car si la loi ne fut pas abrogée, elle ne fut ni ratifiée par le Parlement ni strictement appliquée. Dès 1949, le retour à une vie économique normale s'accompagna d'un nouvel essor de la publicité. En fait, un régime de dérogation se mit peu à peu en place ; le développement des publicités lumineuses resta ainsi strictement encadré et soumis au bon vouloir de l'administration. « C'était un régime de négociation permanente »[11] qui s'installa, où il fallait convaincre l'administration du bienfondé de la pose de telle publicité pour tel produit. Les éclats lumineux d'avant-guerre étaient désormais bien loin, d'autant plus que « l'Administration [était] un peu tatillonne. [...] Elle oblige[ait] les intéressés qui introduis[aient] des demandes de dérogation à de multiples démarches et leur impos[ait] ainsi des délais trop longs pour n'obtenir parfois que partiellement satisfaction »[12].

Ainsi, jusqu'aux années 1970, un nouveau paysage électrique vit le jour grâce à la publicité lumineuse. Parallèlement, la notion même de paysage se constitua progressivement comme en témoigne la législation. Mais celle-ci demeurait le plus souvent inefficace et inadaptée. Cette situation changea à partir des années 1970.

Il apparaissait évident qu'une réforme législative s'imposait. Dans la décennie qui avait suivi la Libération, chaque année avait vu éclore de nouveaux projets de loi sur la publicité[13] qui finissaient, les uns après les autres, enterrés. Un regain d'attention pour la réglementation émergea au début des années 1970. Mais, en raison de nombreux intérêts en

---

[10] Fonseque J., « Publicité et enseignes lumineuses », *Lux, la revue de l'éclairage*, janvier-avril 1953.

[11] Entrevue du 23 décembre 2004 avec Gaétan Déodato, fondateur de la société Défi France, Enghien-les-Bains.

[12] *Question de Madame Rastier-Caillé à Monsieur le Préfet de la Seine sur l'opportunité de la suppression de la loi du 12 avril 1943 concernant la publicité lumineuse*, débat à la séance du 7 juillet 1952, *Bulletin municipal officiel*.

[13] Archives nationales de Fontainebleau, fonds 19780334 ; article 2.

cause, la réflexion débutée en 1971 n'aboutit que huit ans plus tard par le vote de la loi du 29 décembre 1979[14]. Cette loi, qui abrogeait celle de 1943, affirmait la nécessité de protéger le cadre de vie. Comme le souligna le rapporteur du projet de loi, le sénateur Jacques Carat, « Nous n'en sommes pas au pire, mais le pire n'est pas loin. La dernière décennie s'est vouée à la réclame. Ouvrons les yeux. Le paysage se néglige ». Il faut dire que la loi de 1943 était perçue comme désuète et inappropriée et était trop souvent violée[15]. La nouvelle loi se présentait donc comme un compromis entre la liberté d'affichage et la protection du paysage. En réglementant les dimensions, les hauteurs et les emplacements publicitaires, le texte voulait agir directement sur le paysage.

Elle fut par la suite complétée par de multiples décrets d'application publiés dès 1980-1982. Un certain nombre de facteurs expliquent cet intérêt accru pour le paysage et la publicité lumineuse. En effet, les années 1970 introduisirent une rupture majeure dans la perception du paysage électrique publicitaire.

Tout d'abord, les restrictions d'énergie consécutives aux chocs pétroliers posèrent la question de la pertinence de la publicité lumineuse. Avec la crise économique, les publicités lumineuses n'avaient pas bonne presse, étant perçues dans l'opinion comme une source de gaspillage. Les décrets de 1973-1974 manquèrent de peu de venir à bout de la publicité lumineuse : des mesures furent prises pour réduire les durées d'allumage[16]. Il était notamment prévu que les dispositifs s'éteignent à partir de 22 heures[17], même si, l'été, ils ne s'allumaient pas avant 20 heures ! Pour les publicitaires, la situation en devenait ridicule puisqu'il leur fallait parfois éteindre immédiatement après avoir allumé ! À la moindre erreur, les journaux s'en faisaient l'écho : « Le Gaz de France n'est pas au courant »[18], titra *France-Soir*, en 1975, au sujet du lumineux « Gaz de France », resté allumé après 22 heures.

Les conséquences de ces mesures se firent immédiatement sentir : durant le premier semestre 1975, les enseignistes signalaient une chute

---

14 Delseries E., *Esthétique et publicité extérieure*, DESS de droit de l'urbanisme de la construction et de l'aménagement, 1998, p. 8.

15 *Rapport sur le projet de loi réglementant la publicité extérieure et les enseignes*, présenté par M. Jacques Carat, au nom de la Commission des affaires culturelles, Sénat, n° 448 (1977-1978).

16 Ulmer B., Plaichinger T., *Les Écritures de la nuit, Un siècle d'illumination et de publicité lumineuse*, Paris, Syros-Alternative, 1986, p. 136.

17 « Congrès européen de l'enseigne lumineuse », *Enseignes et lumière*, n° 74, septembre 1977, p. 10-16.

18 *France-Soir*, 1975, cité par Ulmer B., Plaichinger T., *Les Écritures de la nuit. Un siècle d'illuminations et de publicité lumineuse*, *op. cit.*, p. 136.

des ventes de 30 %[19]. La publicité lumineuse était encore plus touchée, car elle souffrait en outre du manque d'investissement d'annonceurs importants comme les pétroliers ou les marques automobiles[20]. Or, c'est dans ce contexte d'affaiblissement général que les critiques contre la publicité lumineuse commencèrent à se structurer et à s'amplifier.

La question de l'esthétisme – notamment en journée – fut remise en avant, en même temps que l'aspect agressif des publicités. La crainte de retomber dans les abus de l'entre-deux-guerres motiva notamment les partisans d'un Paris vierge de toute publicité. Ainsi, dans un débat au conseil municipal, le préfet de la Seine craignait qu'une libéralisation de la publicité lumineuse ne fasse tomber la capitale dans « les écueils rencontrés avant la guerre où certaines installations de publicité lumineuse surmontant complètement les combles laissaient apparaître en plein jour des cadres inesthétiques qui venaient détruire ou avilir le paysage diurne, si elles contribuaient à améliorer le paysage du soir »[21].

Enfin, les critiques portaient sur le caractère « voyant » des publicités lumineuses, quitte à formuler des paradoxes. Ainsi, le préfet de la Seine recommanda aux installateurs d'être aussi discrets que possible dans leurs réalisations et dans le choix des couleurs employées[22], alors même que celles-ci cherchaient au contraire à attirer l'attention...

Ainsi, la conception du paysage urbain évolua considérablement. La publicité lumineuse devint progressivement *persona non grata*, un élément artificiel, incongru. Il faut reconnaître qu'elle avait fortement évolué, modifiant du même coup le paysage urbain parisien.

Alors que, jusque-là, la publicité lumineuse était située au cœur de la métropole (comme Times Square pour New York, Piccadilly Circus pour Londres), on constate dans le cas parisien un déménagement de la publicité vers les marges de la ville. Les publicités s'installèrent d'abord aux portes de la capitale puis le long du boulevard périphérique dont la construction remontait à la seconde moitié des années 1950. Une nouvelle ceinture de lumière sembla entourer Paris. Cependant, celle-ci était loin d'être uniforme. En effet, le boulevard périphérique était segmenté en plusieurs tronçons dont le plus recherché se situait entre la porte

19 Obermayer J., « La Récession », entretien avec Henri Adès, PDG de la société Adès Electric, *Enseignes et lumière*, n° 63, mai-juin 1975, p. 27-28.

20 *Ibid.*

21 *Question de Madame Rastier-Caillé à Monsieur le Préfet de la Seine sur les restrictions qui ont été imposées tant à la publicité lumineuse qu'à l'éclairage des magasins*, débat à la séance du 14 décembre 1950, *Bulletin municipal officiel.*

22 *Question de Madame Rastier-Caillé à Monsieur le Préfet de la Seine sur les restrictions qui ont été imposées tant à la publicité lumineuse qu'à l'éclairage des magasins*, débat à la séance du 7 juillet 1950, *Bulletin municipal officiel* du 20 juillet 1950.

Maillot, au nord-ouest et la porte de la Chapelle au nord. Dans le métier, on surnomma ce tronçon la « voie des présidents »[23] car bon nombre de directeurs, notamment étrangers, l'empruntaient pour rejoindre l'aéroport de Roissy. « Lorsque le PDG de TDK vient visiter sa filiale française, il apprécie très certainement de voir sa marque située en bonne place sur le parcours qui le mène à son hôtel parisien », note un professionnel de la publicité lumineuse[24]. Mais la saturation devint importante. Elle l'était également sur l'axe qui reliait l'aéroport Roissy-Charles-de-Gaulle à Paris et qui était quasiment monopolisé par les marques japonaises (Toshiba, Pentax, Sanyo), coréennes (Samsung, Goldstar) et américaines (Coca-Cola, McDonald's) et les constructeurs automobiles européens[25].

Cette délocalisation publicitaire ne fut pas le seul changement. Ce dernier fut encore amplifié par le nouvel emplacement des publicités sur le faîte des immeubles, visible à plusieurs centaines de mètres. Pendant près de soixante-dix ans, les publicités avaient été installées sur des balcons, des façades, des pignons voire sur des toits d'immeubles ne dépassant pas six étages. Le piéton était alors la principale cible de ces écritures lumineuses. Aujourd'hui, il s'agit clairement de l'automobiliste si bien que la simplification du signe, réduit le plus souvent à un nom ou à un logo, est recherchée pour offrir une meilleure lisibilité à l'automobiliste pressé et contraste ainsi avec la sophistication de certaines publicités de l'entre-deux-guerres.

Les publicités électriques ne sont plus que des décors métalliques apposés aux tours. L'architecture dans son ensemble n'est plus vraiment une préoccupation pour ces espaces périphériques perçus à bien des égards comme des « non-espaces ». C'est la raison pour laquelle les riverains des publicités ont souvent l'impression de subir la publicité qui non seulement ne leur est pas destinée mais peut également être perçue comme une gêne. Ainsi, dans les années 2000, un dispositif publicitaire installé à Levallois-Perret pour Fujifilm et visible depuis le boulevard périphérique fut l'objet d'un contentieux entre les habitants d'un immeuble voisin et la société installatrice de la publicité. Plusieurs courriers furent envoyés au maire de la ville qui se refusa dans un premier temps à agir. Des démarches amiables furent entreprises en vain, si bien

---

23 Entretien du 21 janvier 2005 avec Gaëtan Déodato, fondateur de la société Défi France, Enghien-les-Bains.

24 Saltiel F., « L'enfer des conducteurs ; le paradis des annonceurs », *Culturpubmag*, n° 3, avril-mai 2001, p. 102-107.

25 Lévy F., « La publicité lumineuse : la renaissance », *CB News*, n° 184, 7 janvier 1991.

qu'au mois de décembre, un certain nombre de résidents saisirent le tribunal administratif de Paris[26].

Cette affaire Fujifilm révèle un développement assez récent : le paysage comme enjeu pour un nombre d'acteurs toujours croissant. En effet, de plus en plus, un nouvel acteur intervient dans le cadre de la protection du paysage : les associations. Celles-ci virent leur rôle accru ces quinze dernières années grâce à la loi Barnier de 1995 qui augmenta le nombre d'associations pouvant recueillir l'agrément de l'autorité administrative. L'objectif était d'accroître le nombre d'associations susceptibles d'inviter l'administration à faire respecter la loi. Pourtant, en 2008, le bilan s'avéra décevant. La secrétaire d'État à l'Écologie, Nathalie Kosciusko-Morizet, remarqua avec amertume : « La situation est désastreuse. Il y a une multiplication d'affichage dont la moitié est illégale. La réglementation est trop peu appliquée, il faut faire davantage »[27].

Le paysage comme nouvel enjeu : le rôle des associations

La difficulté à faire respecter la réglementation sur l'affichage extérieur semble être une constante dans l'histoire de la publicité lumineuse. L'interdiction de 1943 ne fut jamais vraiment respectée, la loi de 1979 se révéla elle-même décevante puisque lors de la préparation de la loi Barnier, le ministre de l'Environnement et les parlementaires estimèrent que 40 à 50 % des dispositifs publicitaires étaient alors en infraction à la réglementation. En 2009, le rapport du sénateur Ambroise Dupont sur la publicité extérieure, les enseignes et les préenseignes constatait lui-même que ces dernières années, cent vingt décisions annuelles environ mettaient en exergue les faiblesses de la mise en œuvre de la législation. La loi sur la publicité extérieure restait insuffisamment appliquée[28]. Les associations avaient donc un rôle majeur à jouer dans le cadre de la protection du paysage.

L'émergence d'une nouvelle sensibilité des citoyens pour la qualité du cadre de vie encouragea certaines associations à mener des actions pour obtenir le démontage de dispositifs publicitaires illégaux et à saisir les tribunaux administratifs sur les infractions non sanctionnées. Ce fut le cas pour la publicité Philips qui illustre bien les nouveaux enjeux paysagers. Cette publicité surmontait la tour Pleyel de Saint-Denis. Considérée comme une réussite majeure pour ses concepteurs, elle fut

---

26 Delahousse P.-J., « Nouvelle claque pour Défi France, nouvelle condamnation pour l'État », *Action Paysage*, n° 22, juillet 2004, p. 10.

27 Cité par Fabrégat S., « Publicité extérieure : une loi peu respectée aujourd'hui », *Actu-Environnement*, 20 juin 2008.

28 Dupont A., sénateur, *Publicité extérieure, enseignes et préenseignes*, *op. cit.*, p. 5.

aussi une gêne pour les automobilistes et une cible pour les associations de défense du paysage. Son étude permet donc de souligner les tensions existantes entre les différents acteurs de la publicité lumineuse autour de la question paysagère. En effet, cette publicité avait un impact paysager très important et sa position était éminemment stratégique. La tour sur laquelle elle était installée était visible du boulevard périphérique, des autoroutes A1 et A86, des RER B et D ainsi que de l'Eurostar. Il s'agissait donc du point de convergence des principaux axes de communication du nord de Paris. Située à un kilomètre à vol d'oiseau du stade de France, elle occupait une place de choix lors de la coupe du monde de football de 1998. Dès lors, bien que la société Philips ne fût pas un des sponsors officiels de la compétition, la marque associait son image à l'événement en s'incrustant dans le paysage[29]. C'est la raison pour laquelle l'emplacement attisait la convoitise de plusieurs autres grands annonceurs[30] tels que Coca-Cola ou Siemens.

Le projet datait de 1997. Plus de trois cents personnes travaillèrent à la conception et au montage de cette publicité qui compta parmi les plus spectaculaires au monde[31]. Celle-ci était en effet constituée d'une immense ellipse pivotant sur elle-même et installée sur l'une des tours les plus élevées de Paris. Le choix du site lui-même n'était pas anodin puisque « longtemps isolée dans un environnement plutôt riche en friches industrielles, la tour Pleyel, unique rescapée d'un programme immobilier qui devait en comporter quatre, prit progressivement sa place dans un urbanisme de plus en plus remodelé »[32].

Pour les publicitaires, cette publicité constitua une grande fierté tant par sa technicité hors-norme, sa couleur, sa forme, que par sa position. La mise en route du projet fut un chemin de longue haleine pour l'afficheur Défi France, son concepteur[33]. En effet, les bureaux d'études consultés (Cobotec) commencèrent par en refuser la construction car la tour Pleyel risquait de pâtir des surcharges induites. Mais les essais et les tests réalisés par la soufflerie du Centre scientifique et technique du bâtiment de Nantes firent évoluer la conception du projet d'une forme circulaire vers une configuration ellipsoïdale qui offrait une moindre prise au vent et passa avec succès les tests d'aérodynamisme. Finalement, l'ellipse mesurait sept mètres de haut et dix-sept mètres de large et

---

29 Blanc S., « Philips s'affiche au sommet de la tour Pleyel », *Le Parisien 93*, 16 février 1998.

30 Guechi C., « La pub passe à l'offensive », *Le Parisien 93*, 11 février 1998.

31 Saltiel F., « L'enfer des conducteurs ; le paradis des annonceurs », *op. cit.*

32 Défi France, maquette « Les coulisses d'un exploit ».

33 H. G., « Une enseigne tournante de 300 t. sur une tour de 148 mètres ! », *Industries et Techniques*, n° 791, mars 1998, p. 17.

s'étendait sur vingt-neuf mètres de diamètre. Elle pesait trois cents tonnes et reposait sur une couronne en acier spécial de trois mètres de diamètre. La publicité exécutait mille rotations par jour et était conçue pour résister à un vent soufflant à plus de deux cents kilomètres à l'heure[34].

La prouesse n'était pas seulement technologique, elle était également technique. Culminant à cent quarante-trois mètres de haut, il fallut hisser par hélicoptère les matériaux de gros œuvre, les structures métalliques, la visserie, les panneaux lumineux[35]... Pour chaque héliportage, le quartier dut être bouclé. Les pièces à transporter, stockées sur la base de ravitaillement au sol, étaient identifiées et numérotées pour permettre le ballet aérien. Toutes les actions furent réalisées dans un ordre précis, toutes les opérations ayant été au préalable répétées au sol.

Mais ce qui fut qualifié de « réussite » par les uns fut perçu d'une tout autre manière par les autres. Pour les concurrents de la société Défi France, la réalisation de cette publicité était problématique car celle-ci étant prestigieuse par son emplacement et sa technicité, elle était susceptible de faire croire aux éventuels annonceurs que les entreprises concurrentes disposaient d'un savoir-faire moindre. Ce fut la raison pour laquelle en février 1999, la société LVP Partner's saisit le tribunal de commerce de Nanterre pour voir ordonner le retrait de la publicité Philips. La société évoquait la question des professionnels soucieux (ou pas) de la législation et des risques de détournement de clientèle. Mais le tribunal de Nanterre rejeta la demande de retrait.

Cette publicité continua pourtant de faire débat. En novembre 2001, un automobiliste envoya un courrier au préfet de Seine-Saint-Denis pour demander le démontage de la publicité aux motifs qu'elle constituait une gêne pour les conducteurs du boulevard périphérique et pouvait être source d'accidents de la circulation. Or, d'après le décret n° 76-148 du 11 février 1976, étaient interdites les « enseignes publicitaires [...] qui sont de nature [...] soit à éblouir les usagers sur des voies publiques soit à solliciter leur attention dans des conditions dangereuses pour la sécurité routière ».

C'est à peu près à la même époque, au mois de décembre, que l'association Paysages de France décida à son tour de s'attaquer à la publicité géante et écrivit au préfet de Seine-Saint-Denis pour faire constater l'infraction constituée par la publicité. Cette association créée en 1992 avait déjà recouru à plusieurs reprises aux tribunaux pour faire plier les afficheurs dont les dispositifs n'étaient pas conformes à la législation. Son objet social concernait la « lutte contre toutes les atteintes au

---

34 Défi France, maquette « Les coulisses d'un exploit », p. 6.

35 *Ibid.*, p. 12.

paysage et au cadre de vie et contre toutes les formes de pollution, notamment visuelle, dans les paysages urbains et non urbains ». Selon l'association, le dispositif Philips était constitutif d'au moins deux infractions au code de l'environnement puisque la publicité n'était pas constituée de lettres découpées et que les panneaux de fond, d'une hauteur de sept mètres, excédaient de six mètres et demi le seuil imposé par la réglementation. L'association demanda donc que soit pris un arrêté de mise en demeure de démontage de la publicité.

Par ailleurs, par une lettre envoyée le 15 janvier 2002 au procureur de la République, l'association déclarait se réserver le droit de se constituer partie civile à l'audience du tribunal correctionnel ou de se joindre à l'éventuelle procédure de médiation décidée par le procureur de la République.

Or, la situation était délicate car, conformément à la loi de 1995 qui imposait une déclaration préalable auprès du maire et du préfet pour toute implantation, remplacement ou modification d'un dispositif publicitaire, le député-maire de Saint-Denis avait donné son aval pour l'installation en juillet 1996. En outre, l'architecte des bâtiments de France avait lui-même émis un avis favorable en dépit du règlement. Le président de l'audience du 1er mars 2005 à la Cour de cassation reconnaissait les infractions[36], mais la publicité ne fut démontée qu'au terme du contrat et fut même remplacée par une publicité similaire pour un autre annonceur.

Conclusion

Le paysage électrique des publicités lumineuses constitue un enjeu majeur et complexe car il se situe au carrefour de l'esthétisme des paysages et du développement commercial et économique. Il cristallise l'attention non seulement des afficheurs et des élus, mais également des citoyens et associations qui se posent en défenseurs d'une certaine esthétique urbaine.

Les afficheurs façonnent le paysage électrique publicitaire parisien. Depuis plus d'un siècle, ils conçoivent, fabriquent, installent des publicités qui redessinent la géographie urbaine à la nuit tombée. Emplacement, forme et couleur ont toujours une signification particulière. Les publicités créent ainsi une grammaire urbaine complexe à destination du public visé. Celle-ci ne prend son sens qu'en soirée, moment de la « représentation ». Il convient ici de rappeler que ces publicités sont qualifiées dans la langue anglaise de *spectaculars*, dont on retrouve la

[36] Audience publique présidée par M. Cotte du 1er mars 2005, Cour de cassation, Chambre criminelle, n° de pourvoi 04-81981.

racine française de « spectacle » et qui vient renforcer l'impression de mise en scène.

De leur côté, les décideurs (les maires et les préfets) ont pour missions d'encadrer et de surveiller cette activité : par les règlements locaux de publicité, par les autorisations qu'ils délivrent, leurs décisions ont aussi un impact sur le paysage. Ils sont accompagnés dans cette voie par les associations de défense du paysage qui veillent à l'application rigoureuse de la législation. Ces associations se veulent être les représentantes des passants et des automobilistes, les spectateurs désignés du paysage électrique urbain. Elles sont aussi les porte-parole d'une sensibilité écologique croissante que les publicitaires ne peuvent plus ignorer.

Les Pyrénées et l'énergie solaire

Paysage et tourisme d'un patrimoine scientifique

Sophie PEHLIVANIAN

C'est au cœur des Pyrénées qu'ont été implantés, depuis le milieu du XXe siècle, des outils scientifiques hors du commun mis au point par le Centre national de la recherche scientifique (CNRS). Les sites présentés dans ce texte ne sont pas tous destinés à la production d'électricité à proprement parler. Il s'agit d'édifices dont la fonction est d'expérimenter une source d'énergie libre et inépuisable : l'énergie solaire.

Les trois sites analysés, deux fours solaires et une centrale solaire, se situent dans le département des Pyrénées-Orientales, et dans un rayon d'une vingtaine de kilomètres. Bâtis entre 1949 et 1982 à l'initiative du CNRS, ces édifices, uniques sur le territoire national, marquent le paysage montagneux et, par cette empreinte, génèrent une activité annexe à celle pour laquelle ils ont été conçus en s'intégrant dans l'industrie touristique locale.

L'histoire de l'implantation des recherches en énergie solaire au cœur des Pyrénées a commencé il y a une soixantaine d'années, au sortir de la Seconde Guerre mondiale. En 1946, Félix Trombe, Marc Foex et Charlotte Henry La Blanchetais expérimentent, à l'observatoire de Meudon, la concentration du rayonnement solaire direct dans le but d'atteindre de très hautes températures utiles à la métallurgie des terres rares[1], leur spécialité au CNRS. Cette première expérience réalisée à l'aide d'un miroir de DCA[2] allemand étant concluante, l'équipe du professeur Trombe va obtenir de la part du CNRS les moyens de bâtir un prototype de four solaire à double réflexion[3].

---

1 Les terres rares sont des métaux qui ont suscité l'intérêt des chimistes depuis la fin du XIXe siècle. En 1947, Félix Trombe dirigeait ainsi le laboratoire Georges-Urbain, spécialisé dans ce domaine, à Meudon-Bellevue. *Histoire documentaire du CNRS, tome 1 : années 1930-1950*, Paris, CNRS Éditions, 2005, p. 398.

2 DCA : *Défense contre aéronefs*, il s'agit ici de réflecteurs destinés à la défense aérienne pendant la guerre.

3 Herlea A. (dir.), *L'énergie solaire en France, Actes du 118e congrès national des sociétés historiques et scientifiques, Pau 25-29 octobre 1993*, Paris, éditions du Comité des travaux historiques et scientifiques, 1995.

À la suite d'études météorologiques menées à la fin des années 1940, la région de la Haute-Cerdagne – partie française de la Cerdagne qui correspond approximativement au canton de Saillagouse – est choisie pour y implanter ces expériences d'exploitation de l'énergie du soleil. Au départ, ces outils sont développés dans l'unique objectif d'obtenir de très hautes températures en atmosphère contrôlée – la matière pouvant être chauffée directement par le rayonnement concentré, sans être polluée par un réceptacle chauffant. Ainsi, à partir de cette époque, l'idée pourtant très ancienne d'exploiter le rayonnement solaire comme source d'énergie, va bénéficier d'un véritable renouveau en France. Le premier four solaire mis au point par le CNRS est édifié entre 1949 et 1952, à Mont-Louis. Cet édifice, comprenant une parabole de 11 m de diamètre, est à considérer comme le prototype d'un deuxième équipement, le plus grand four solaire du monde, bâti dans la commune de Font-Romeu-Odeillo-Via entre 1961 et 1968. Ce grand four solaire abrite, depuis sa construction, le principal laboratoire dédié à la recherche sur l'énergie solaire au CNRS.

Le troisième dispositif qui s'inscrit dans le paysage cerdan est radicalement différent puisqu'il s'agit de la centrale solaire Thémis[4], dont la construction a débuté en 1979 et s'est achevée en 1982 dans la commune de Targassonne[5]. Ce projet, piloté par Électricité de France (EDF) et le CNRS, a permis d'expérimenter l'une des applications possibles de la production d'électricité par énergie solaire.

Les trois édifices « solaires » évoqués possèdent donc des dimensions démesurées pour cette région de haute montagne où l'habitat est d'ordinaire situé à plus basse altitude. Ils semblent créer de nouveaux paysages imprégnés d'une modernité qui contraste avec la ruralité de leur environnement, au cœur du parc naturel régional des Pyrénées catalanes.

Les Pyrénées-Orientales, entre tourisme, ruralité et progrès

Sous le soleil de Cerdagne

Dès le début de ses recherches en matière d'énergie solaire, Félix Trombe étudie les climats et conclut que deux régions en France bénéficient d'un ensoleillement propice à l'étude de la concentration solaire : la Haute-Provence et la Haute-Cerdagne. Il écrit ainsi, en 1959, que « deux cents jours de soleil avec un ciel bleu sans nuages sont dispo-

---

4 Thémis pour Thermo-hélio-électrique mégawatt.

5 L'orthographe « Targasonne » est également employée. C'est cette forme issue du catalan *Targasona* qui est utilisée par les mairies et les habitants de la région.

nibles, chaque année, dans ces régions »[6]. À cette époque, l'ensoleillement de Mont-Louis est évalué à 2 750 heures de soleil par an. Aujourd'hui, les estimations tournent plutôt aux environs de 2 400 heures, ce qui reste tout de même remarquable. Cette commune, qui semble être l'une des plus ensoleillées de France[7], fut donc le lieu d'implantation du premier four solaire destiné à la recherche au CNRS. On installe le dispositif, constitué d'un miroir parabolique, d'un miroir plan et d'un foyer, accompagné du laboratoire de recherche du CNRS et de modèles de fours solaires constitués de miroirs de DCA, au cœur de la citadelle militaire construite par Vauban au XVIIe siècle. L'armée qui possède alors la citadelle de Mont-Louis et qui porte un certain intérêt à ces expériences menées à l'aide des fours solaires va accueillir l'équipe de recherche dans ce site qui a pourtant toujours été fermé au public. La citadelle fait aujourd'hui partie des douze sites compris dans le Réseau des sites majeurs Vauban, dont les fortifications sont classées, depuis 2008, au patrimoine mondial de l'UNESCO.

Figure 1 : Carte postale présentant le four de Mont-Louis tel qu'il était installé à l'origine, au cœur de la citadelle militaire de Mont-Louis. © Édition et cliché Paul Goudin – Font-Romeu

6 Trombe F., *Les perspectives d'utilisation de l'énergie solaire*, Paris, Centre économique et social de perfectionnement des cadres, 1959.

7 Pour comparaison, Bordeaux se situe à une moyenne d'environ 2 000 heures de soleil par an et Paris à environ 1 700 heures.

L'altitude moyenne de la Cerdagne est de 1 200 m. Mont-Louis est à 1 500 m, Odeillo-Via à 1 570 m et Targassonne à 1 650 m[8]. Les altitudes élevées de ces localités leur permettent de bénéficier d'une atmosphère d'une grande pureté, mais elles ont l'inconvénient de les soumettre à un climat parfois instable marqué par l'alternance d'un soleil de plomb et de nuages passagers liés aux reliefs environnants. Le taux d'ensoleillement et la pureté atmosphérique, critères essentiellement retenus au moment de l'implantation du four, ne sont pas les seuls facteurs à prendre en compte pour l'installation d'outils de captation du rayonnement solaire. En effet, l'expérimentation de l'énergie solaire nécessite également une certaine constance d'ensoleillement, ce qui n'est pas toujours le cas dans les régions montagneuses.

Un paysage de contrastes

L'activité principale de la région de la Haute-Cerdagne, le tourisme, est essentiellement fondée sur son climat propice aux activités de plein air. Les communes de Mont-Louis et de Targassonne ne comportent que quelques centaines d'habitants, tandis que celle de Font-Romeu-Odeillo-Via en compte environ 2 000. Son économie a été fondée, depuis le début du XXe siècle, sur le tourisme et le climatisme. La région a abrité pendant plusieurs décennies des sanatoriums ou établissements héliothérapiques, destinés à soigner les enfants atteints d'affections respiratoires ou cutanées. Depuis le déclin de cette forme de thérapie, la Cerdagne bénéficie encore d'un important afflux touristique, été comme hiver, avec un public familial[9]. Elle comporte également des structures nécessaires à l'entraînement des sportifs de haut niveau, notamment le Centre national d'entraînement en altitude (CNEA).

Compte tenu de l'activité de cette région, largement fondée sur la promotion d'un air pur et de paysages naturels de haute montagne, l'implantation des grands édifices de recherche sur l'énergie solaire aurait pu paraître incongrue. Elle semble lui avoir, au contraire, conféré un atout supplémentaire qui confirmait sa réputation de région la plus ensoleillée de France. La commune de Font-Romeu-Odeillo-Via – issue du regroupement des trois villages d'Odeillo, de Via et de Font-Romeu, au cours des XIXe et XXe siècles – exploite d'ailleurs l'image du four solaire dans ses documents touristiques. Si les paysages des communes voisines restent dominés par leur caractère rural, les outils d'expérimentation du CNRS sont devenus de véritables particularités de Font-Romeu et de Mont-Louis, et d'une façon plus large, de la région. Ces édifices solaires questionnent le rapport au paysage des populations mais aussi des

8 Source Institut géographique national (IGN).

9 Entretien avec Christian Sarran (Office de tourisme de Font-Romeu), juillet 2010.

touristes, par le contraste architectural qu'ils génèrent et surtout par la modernité des recherches qu'ils abritent. Mais plutôt que de choquer les esprits par les esthétiques paradoxales ainsi induites, ils suscitent une certaine curiosité. Ainsi, dès les années 1950, des émissions télévisées destinées au grand public abordent facilement la thématique des fours solaires, lorsqu'il est question des technologies du futur ou simplement lors de présentations touristiques de la région de la Haute-Cerdagne[10]. Indéniablement télégéniques, ces grands équipements ont véhiculé, dès l'origine, une image de modernité qui n'a fait que renforcer la vocation touristique de la région. Leur identité d'édifices scientifiques étant, par ce phénomène de médiatisation, reléguée au second plan par rapport à l'esthétique de contraste qu'ils génèrent.

Prenons un exemple de cette présence du four solaire sur le petit écran : il est fait référence au four de Mont-Louis dans l'un des épisodes de la série *Le tour de France par deux enfants*[11], diffusée aux heures de grande écoute sur l'unique chaîne de la Radiodiffusion-télévision française, dès 1957. L'épisode qui nous intéresse est réalisé en 1958. À cette date, seul le four de Mont-Louis est construit. Les deux enfants sont alors de passage dans les Pyrénées, ils dorment dans une grotte et se promènent dans la montagne à longueur de journée. André, l'aîné, accompagné de son chien, se rend au four de Mont-Louis. On ne sent en aucun cas la présence humaine dans ce laboratoire de recherche qui est pourtant, à cette époque, situé au cœur de la citadelle militaire fermée au public. L'enfant est fasciné par les jeux de miroirs et l'intensité de la chaleur issue de la concentration des rayons solaires qui semble proche de la magie. Le réalisateur a conféré au laboratoire de Mont-Louis un caractère mystérieux et inexplicable. On aperçoit l'enfant qui marche sur le terrain du laboratoire, entre le miroir plan et la grande parabole, toutes les installations semblant perdues au milieu de hautes herbes, comme s'il s'agissait d'un lieu sauvage propice à la fascination.

L'évocation du four solaire à travers l'épisode de cette série télévisuelle semble transcrire deux types de perceptions concernant le laboratoire de Mont-Louis, perceptions qui pourront être transposées, plus tard, aux autres édifices solaires. La première concerne la fascination exercée par ces structures miroitantes et majestueuses, implantées dans un paysage sauvage et bénéficiant d'une architecture brute. La seconde est l'impression de modernité engendrée par la maîtrise de l'énergie que

---

10 Notamment dans l'émission *La cuisine voyageuse*, intitulée « Les Pyrénées-Orientales et la fougasse du Roussillon », de Roger Moreau (prod.), Jacques Raynal (réal.), Claude Dagues (présentateur), FR3, juin 1982.

11 *Le Tour de France par deux enfants* est une série tournée en 26 épisodes de 26 minutes, réalisée par William Magnin. Elle est issue de l'adaptation du célèbre livre de lecture scolaire éponyme de Jacqueline Fouillée (dite G. Bruno), publié en 1877.

transmet le soleil, force invisible, volatile et impalpable qui incarne les technologies du futur.

Ce phénomène d'évocation des laboratoires de recherche en énergie solaire des Pyrénées se manifeste bien avant que les laboratoires soient accessibles au public. Bien souvent, seule la présence architecturale est évoquée dans ces séries télévisuelles destinées au grand public, ce qui accentue le côté mystérieux des édifices. Toutefois, il existe quelques reportages qui permettent d'entrer au cœur des laboratoires afin de répondre aux nombreux questionnements sur la fonction exacte de ces gigantesques constructions[12]. En effet, l'empreinte paysagère de ces édifices engendre un besoin de communication et de transparence sur les activités de ces laboratoires, qui, en tant que lieux de recherches affiliés CNRS, ne devraient pas forcément être rendus publics. C'est finalement le paysage qui, en tant que construction sociale, déclenche la communication sur les recherches menées dans ces laboratoires.

Aujourd'hui, compte tenu de la proximité des trois sites de Mont-Louis, Odeillo et Targassonne, les offices de tourisme des communes mais également le conseil général des Pyrénées-Orientales, ainsi que le parc naturel régional des Pyrénées catalanes, intègrent la recherche en énergie solaire dans leurs outils de communication, la positionnant comme l'un des principaux éléments identitaires du territoire[13].

Valoriser pour mieux comprendre le paysage

Cartes postales, dépliants touristiques, sites internet et même presse locale, nationale, voire internationale associent les édifices solaires aux paysages de la Haute-Cerdagne. Depuis les années 1980, deux brochures qui rassemblent les trois sites et en illustrent leur fonctionnement ont été éditées et sont vendues dans la région[14].

Les trois édifices font donc partie intégrante du patrimoine culturel local, au même titre que le *Train jaune des Pyrénées*, ligne ferroviaire la plus haute d'Europe qui attire de nombreux touristes chaque année. Le train jaune fait d'ailleurs un arrêt à Mont-Louis et un autre à Font-

12 Pour exemple : Jean Lallier (1928-2005, directeur artistique, producteur), Robert Clarke (commentateur de texte écrit, producteur), Nicolas Skrotzky (1918-1998, producteur), *Au Laboratoire d'énergie solaire de Mont-Louis*, coll. Entrée libre, Paris, ORTF (prod.), 1964, Bry-sur-Marne, Institut national de l'audiovisuel (distrib.), 1975, 28 min ; Gérard Follin (réalisateur), *Le four solaire d'Odeillo Font-Romeu, Laboratoire de l'énergie solaire du CNRS*, diffusion originale, Paris, ORTF et CNRS, 1970, Meudon, CNRS Image, 2009, 13 min.

13 Les sites internet de ces structures en témoignent : http://www.parc-pyrenees-catalanes.fr/fr/energies/, http://mont-louis.net/four.htm, http://font-romeu.fr, etc.

14 *Énergie solaire et sites touristiques en Cerdagne*, Toulouse, Éditions Larrey, août 2008 ; *Tourisme et énergie solaire en Cerdagne*, Perpignan, Éditions Dino, juin 1980.

Romeu-Odeillo-Via. Les exploitants de la ligne communiquent, dans les dépliants disponibles en gare, sur les fours solaires, devenus ainsi de véritables jalons patrimoniaux de la région[15].

Dans les trois laboratoires évoqués, de réels outils de valorisation ont été mis en place par les structures touristiques et les pouvoirs publics locaux. Chacun de ces outils est différent selon les lieux et les acteurs qui s'en voient confier la gestion, mais ils bénéficient d'une réflexion poussée quant à la communication autour des activités passées, présentes et à venir de ces laboratoires de recherches.

Mont-Louis, le four renaît de ses cendres

Le four de Mont-Louis se compose d'un miroir plan mobile appelé « héliostat », mesurant environ 13 m sur 10,5 m, soit approximativement 140 m². La fonction de ce premier miroir rectangulaire, composé de plus de 500 miroirs plans assemblés à une structure métallique, est de suivre la course du soleil à l'aide d'un système de vérin hydraulique, qui applique automatiquement les informations transmises par une lunette de guidage munie de cellules photorésistantes. L'héliostat a pour fonction de refléter les rayons solaires vers un second miroir, de forme concave. Ce second réflecteur est une parabole fixe de plus de 90 m². Elle est composée d'environ 3 500 miroirs déformés mécaniquement à l'aide de vis. Le but de cette grande parabole est de concentrer les rayons solaires vers un point qui constitue le foyer du four solaire. Le foyer est constitué d'une structure mobile destinée à recevoir les matériaux qui feront l'objet d'expériences. Cette disposition permet d'appliquer des chocs thermiques à diverses matières, dans le but d'étudier leur comportement ou d'obtenir de nouveaux matériaux à l'aide de traitements thermiques élevés. Ce four solaire permet d'obtenir une puissance pouvant s'élever à plus de 50 kW. Les hautes températures obtenues au foyer (environ 2 500°C) permettent notamment d'effectuer des recherches sur les matériaux ultra-réfractaires.

Implanté, au moment de sa construction, au cœur de la citadelle militaire de Mont-Louis, le premier laboratoire d'énergie solaire du CNRS, dirigé par le professeur Félix Trombe, a fonctionné de 1952 à 1968. Les résultats de ce prototype étant concluants, il a été décidé, dès la fin des années 1950, de bâtir un second four d'une puissance vingt fois supérieure. Le four de Mont-Louis, devenu alors obsolète, est récupéré au milieu des années 1970 par la mairie de Mont-Louis dont il est toujours

15 Pour des repères historiques au sujet du *Train jaune* : Cotte M., « Le train jaune, un patrimoine ferroviaire électrique de valeur internationale », *L'Archéologie industrielle en France*, n° 52, juin 2008, p. 68.

la propriété aujourd'hui[16]. Depuis que le four appartient à la commune, il ne se trouve plus au cœur de la citadelle militaire qui est occupée par le Centre national d'entraînement commando (CNEC), mais près de la Porte de France, à l'entrée de la ville. L'architecture futuriste du four solaire s'élève au-dessus des remparts conçus par Vauban, qui sont classés au titre des monuments historiques depuis 1922. La structure parabolique de verre et de métal scintillants contraste avec la pierre mate, brute et rectiligne qui compose le mur d'enceinte de la ville fortifiée.

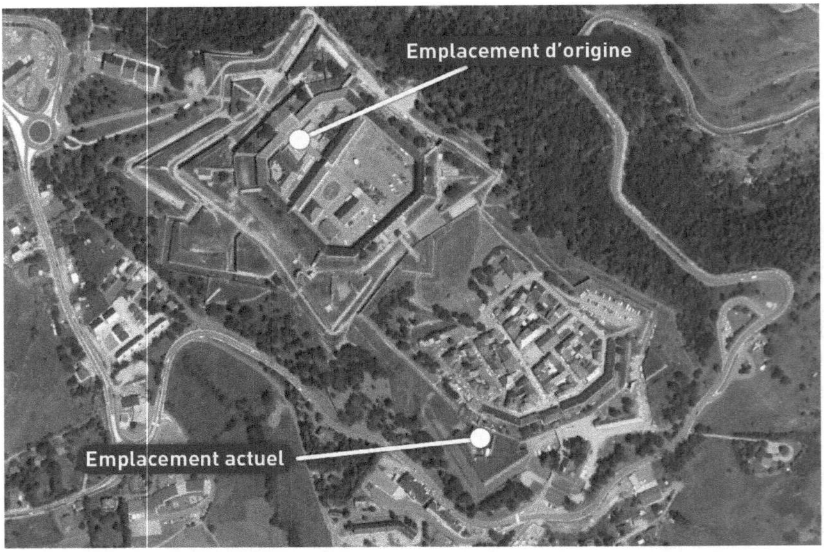

Figure 2 : Schéma expliquant l'emplacement d'origine du four solaire de Mont-Louis, dans la citadelle, et l'emplacement actuel, dans la ville. © Géoportail

La petite entreprise Four solaire développement, présidée par Denis Eudeline, a initié au début des années 1990 un projet de réhabilitation et de valorisation du four, malgré de nombreuses difficultés soulevées par la mairie de Mont-Louis qui en est propriétaire. La petite entreprise a mis en œuvre, après une restauration complète, plusieurs dispositifs de médiation pour permettre au public de comprendre le fonctionnement du premier four solaire à double réflexion du monde. L'activité principale de l'entreprise repose sur une visite du terrain sur lequel se trouve le four et de nombreuses expériences de captation de la chaleur solaire

16 Entretien avec Denis Eudeline (Four solaire développement), juillet 2010.

réalisées dans un but pédagogique. Ce même souci de transmission des savoirs se manifeste dans les ateliers pédagogiques organisés et animés par les équipes de Four solaire développement.

La seconde grande activité de l'entreprise consiste à refaire fonctionner le four solaire par un détournement de sa fonction initiale. En effet, le site travaille en partenariat avec des céramistes et artisans d'art qui utilisent le four solaire pour cuire leur production qui est ensuite vendue dans la boutique. Ce détournement d'objet scientifique permet de rendre une fonction à un matériel obsolète et laissé à l'abandon. Outre l'intérêt qui réside en l'expérimentation de l'usage de la chaleur solaire pour des productions artisanales, l'atout pédagogique est primordial, de même que la valeur sentimentale que peuvent revêtir les objets cuits à l'aide du four solaire. Le touriste de passage à Mont-Louis peut ainsi découvrir l'histoire de l'installation et son but purement technique, puis observer les principes d'utilisation de la chaleur solaire, le fonctionnement du four et enfin, faire l'acquisition d'une pièce issue d'une cuisson solaire. Ce parcours de visite évolue en une expérience très personnelle, puisque les multiples axes permettent de toucher un public varié qui peut se sentir familier de l'une ou l'autre des thématiques abordées.

Le four solaire construit, mis au point, exploité puis rendu obsolète par les choix du CNRS, connaît ainsi une seconde vie qui lui permet d'être accessible au grand public, devenant lisible et compréhensible par tous. La visite du four de Mont-Louis s'impose comme l'une des activités culturelles et patrimoniales principales de la petite ville.

Science et tourisme à Odeillo

Le second four solaire, d'envergure bien plus importante, est implanté dans la petite commune de Font-Romeu-Odeillo-Via. Le terrain du CNRS se situe en contrebas de la route départementale reliant le village d'Odeillo à celui de Font-Romeu. Le plus haut et le plus grand des trois villages, Font-Romeu, est aussi le plus connu, notamment car il donne accès aux stations de sports d'hiver.

L'ensemble du four se compose d'un champ de 63 héliostats s'étageant sur huit terrasses, d'un bâtiment dont la façade nord contient la grande parabole, et d'une tour située à 18 m en face de la parabole. C'est au sommet de ce petit bâtiment que se trouve le foyer, lieu de concentration des rayons solaires. Cet emplacement est le lieu des expériences réalisées à l'aide de la grande parabole, un système de volets permettant de maîtriser l'exposition au rayonnement lorsque les chercheurs mettent le four en action. Contrairement à Mont-Louis, le bâtiment contenant le foyer est fixe, mais les expériences sont, elles, montées sur un système de rails qui permettra une souplesse d'utilisation.

La parabole mesure 60 m de largeur sur 50 m de hauteur. Sa surface totale est de 2 500 m², l'installation permet d'atteindre une puissance de 1 000 kW (ou 1 MW). La volonté de mettre au point un tel outil a émergé dès la fin des années 1950, pour répondre aux besoins de l'équipe de Félix Trombe qui souhaitait disposer d'un four plus puissant que celui de Mont-Louis. Les travaux débutèrent au début des années 1960, mais les contraintes géographiques du chantier éclairent d'importants retards de construction. La haute montagne, outre les caractéristiques climatiques propices à l'expérimentation de l'énergie solaire, comprend de nombreux inconvénients pour la construction d'installations d'une telle envergure. Ce paramètre qui avait été sous-estimé lors de la validation du projet a posé de sérieux problèmes de réalisation. Le chantier fut terminé environ sept ans après son commencement, et le grand four fut mis en service en 1971 seulement, après trois années supplémentaires consacrées au réglage des miroirs de la parabole[17].

Depuis 1968, date de fin de la première tranche des travaux, le four n'a jamais cessé de fonctionner, bien qu'il ait connu des périodes de moindre activité, faute de budget. Il abrite encore aujourd'hui le laboratoire de recherche en énergie solaire du CNRS, baptisé depuis 2004 Promes (Procédé, matériaux, énergie solaire), dirigé par Gilles Flamant[18].

Le bâtiment de la parabole semble disproportionné lorsqu'on le resitue dans le paysage rural environnant. Il domine le panorama et, bien que se situant en contrebas d'Odeillo, il paraît pourtant plus haut que le clocher de l'église.

On peut imaginer le bouleversement, tant paysager que social, que l'implantation de ce bâtiment gigantesque dans un village alors peuplé d'environ 1 300 habitants a pu engendrer au milieu des années 1960. Pourtant, si une intégration architecturale dans ce contexte rural n'a pu être envisagée en termes de matériaux et de structure formelle – compte tenu de la fonction de l'édifice – il a pu s'inscrire dans la culture locale par l'intermédiaire de divers outils. Nous avons déjà évoqué les dépliants touristiques et les cartes postales, diffusés dès l'origine du four. Mais il est possible de leur ajouter des événements organisés par le CNRS ou par Héliodyssée, la structure qui en gère la valorisation touristique, tels que des spectacles pyrotechniques ouverts au grand public, notamment en 2009 à l'occasion des 40 ans de la construction du four.

---

[17] Au sujet des travaux de construction du four d'Odeillo : archives du CNRS, fonds du bureau du patrimoine immobilier, versement 870257 SOLO-DAI, art. 8 à 15.

[18] Entretien avec Gilles Flamant (CNRS-Promes), juillet 2010.

Figure 3 : Carte postale d'Odeillo sous la neige, on remarque la taille démesurée de la parabole du four, par rapport à l'architecture assez basse du village de montagne.
© Éditions Dino, cliché Paul Goudin, Perpignan

Le complexe du grand four solaire occupe un terrain de plusieurs hectares. Le bâtiment de la parabole est visible depuis la route et les villages alentours. Pourtant, pendant plus de dix ans, la lisibilité du paysage ainsi créé fut particulièrement réduite du fait de la confidentialité des recherches qui y étaient menées et de son inaccessibilité au public. Une certaine opacité a pu s'installer entre cet édifice qui s'imposait dans le paysage et ce qu'il contenait, dont on ne connaissait pas précisément la nature. Pour répondre à ce problème, au milieu des années 1980, quelques ingénieurs du CNRS ont l'idée de créer un espace d'exposition au pied du grand four, dans le but d'expliquer au public les activités du laboratoire d'énergie solaire abrité dans le bâtiment de la parabole[19]. Cette exposition qui se visite alors de façon autonome a été gérée, dès 1990, par l'association qui est à l'origine du centre d'interprétation actuellement installé au pied du four : Héliodyssée. Il s'agit d'une structure privée composée de trois salariés qui ont mis au point de nombreux outils de valorisation[20].

19 Entretien avec Claude Royère (CNRS), juillet 2010.

20 Entretien avec Serge Chauvin (Héliodyssée), juillet 2010.

La visite de la structure qui, tout comme à Mont-Louis, est destinée à un public familial se déroule en trois étapes. Une exposition explique les principes d'utilisation de la chaleur solaire en général, avec des indications sur les activités du laboratoire du CNRS, notamment concernant la recherche de matériaux utilisés dans l'aérospatiale. Une démonstration est effectuée en extérieur à l'aide d'un four solaire de deux mètres de diamètre qui n'est autre que l'un des miroirs de DCA qui a permis à Félix Trombe, dans les années 1940, d'effectuer ses premières expérimentations à l'observatoire de Meudon. Cette démonstration permet de rendre compréhensible, à petite échelle, le fonctionnement du grand four. La visite se termine par la projection d'un film, tourné au laboratoire Promes, qui offre des vues de l'intérieur des locaux et permet d'apercevoir les chercheurs qui y travaillent. Héliodyssée complète son rôle de médiateur en organisant des ateliers pédagogiques agréés par l'inspection académique, à destination de groupes d'enfants, dans le cadre scolaire ou en centres de loisirs, et des manifestations telles que des cycles de conférences scientifiques sur des thématiques variées comme l'énergie, l'astronomie ou la biologie.

Cette structure de valorisation touristique permet de combler une lacune : celle de ne pas pouvoir satisfaire le public qui souhaiterait visiter ou simplement comprendre ce jalon technologique du paysage cerdan. Elle complète ce rôle en y intégrant une médiation scientifique sur des sujets variés, qui permet de s'adresser à un public hétéroclite d'habitués ou de touristes.

Ainsi, les deux structures qui valorisent les fours solaires de Mont-Louis et d'Odeillo abordent d'une façon radicalement différente l'histoire des deux édifices. À Odeillo, le laboratoire Promes est toujours en activité et Héliodyssée insiste donc sur le rôle scientifique du four solaire en permettant de pénétrer virtuellement dans le bâtiment qui n'est pas fait pour accueillir du public. À Mont-Louis, au contraire, le four solaire, qui est obsolète depuis plusieurs décennies pour la recherche au CNRS, sert d'outil de démonstration d'utilisation de la chaleur solaire pour des applications plus courantes, dans le travail artisanal – notamment en vue d'une application aux pays en voie de développement – ou la vie quotidienne – par la vente de petits modèles de cuiseurs solaires. Les divergences des points de vue quant à la valorisation des deux sites ont parfois posé quelques problèmes d'entente entre les deux gestionnaires, ce qui empêche encore aujourd'hui les structures de mettre en place une démarche commune aux deux fours solaires.

Le dernier édifice abordé est différent des deux fours solaires puisqu'il s'agit d'une installation destinée à la production d'électricité, qui a été laissée à l'état de friche pendant plusieurs années malgré son importante envergure. Il s'agit de la centrale solaire à tour Thémis, qui bénéficie aujourd'hui d'un nouveau souffle tant par son réinvestissement dans des projets scientifiques, que par son ouverture au public.

Thémis, les éclipses de l'électricité solaire

C'est à Targassonne, à 4 km de Font-Romeu-Odeillo-Via, que le projet Thémis, centrale solaire à tour, a été réalisé entre 1979 et 1983 par le CNRS et EDF. Au sommet de la tour d'environ 105 m de hauteur se trouve une chaudière, foyer de la concentration des rayons solaires reflétés par 201 héliostats disposés en arc de cercle sur un terrain en pente douce, tel un théâtre antique de 102 hectares.

Figure 4 : Photographie de la tour de la centrale solaire Thémis, depuis le champ d'héliostats. © Cliché Sophie Pehlivanian

L'électricité est obtenue par la superposition des taches de lumière au sommet de la tour, afin d'augmenter la température d'un liquide caloporteur qui permet de produire de la vapeur ensuite turbinée. Entre 1975, date des premiers avant-projets[21], et 1979, année de validation du projet, la centrale Thémis a vu sa puissance diminuer de 10 MW à

[21] 1975 marque la naissance du PIRDES au sein du CNRS (programme interdisciplinaire de recherche pour le développement de l'énergie solaire). Une genèse de ce programme a été présentée par Guthleben D., *Histoire du CNRS de 1939 à nos jours*, Paris, Colin, 2009, p. 297 et « Coup de soleil au CNRS », *La revue pour l'histoire du CNRS*, n° 17, été 2007, p. 36.

2,5 MW[22]. Cette installation ne permettait donc pas d'envisager une production rentable mais d'expérimenter un principe de fonctionnement. En cas de résultats concluants, le principe pouvait ensuite être réalisé à plus grande échelle. Malgré ce parti pris d'outil non rentable, simple laboratoire de recherche sur l'électricité solaire obtenue par thermodynamique, la centrale n'a fonctionné que trois ans, entre 1983 et 1986, en raison d'un budget insuffisant. L'arrêt des recherches sur l'énergie solaire, dans un contexte de contre-choc pétrolier et de morosité économique générale, fut un coup rude pour l'ensemble de la filière qui commençait à se structurer. Après l'abandon du lieu par les équipes du CNRS qui continuèrent leurs recherches au laboratoire du grand four, la centrale Thémis connut de nombreux errements. Détournée de sa fonction de 1987 à 2004 par l'installation d'appareils d'astrophysique pour l'observation nocturne des rayonnements Gamma, elle a finalement été reprise par le conseil général des Pyrénées-Orientales qui en est actuellement propriétaire et en assure la valorisation touristique.

Plusieurs projets d'exploitation sont actuellement en cours sur le site. Le projet PEGASE (Production d'Électricité par turbine à GAz et énergie SolairE), piloté par le CNRS, devrait prochainement exploiter un peu plus de la moitié du champ d'héliostats pour une production d'électricité thermodynamique par un système de chauffage d'air comprimé qui actionnera une turbine à gaz. Il s'agit de mettre au point une nouvelle technique de production d'électricité solaire thermodynamique qui pourrait, si elle se révélait concluante, être appliquée à une échelle plus importante. La seconde moitié du champ d'héliostats servira de base à une centrale photovoltaïque mise en œuvre et exploitée par des partenaires privés. Les structures des héliostats seront conservées, mais les miroirs seront remplacés par des panneaux photovoltaïques. Cette configuration permettra d'exploiter les mécanismes qui, contrairement à ce qui est observé dans la plupart des centrales photovoltaïques dont les panneaux ont une position fixe, suivront le soleil dans sa course.

La tour, du fait de sa hauteur, est visible à une grande distance. Elle serait même la plus haute construction du département des Pyrénées-Orientales[23]. Dominant largement le paysage environnant, il semblait donc heureux d'assurer une forme d'ouverture de la centrale au public. Depuis 2004, les bâtiments vidés des installations, qui permettaient à l'origine de produire et de stocker l'énergie, abritent durant les deux mois d'été deux expositions qui présentent la fonction du lieu. La première des expositions traite du fonctionnement de la centrale solaire

---

[22] Bonduelle B., Rivoire B., *Centrale expérimentale THÉMIS, résultats et projections*, rapport rédigé à l'attention du CNRS et de l'AFME, 1987, p. 12.

[23] Entretien avec Alain Ferrière (CNRS), juillet 2010.

telle qu'elle était à l'origine et de la captation de l'énergie solaire en général. La seconde, prêtée par la Cité des Sciences de La Villette, change d'une année sur l'autre et aborde des thématiques liées à la science et à l'énergie. Pour faciliter l'accès du public, une navette gratuite est mise à disposition par le conseil général des Pyrénées-Orientales pour s'y rendre ; cette navette dessert également le four de Mont-Louis.

C'est l'entreprise assurant la gestion du four de Mont-Louis, Four solaire développement, qui s'est vue confier les animations estivales de la centrale solaire Thémis. Les visites sont gratuites, mais on ne peut pas pénétrer dans la tour ou dans les laboratoires qui ne sont pas destinés à accueillir du public, seul le champ d'héliostats est accessible. Toutefois, les explications fournies par les guides permettent de démystifier ce lieu dont l'identité et la fonction restent encore floues, malgré la présence de cette haute tour qui domine le paysage depuis une trentaine d'années.

Quand la science devient patrimoine

Les trois architectures solaires expérimentales que nous avons abordées constituent de véritables particularités dans le paysage de la Cerdagne. Chacun de ces édifices ayant une identité et une fonction propres, les valorisations sont également bien différentes selon le message qui est choisi par les structures qui en assurent la gestion touristique. Au-delà des spécificités techniques de ces trois monuments scientifiques, ce sont bien les spécificités territoriales, incluant la diversité des acteurs, qui s'affirment comme le critère de distinction des logiques de patrimonialisation. Outre la vulgarisation scientifique, il s'agit de satisfaire la curiosité du public local ou de passage, vis-à-vis de lieux qui se sont appropriés le paysage depuis plus d'un demi-siècle. Cet ancrage a certainement permis de leur assurer une pérennité parfois mise en doute par leur essence même d'outil scientifique souvent guetté par des risques d'obsolescence.

Il est nécessaire de se questionner sur l'acceptation de telles installations, notamment le grand four solaire, dans un paysage rural alors préservé de toute empreinte urbaine. Les équipes du CNRS qui se sont implantées à Font-Romeu-Odeillo-Via pour travailler au laboratoire du grand four, soit environ une centaine de personnes à certains moments, se sont installées dans la région et ont intégré la vie culturelle locale. Devenant eux-mêmes habitants permanents de la région, il n'y a pas eu de véritable fossé à déplorer entre les chercheurs du CNRS et les personnes qui étaient originaires de la région. Ce phénomène a sans doute permis aux constructions solaires de bénéficier de l'aval des habitants, bien que quelques critiques aient été émises lors de l'abandon de la centrale Thémis. L'incompréhension est sans doute due à un manque de communication au moment où la fin de l'exploitation a été décrétée, incompréhension à laquelle on peut ajouter une certaine appréhension quant à l'avenir de ce terrain en passe de devenir une friche.

Figure 5 : Dessin de Reiser. © *L'écologie par Reiser*, Édition Glénat, 2010[24]

Quelques divergences de points de vue existent également entre les différents protagonistes impliqués dans la gestion de ce patrimoine solaire. Propriétaires, tant institutionnels que scientifiques, locataires et exploitants n'ont pas tous les mêmes ambitions. Malgré quelques désaccords, un souci commun de préservation de ces jalons du paysage qui sont entrés dans la culture locale se manifeste, notamment par l'inscription à l'Inventaire supplémentaire des monuments historiques du four de Mont-Louis, en 2008, et du four d'Odeillo, en 2009 – année des festivités à l'occasion des 40 ans de sa construction. Il est vrai que le contexte actuel de crise énergétique est assez porteur, l'engouement du grand public pour les thématiques liées à l'énergie solaire connaît un nouvel essor. Cela permet sans doute d'envisager les deux fours solaires et la centrale Thémis comme des édifices qui conservent une modernité et un aspect avant-gardiste bien qu'ils aient été construits il y a plusieurs décennies. Alors que les trois sites relèvent de techniques différentes et sont aujourd'hui gérés selon des modalités d'accès au public divergentes et par des acteurs parfois en conflit, une unité se dégage malgré tout, comme si la patrimonialisation avait contribué à atténuer les fractures. La pratique touristique, pour laquelle le paysage est un élément déterminant, a ainsi contribué à unifier, autour de la thématique de l'énergie solaire, ces trois sites. Ils permettent au territoire de s'inscrire parfaitement dans le contexte, très en vogue, de promotion des énergies renouve-

---

[24] Ce dessin humoristique de Reiser qui a été produit entre 1968 et 1982 évoque cette idée que l'édifice du grand four solaire ne peut rester inaperçu aux yeux des touristes ainsi que des habitants de Font-Romeu-Odeillo-Via et des communes alentour. Sa fonction n'est pas forcément lisible, elle suscite donc une certaine curiosité qui n'est pas satisfaite puisque, jusqu'au milieu des années 1980, aucune structure n'est mise en place pour accueillir le public et fournir des explications sur l'activité du site.

lables, tout en renforçant l'argument principal de l'industrie touristique locale : la nature et le grand air. Car s'il y a des édifices qui exploitent l'énergie solaire, c'est bien parce qu'il y a du soleil. C'est ainsi que, dès la construction du four d'Odeillo, des slogans tels que « Font-Romeu, le double de soleil » ont pu vanter les mérites de la commune.

Les répercussions des tempêtes de 1999 et 2009 sur l'environnement paysager des lignes de transport en France

Maxime KRUMMENACKER

Les 26, 27 et 28 décembre 1999, la majeure partie du territoire français a été touchée par deux violentes tempêtes qualifiées par l'ensemble des observateurs de « tempêtes du siècle » du fait conjugué de leur ampleur et de leur intensité. Au cœur de la débâcle les réseaux électriques ont souffert de destructions partielles, voire totales par endroits, ce qui a plongé EDF dans une situation de crise d'ampleur inédite et heurté l'opinion de manière durable, puisque près de dix millions de personnes ont été privées de courant au paroxysme de la catastrophe et que les derniers « usagers » coupés du réseau n'ont été raccordés que trois semaines après le début des événements.

La question du réseau électrique est donc revenue au centre des débats en raison de l'impact très lourd des tempêtes sur les infrastructures. L'état des réseaux a suscité de nombreuses interrogations de la part du public sur la politique d'investissement menée par EDF concernant l'entretien et la modernisation de ces derniers. EDF se devait de répondre à ces questions et l'idée de repenser totalement le réseau à l'issue de la crise a été avancée par le président d'EDF de l'époque, François Roussely.

Nous cherchons ici à savoir quels ont été les impacts multiples des tempêtes de 1999 sur le réseau de transport d'électricité français et quelles ont été les réponses apportées par le gestionnaire pour pallier les difficultés rencontrées et la pression d'un environnement économique et social changeant à l'ère du paradigme du développement durable.

Pour cela, nous allons étudier dans un premier temps le bilan tiré des tempêtes de décembre 1999 sur le réseau de transport, puis nous verrons les réponses que le gestionnaire a apportées pour faire face à la récurrence de tels phénomènes et enfin, nous tenterons de suivre dans une perspective dynamique l'avancée des travaux de sécurisation et l'évolution des techniques employées pour fiabiliser le réseau jusqu'à l'arrivée de Klaus, le 24 janvier 2009. En prenant un peu de recul, cette démarche nous permettra d'observer les réactions et les débats engendrés par les tempêtes ainsi que les tendances fortes qui en résultent.

Afin de limiter les confusions, il est également nécessaire de rappeler que les tempêtes de 1999 ont eu lieu au moment même où la directive européenne concernant l'ouverture du marché de l'électricité était adoptée en France. Cette adaptation législative a entraîné la séparation sur les plans juridique et comptable de l'opérateur du réseau de transport d'électricité d'avec le gestionnaire historique EDF. Cette séparation s'est concrétisée par la création de l'entreprise RTE (Réseau de transport d'électricité) le 1er juillet 2000.

Impact des tempêtes de 1999 sur le paysage électrique français

Mise en lumière des faiblesses du réseau de transport

Le réseau de transport, quoique moins touché que le réseau de distribution, a tout de même connu un nombre non négligeable d'avaries avec 540 lignes HT (haute tension) et THT (très haute tension) hors service, soit 8 % du réseau, et 1 075 pylônes détruits, soit 0,4 %, ce qui a conduit à la non-alimentation de 184 postes d'alimentation des distributeurs et des industriels le 27 décembre au soir, soit 3,9 % du nombre total de postes[1].

Après les tempêtes, on a pu déterminer que les principales causes d'avarie sur les réseaux électriques étaient de trois ordres : soit dues au vent dans 35 % des cas, soit liées aux chutes d'arbres dans 54,1 % des cas, soit en raison d'effondrements de pylônes sous la pression des vents qui ont pu conduire à des chutes en cascade dans 2,1 % des cas.

Ce bilan peut être considéré de deux manières : les dégâts ont été nombreux car ils ont fortement déstabilisé l'équilibre offre-demande[2], mais ils ont en même temps été assez restreints puisque la grande majorité des ouvrages a bien résisté à des situations limites.

Constat et préconisations faits après les tempêtes de décembre 1999

Lorsqu'on analyse les causes de ruine des pylônes au niveau THT, il apparaît que seul le vent a été responsable des ruines occasionnées en 400 kV et dans presque 90 % des cas en 225 kV. Des retours d'expé-

1 Dossier de presse, *Bilan des tempêtes de décembre 1999*, RTE, 2000, p. 9.

2 Mais il faut également considérer l'impact considérable des tempêtes sur le réseau de distribution qui, parfois, n'était pas en mesure d'assurer la continuité de la fourniture d'électricité alors que le réseau de transport était à nouveau opérationnel.

rience très précis effectués à la suite des précédentes tempêtes ont confirmé l'incidence de la période de construction 1958-1978, ainsi que les problèmes liés aux malfaçons des fondations. Précisons que l'année 1958 a été marquée par la promulgation d'un arrêté technique qui revoyait à la baisse les normes de résistance à la pression des vents dans le dimensionnement des ouvrages. Le contexte de l'époque, porté par la croissance de la demande et la pénurie de moyens de financement, a conduit à la prise de ces décisions fortement restrictives pour la sécurisation des réseaux. Ces contraintes ont été revues en 1978 par la promulgation d'un nouvel arrêté technique. Ces dernières observations conjuguées au passage d'une tempête le 25 janvier 1990 ont entraîné la modification en 1991 de l'arrêté technique de 1978, ainsi que la mise en place d'une procédure d'assurance qualité au sein d'EDF, procédure qui semble cependant n'avoir joué que pour les constructions nouvelles.

Le cas de la ligne Mery-Vesle construite en 1974 et qui a connu un nombre d'avaries exceptionnellement élevé avec 77 pylônes ruinés lors des tempêtes de 1999 est un bon exemple de ligne trop optimisée.

Pour la HT en revanche, la chute d'arbres a été la première cause de ruine, la seconde étant liée à des problèmes de fondations. Le pourcentage élevé de ruines liées à la chute d'arbres peut s'expliquer par le fait que les tranchées de déboisement ne respectaient pas les prescriptions de la directive interne « Ligne aérienne » de juillet 1999[3]. Ici encore, les ouvrages construits dans la période 1958-1978 ont été les plus endommagés et une grande partie d'entre eux, estimée entre 30 % et 50 %, a été ruinée en raison de chutes en cascade.

Les tempêtes de type 1999 comme phénomène récurrent ?

Des études sur la récurrence de tels phénomènes climatiques ont été menées après le passage des tempêtes de 1999, mais elles n'ont pas permis d'affirmer de manière indubitable qu'il y avait une augmentation statistiquement significative soit de la fréquence, soit de l'intensité de telles tempêtes au-dessus du territoire[4]. Cela dit, le faisceau de présomptions était assez net pour inciter les pouvoirs publics à prendre des mesures adaptées de « prévention active » dans tous les domaines concernant la sécurité civile et dans celui de la sécurisation des « réseaux vitaux ». Les tempêtes de 1999 ont ainsi été mises en relation avec l'impact du changement climatique et ont contribué au développement,

[3] Abord de Chatillon R., Piketty G., Trink C., *La sécurisation du système électrique français. Rapport de mission*, Paris, Conseil général des mines, mai 2000, p. 45.

[4] Sanson G., « Évaluation des dispositifs de secours et d'intervention mis en œuvre à l'occasion des tempêtes des 26 et 28 décembre 1999, rapport d'étape de la mission interministérielle », juillet 2000, annexe 2C p. 2.

très relatif, d'études sur l'évolution du climat et sur les conséquences de ces évolutions, l'une d'elles étant l'accentuation des phénomènes climatiques extrêmes.

Les décisions prises par le gestionnaire du réseau de transport d'électricité et les programmes mis en place à la suite des tempêtes de 1999

Les engagements pris par RTE

Dès le mois de janvier 2000, le secrétaire d'État à l'Industrie, Charles Pierret, a mandaté le comité technique de l'électricité et le Conseil général des mines, afin qu'ils tirent les leçons de ces événements et qu'ils proposent des mesures garantissant la continuité de la fourniture d'électricité en cas de circonstances similaires. Le « projet tempêtes » a été officialisé et inscrit au rang des priorités de RTE avec la signature d'un contrat de service public le 19 avril 2002, pour un investissement initial de 1,7 milliard d'euros échelonné sur 15 ans[5].

RTE s'est fixé trois grands objectifs : en premier lieu, « mieux garantir la sécurité des personnes et des biens » en mettant à jour, après considération des dégâts causés par les tempêtes « le cadre de référence retenu pour les dimensionnements en termes de tenue mécanique des éléments constitutifs des ouvrages » ; le deuxième objectif consistait à « mieux garantir la sécurité et la sûreté des réseaux HT et THT » en renforçant le réseau de manière à ce qu'aucune partie importante de la clientèle à l'échelle nationale – régions étendues ou zones urbaines denses – ne soit privée d'alimentation électrique ; enfin, le dernier but fixé était de mieux garantir la continuité d'alimentation des clients en cas d'événements climatiques exceptionnels face auxquels les ouvrages ne seraient pas dimensionnés, en assurant une reprise de service de chacun d'eux dans des délais maîtrisés[6].

Mise en application du programme de sécurisation par RTE

Nous nous intéressons ici plus particulièrement aux mesures préventives qui ont été au cœur de la réflexion du gestionnaire pour sécuriser le réseau de transport.

---

5 Le contrat de service public a été renouvelé en octobre 2005, après le changement de statut juridique de RTE devenu, le 1er septembre 2005, une société anonyme à directoire et conseil de surveillance, filiale d'EDF.

6 *REX tempêtes, thème investissement : proposition d'une politique de sécurisation*, EDF – Division Transport, juillet 2000, p. 9.

La première mesure a été de réviser la carte des vents et d'élargir les zones de vent fort (ZVF) prises en compte avant les tempêtes de 1999 sur une large partie de la façade atlantique, requalifiées en zones de vent littoral étendues (ZVLE). Ces ZVLE ont ainsi fait l'objet de revalorisations conséquentes quant à l'exigence de résistance des ouvrages. Initialement dimensionnées pour résister à des vents de 150 km/h, les révisions apportées ont fait passer les normes de résistance des ouvrages à des vents de 165 km/h, et jusqu'à 190 km/h dans les zones les plus critiques. L'arrêté technique du 17 mai 2001[7] a fixé ces mesures dans la législation française, soumettant ainsi toutes les lignes neuves ou renouvelées à ces hypothèses de dimensionnement.

Dans un deuxième temps et en vue d'obtenir une meilleure garantie de sécurité et de sûreté du réseau, RTE a décidé de sécuriser au moins une alimentation par poste de transformation pour éviter les effets de ruine en cascade. Avant les tempêtes, il semble que rien n'était prescrit[8] à ce sujet même s'il apparaît qu'EDF était revenue sur sa politique d'optimisation technico-économique qui consistait à faire de très grands cantons entre deux pylônes d'ancrage[9], dont nous avons vu les limites à travers l'exemple de la ligne Mery-Vesle. Le principe de mettre un support « anti-cascade » toutes les dix portées en THT et toutes les quinze portées en HT a donc été retenu, ce qui revient à cantonner les avaries à des portées de 3 à 5 km au maximum. Notons que cette politique de renforcement était préférée à celle du remplacement complet des ouvrages si cela ne s'avérait pas nécessaire, principalement pour des raisons de coût.

Enfin, concernant l'entretien des tranchées forestières, il est avéré que les couloirs d'élagage n'étaient pas en permanence respectés, ce qui a imposé à l'entreprise la double tâche de remettre en conformité ses

---

7 Il s'agit précisément de la révision de l'article 13 – fixant les caractéristiques mécaniques minimales des ouvrages – de l'arrêté technique alors en vigueur et datant de 1991. Selon la législation en vigueur lors de la période étudiée, l'État intervient comme régulateur technique au titre « de la sécurité des personnes et des services publics intéressés ainsi qu'au point de vue de la protection des paysages » (article 19 de la loi du 15 juin 1906). Il prend à cette fin des arrêtés déterminant les conditions auxquelles doivent satisfaire les distributions d'énergies. L'arrêté en vigueur est celui du 26 mai 1978 modifié par celui du 2 avril 1991 étendant les zones de vent fort (maximum 170 km/h) aux zones côtières de la Loire. Ses dispositions n'ont pas un caractère normatif mais constituent un « minimum » révisable chaque année que les opérateurs doivent respecter dans les constructions nouvelles.

8 Les programmes de sécurisation antérieurs ne concernaient pas les problèmes de tenue face au vent mais face au givre.

9 *Rapport de la section Arrêté Technique du CTE sur les intempéries*, 2000, p. 14. Un canton équivaut à la distance qui sépare deux pylônes d'ancrage, plus résistants que les simples pylônes porteurs.

tranchées d'élagage d'une part et de pratiquer une maintenance assidue d'autre part. Pour remplir ces objectifs, RTE s'est engagé à favoriser la mise en place d'une gestion informatisée des tranchées forestières qui revient à ne couper que la végétation susceptible d'entrer dans les zones dites de sécurité.

Débats et réponses apportées par le gestionnaire aux problématiques de l'enfouissement et de la production décentralisée

La solution de l'enfouissement du réseau de transport d'électricité a été abordée après les tempêtes, qui ont mis en exergue les retards pris par la France dans ce domaine, mais il faut toutefois rappeler que l'enfouissement concerne surtout le réseau de distribution.

Pour le réseau THT, la pose de liaisons souterraines n'a pas été envisagée de manière systématique mais de façon ponctuelle et après comparaison avec les « solutions aériennes » suivant les différents enjeux auxquels souhaitait répondre l'entreprise, ces derniers étant d'ordres sécuritaires ou environnementaux. Pour justifier ce choix, le gestionnaire du réseau de transport a fait part des contraintes techniques et financières qui pesaient sur la mise en œuvre de ce type de matériels.

Cependant, cette démarche a été critiquée par certains députés dans un rapport parlementaire sur la sécurisation de l'alimentation en électricité, qui parlaient d'une « culture du syndrome de l'aérien »[10] présente chez les personnels d'EDF et reprise par ceux de RTE. Le rapport insistait sur le fait que le souterrain est un enjeu d'avenir, en termes d'aménagement « écologique » du territoire et de prise de conscience de la montée en puissance des catastrophes naturelles susceptibles de fragiliser les réseaux électriques. Les conclusions tirées montraient également que le coût dix fois plus élevé de l'enfouissement en comparaison de l'aérien serait nettement amoindri si l'on engageait un programme de commande de grande ampleur.

Il semble que ces observations ont été inspirées par les travaux de Daniel Depris, spécialiste en nuisances physiques de l'environnement et partisan d'un enfouissement généralisé des lignes électriques. Cet auteur engagé offre une vision qui va à l'encontre de celle d'EDF, puis de RTE par la suite, rappelant que la technologie des lignes souterraines existe depuis la fin du XIXe siècle et que les arguments avancés par les

[10] Kert C., « Rapport sur l'apport des nouvelles technologies dans l'enfouissement des lignes électriques à haute et très haute tension », Office parlementaire d'évaluation des choix scientifiques et technologiques, décembre 2001.

gestionnaires de réseau successifs jouent parfois de l'ignorance du grand public sur le sujet[11].

Ces incitations sont toutefois restées mesurées et n'ont pas remis en cause les choix de l'entreprise, tout le monde ayant bien conscience qu'une généralisation massive et radicale de ce procédé serait ruineuse et contre-productive.

En revanche, l'enfouissement du réseau HT a suscité moins de débats étant donné qu'il existait déjà une politique spécifique à ce niveau de tension. En 1992, EDF avait contracté un engagement « environnemental » avec l'État pour une durée de quatre ans – et renouvelé en 1997 – l'obligeant à enterrer au moins 30 % des lignes neuves qu'elle construirait. Depuis 2001, ces contrats d'engagements sont régulièrement reconduits entre RTE et l'État, ce qui contraint le gestionnaire à soutenir ses efforts dans cette voie.

Un second point de débat renvoie à la problématique des moyens de production décentralisés. On a pu constater que la mobilisation de tels moyens avait été quasi nulle lors des tempêtes de 1999 en raison de l'absence de préparation spécifique. Ces outils de régulation et de sauvegarde de la fourniture concernent en premier lieu le réseau de distribution et dans une moindre mesure le réseau HT, c'est pourquoi nous n'allons pas entrer dans les détails sur ce point, mais nous pouvons toutefois faire deux remarques au sujet de la production décentralisée.

La première remarque renvoie au fait qu'EDF a effectué un retour d'expérience détaillé sur ce point afin de dégager des mesures opérationnelles de mise en œuvre de ces moyens de production en cas de crise. La seconde concerne un aspect plus structurel relatif à la cohérence du système électrique dans son ensemble. En effet, la question posée par les médias ne s'arrêtait pas uniquement à l'utilisation de moyens de production décentralisés en période de crise mais bien à leur utilisation généralisée et constante. Le terme de cette réflexion semblait aboutir à la disparition des gros moyens de production et donc ipso facto à celle des réseaux de transport d'électricité. À première vue, cette remarque prend le contre-pied de la logique de développement des réseaux qui s'inscrit dans un cadre supranational via les interconnexions transfrontalières et la création du grand marché de l'électricité à l'échelle continentale. Elle va également à l'encontre de la loi fondamentale de l'économie électrique qui est celle des rendements croissants, où le coût du kilowattheure varie en fonction inverse de la taille des centrales. Cependant, ce modèle de développement est confronté à l'évolution des mentalités face au défi climatique et à la prise en compte de ce dernier par l'Union

---

11 Depris D., *Réseaux électriques souterrains, immergés et sous-marins*, Toulouse, Teknea, 1998, p. 15.

européenne qui tend à promouvoir des moyens de production durables plus décentralisés. Ainsi, d'après l'Agence internationale de l'énergie (AIE), la part des énergies renouvelables devrait doubler d'ici à 2030, passant de 13 % à 26 % de la production. « Or ces mutations ne vont pas de soi et, même dans le cadre de ces nouvelles réflexions, les réseaux de transport d'électricité ont moins vocation à disparaître qu'à s'adapter aux changements »[12]. Dans ce contexte, les aléas climatiques peuvent être interprétés comme les annonciateurs des modifications environnementales à venir et à ce titre, inciter à fiabiliser davantage les réseaux électriques pour y faire face. Cela dit, les tempêtes de décembre 1999 n'ont pas remis en cause à elles seules l'agencement des infrastructures du système électrique français.

2000-2009 : période d'action, d'innovations et période test

Dynamique de mise en œuvre du programme de sécurisation du réseau de transport sur la période 2000-2009

RTE a officiellement engagé le programme tempête le 19 avril 2002 avec une enveloppe globale de 1,7 milliard d'euros sur 15 ans, revalorisée en 2007 à 2,4 milliards d'euros, alors que 5 500 pylônes « anti-cascade » – sur un total de 14 000 – étaient posés et que 8 400 km de lignes étaient sécurisés[13].

Dans le cadre des accords « Réseaux électriques et environnement » signés avec l'État pour les périodes 2001-2003 puis 2004-2007 – et dont les objectifs rejoignent ceux du « projet tempêtes » notamment en termes d'enfouissement des lignes – l'entreprise s'est engagée à enterrer 25 % de ses nouvelles lignes HT sur chaque période. Ainsi, pour le premier accord 2001-2003, RTE a investi 179,3 millions d'euros répartis en diverses mesures dont la réduction de l'impact des réseaux sur l'environnement. Les sommes allouées pour la période 2004-2007 étaient moindres, à hauteur de 104,6 millions d'euros[14], mais il apparaît que l'année 2008 a été marquée par une reprise importante puisque le taux d'enfouissement a été supérieur à celui observé sur l'ensemble de la période. Ces efforts d'aménagement sont des vecteurs d'innovations et sont étroitement liés à la branche R&D de l'entreprise, qui a développé de nouvelles techniques et de nouveaux matériels au cours de la période étudiée.

---

[12] Bouneau C., Derdevet M., Percebois J., *Les réseaux électriques au cœur de la civilisation industrielle*, Boulogne, Timée-Éditions, 2007, p. 146.

[13] *Rapport d'activité 2008*, RTE, p. 23.

[14] *Rapport d'activité 2007*, RTE, p. 49.

La démarche environnementale comme vecteur d'innovations

La volonté de l'entreprise de réduire l'impact de son patrimoine sur l'environnement l'a conduite à rechercher des solutions techniques innovantes. Les actions de R&D visent ainsi à minimiser le nombre d'ouvrages, à améliorer l'insertion des lignes dans l'environnement et à réduire les coûts des liaisons souterraines. Un premier axe de recherche important consiste à augmenter la capacité de transit des lignes aériennes existantes par des câbles à haute performance, notamment des câbles à faible dilatation (CFD). Parmi les différentes technologies CFD, celle des câbles ACSS (*Aluminium Conductor Steel Supported*) a été mise en œuvre pour la première fois en juillet 2006, sur la ligne 90 kV Odon-Creuilly et a permis d'augmenter de 50 % le « transit de secours » sans nécessiter de nouveaux supports. Des recherches sont également poursuivies sur d'autres CFD, notamment les câbles composites.

Pour la technologie souterraine, des recherches ont été menées sur les matériaux isolants qui constituent le principal goulet d'étranglement dans l'enterrement des lignes HT et THT sur de longues distances en courant triphasé. C'est ainsi que les câbles à isolation gazeuse, à l'effet condensateur considérablement diminué, devraient permettre le transport d'énergie sur de plus grandes distances. La supraconductivité est également un domaine de recherche prometteur dans l'enterrement des lignes selon RTE. Une fois la technologie parfaitement opérationnelle, le travail consiste à concilier performances techniques et impact financier des réalisations afin de couvrir les distances nécessaires.

On constate ici que le développement de nouvelles technologies est relativement lent alors que la population accepte de moins en moins la présence de pylônes électriques dans le paysage. Face à cette contradiction, RTE recherche des solutions ponctuelles d'insertion de ses ouvrages et a ainsi développé des pylônes au design adapté en partenariat avec ses fournisseurs. Retenons par exemple les pylônes en bois de la ligne Ancives-Volvic reconstruite en 2005 dans le parc naturel des volcans d'Auvergne.

La tempête de janvier 2009 : pertinence des choix et cohérence de l'action de RTE

D'après les observations de RTE, la tempête Klaus a eu un impact deux fois moins important que celles de 1999, à périmètre égal et avec des puissances de vent comparables. Les principales causes d'avaries ont été dues soit au vent – sur des pylônes en béton notamment, mais aussi quand les vitesses ont dépassé le cadre normatif en vigueur comme sur la ligne Baixas-Gaudière dans l'Aude – soit à des chutes d'arbres, dans la majeure partie des cas. Ce problème persistant masque cependant quelques résultats plus positifs qu'en 1999, à savoir des lignes touchées en moins d'endroits à cause, selon RTE, d'arbres de grande hauteur n'entrant pas dans les « gabarits » de l'arrêté technique de 2001 ou de la directive technique lignes aériennes.

Le gestionnaire a décidé de traiter ce problème au cas par cas, une étude systématique ne pouvant être réalisée pour des raisons économiques d'une part, mais également à cause des réticences des propriétaires forestiers à qui appartiennent ces arbres d'autre part. Le travail consiste ici à renforcer la concertation et le dialogue avec les particuliers, les collectivités locales et les associations de protection de l'environnement, démarche qui tend à se développer au sein de RTE – avec notamment la récente création de la fondation RTE en lien avec les milieux ruraux – mais qui ne va pas de soi.

Conclusion

Les tempêtes de décembre 1999 ont eu à bien des égards un caractère hors du commun et édifiant mais il apparaît néanmoins que cet événement ne peut pas être considéré comme une rupture ayant fondamentalement remis en cause les pratiques de l'entreprise. Les phénomènes climatiques exceptionnels restent des calamités habituelles à l'échelle de l'histoire et les parades mises en place par les gestionnaires successifs sont de même nature : prévenir et sécuriser en renforçant les normes de construction. S'il est encore trop tôt pour espérer voir disparaître l'ensemble des lignes de transport sous terre, il apparaît que les choix réalisés par RTE ont été les bons comme tend à le prouver l'épisode du 24 janvier 2009 dont l'impact a été très réduit en comparaison avec 1999.

En prenant suffisamment de recul, l'on peut tout de même percevoir une évolution des mentalités au travers de cet événement. En effet, si jusqu'ici l'élaboration des stratégies et des politiques énergétiques s'est opérée sur la base de critères essentiellement technico-économiques, la légitimité des systèmes énergétiques est remise en cause en ce début de XXIe siècle et nécessite d'opérer des changements profonds. Cette démarche débute par la création d'une interaction entre énergies et sociétés dans l'élaboration des stratégies de développement énergétique, et la prise en compte des dimensions historiques, sociales et culturelles au même titre que les données techniques et économiques dans les chaînes de décisions qui précèdent les choix. Cette évolution majeure demande un réel travail d'adaptation et pose de nombreux défis techniques aux gestionnaires de réseaux. Outre le renouvellement des ouvrages, cet effort vise donc à adapter le réseau de transport aux énergies renouvelables décentralisées et à favoriser le raccordement de nouvelles unités de production tel que l'EPR (*European Pressurized Reactor*, puis *Evolutionary Power Reactor*) de Flamanville ou les cycles combinés à gaz.

Enfin, il faut souligner que cette évolution des mentalités ne va pas de soi et qu'il est parfois difficile de concilier intérêt public et intérêts privés autour d'un même projet. Cela étant, le gestionnaire du réseau de transport, qui a une mission de service public, doit s'adapter pour remplir sa tâche en l'absence de laquelle la sécurité de la fourniture en électricité n'est plus assurée, ce qui est d'une part peu envisageable et d'autre part générateur de risques majeurs.

Grands équipements énergétiques et cadre de vie

Trois situations ligériennes

Sophie BONIN

« La notion de paysage ne s'inscrit pas facilement dans l'espace public. Elle subit une tension entre l'extrême singularité de l'expérience esthétique et la visée d'intérêt général. »[1]

Les grands équipements énergétiques sont devenus la double cible des alertes écologiques d'une part, sociales d'autre part. On les accuse de nombreux maux dans ces domaines, au point que, dans le cas des grands barrages, leur essence même – celle d'outils de développement – est mise en cause. Les opérateurs énergétiques, en Europe, sont confrontés à un contexte devenu réglementaire en ce qui concerne la participation du public, le respect de l'environnement selon des normes de plus en plus complètes mais, en plus, ils sont confrontés à l'ouverture du marché de l'électricité qui entraîne une concurrence plus vive, dont on peut espérer qu'elle se fasse sur des critères du moindre impact écologique, et de la meilleure acceptabilité sociale locale. Notre contribution s'inscrit dans cette meilleure compréhension des impacts sociaux des outils du développement moderne, tout en adoptant une lecture restreinte mais originale : celle de l'expérience esthétique des habitants proches de l'équipement, et celle de la recherche des « affordances » de la relation paysagère liant les habitants, l'environnement – ici marqué par la rivière – et l'équipement électrique[2].

L'évaluation des impacts sociaux des grands équipements est un domaine qui, dans le champ scientifique, a beaucoup progressé ces vingt

---

1 Lolive J., « Des forums hybrides à l'esthétisation des espaces publics », *Cahiers de géographie du Québec*, vol. 50, n° 140, sept. 2006, p. 151-171, p. 162.

2 Gibson J.-J., « The Theory of Affordances », in Shaw R.-E. et Bransford J. (eds.), *Perceiving, Acting, and Knowing*. Lawrence Erlbaum Associates, 1977, reprise par Berque A., *Médiance – De milieux en paysages*. Reclus, 1990, p. 101-103. Les résultats des enquêtes utilisées ici ont déjà été présentés, sous une forme moins théorisée, dans Sophie Bonin, « Les paysages vécus des grands équipements électriques : grands barrages et centrales nucléaires dans le bassin de la Loire », *Études Ligériennes*, n° 17-18, 2010, p. 31-38.

dernières années, ce qui peut être mis en relation avec la poursuite du gigantisme des installations dans un contexte mondialisé, ainsi qu'avec la nécessité de tirer les leçons des grands aménagements du XXe siècle. Ces travaux se sont surtout développés aux États-Unis et au Canada, notamment sous l'impulsion d'anthropologues américains (Banque mondiale ; World Commission on Dams)[3], et des pays « en voie de développement ». Ils concernent surtout les grands barrages. Il s'agit de trouver des méthodes pour mesurer les « risques sociaux » liés à ces grands équipements[4]. À travers la problématique des déplacements de population, une réflexion des chercheurs a été engagée sur les aspects sociaux, d'abord concernant les « besoins primaires » (santé, survie économique à long terme, respect des droits), mais dès le départ aussi concernant des besoins immatériels (préservation du patrimoine culturel, bien-être)[5]. L'approche paysagère a déjà été présentée comme intégratrice de cette évaluation[6]. En mettant au cœur des études les populations locales, présentes ou à venir sur les territoires concernés, un changement assez radical s'est fait quant à la représentation de ces ouvrages d'intérêt général. Il n'y a plus d'incompatibilité proclamée entre l'enjeu économique, souvent national, voire international, et les enjeux locaux, mais un travail de connaissance et d'ajustement mutuels nécessaire.

En France, les chercheurs se sont surtout intéressés aux populations locales à travers le suivi des conflits, ou plus récemment des débats publics ou des forums participatifs, à l'occasion de projets d'aménagement. Il s'agit en particulier de révéler la « gouvernance » à l'œuvre, de voir comment elle évolue sous la pression des injonctions du développement durable, et de la Convention d'Aarhus en particulier qui sert de référence à la plupart de ces travaux (la question la plus fréquente est : la participation du public aide-t-elle effectivement la décision ? Comment

---

3 World Commission on Dams, *Dams and Development*, Earthscan, 2000.

4 Goldsmith A., Hildyard N., *The Social and Environmental Effects of Large Dams.* Waveridhe Ecological Center, 1984 ; M. CEMEA, « Hydropower Dams and Social Impacts : A Sociological Perspective », *Social Assessment Series ESD*, Paper 044 ; The World Bank, Washington D.C., 1997 et du même auteur, *La dimension humaine dans les projets de développement.* Karthala, 1998 ; Faure A., « Des normes sociales pour les déplacements de population causés par les grands barrages », *La Revue de géographie alpine*, vol. 96, n° 1, 2008, p. 15-28 ; Scudder T., *The Future of Large Dams. Dealing with social, environmental, institutional and political costs.* Earthscan, 2005.

5 Egré D., Senécal P., « Social impact assessments of large dams throughout the world : lessons learned over two decades », *Social Assessment and Project Appraisal*, vol. 21, n° 3, sept. 2003, p. 215-225.

6 Fortin M.-J., Gagnon C., « Interpreting major industrial landscapes : Social follow-up on meanings, the case of two aluminium smelters, Alcan (Alma, Canada) and Pechiney (Dunkirk, France) », *Environmental Impact Assessment Review*, vol. 26, n° 8, 2006, p. 725-745.

se fait-elle ? Permet-elle d'aboutir à une décision plus respectueuse de l'environnement ?). La théorisation des processus de participation locale a considérablement avancé.

Plus rares ont été les recherches *ex post*, qui s'intéressent à l'intégration effective de l'équipement dans le cadre de vie des populations locales, dans la mémoire des lieux, dans les représentations collectives, dans l'identité territoriale. Étudier cette intégration paraît pourtant très intéressant et complémentaire dans l'étude de la participation. On sait que de grands projets, dont la décision a été très contestée au départ, ont donné lieu au final à des réalisations intégrées et porteuses de ressources territoriales ; mais d'autres effectivement ont été des échecs, donnant raison aux premiers opposants de la décision. Il est permis aujourd'hui de prendre du recul par rapport à cet historique de la prise de décision et de l'acceptation actuelle, dans une mise en perspective d'une cinquantaine d'années.

L'évaluation de ces dimensions est cependant très complexe. Parfois, alors que de grandes précautions en termes de prise en compte des habitants, de reconstitution du cadre de vie, ont été prises, la présence de ces infrastructures persiste à poser des problèmes d'intégration et d'acceptation dans l'environnement local (réinstallation dans un village à l'identique à Alqueva)[7]. Quel effet sur le moyen terme, une fois passé le « choc » de l'installation ? L'équipement est-il accepté, à quelles conditions : cela dépend-il de la génération (celle qui a connu « avant », et les suivantes), de la participation locale au fonctionnement (emploi, retombées financières locales) ?

Nous pensons qu'une approche par le paysage, au sens « berquien » de médiance, permettrait une évaluation globale de cette question d'intégration sociale. Cette approche propose d'établir un lien entre aspect visuel, relations fonctionnelles à l'espace biophysique (pratiques et matérialité), et représentations des populations locales : c'est dans une bonne conjonction, une bonne médiance, entre ces trois dimensions (aspect, pratiques, représentations), que les beaux paysages, les paysages durables pourrait-on dire, se construisent. L'aménagement dans ces conditions, non seulement, pourrait être considéré comme accepté, mais même il pourrait devenir ressource territoriale pour les populations locales[8].

---

7 Wateau F., « Reproduire un village à l'identique : Alqueva », in Bonin S., Blanc N. (dir.), *Grands barrages et habitants. Les risques sociaux du développement*, Quae, 2008, p. 77-99.

8 Bonin S., « De l'eau à la ressource territoriale ? Réflexion à partir de l'aménagement de la Loire et de la Garonne », colloque *La notion de ressource territoriale*, Le Pradel 14-15 octobre 2004, 7 p. [CD-ROM]

La démarche exploratoire menée part d'un certain nombre de principes acquis, et de choix :

1. Privilégier les représentations et les pratiques des habitants, de la communauté directement concernée par le projet, dans la question de l'acceptabilité sociale des équipements énergétiques. Il a été montré, à propos des conflits locaux contre les éoliennes, que le problème n'était pas un « syndrome NIMBY » égoïste, mais la sous-estimation de la valeur des impacts paysagers pour les populations locales[9].

2. Considérer que l'insertion des constructions dans le paysage local est un facteur important d'acceptabilité sociale, mais qui ne se pose pas seulement en terme visuel, ni en termes de formes du bâti, mais concerne d'abord un accord avec le cadre de vie, ses données environnementales et sociales, dans leurs caractéristiques biophysiques, plurisensorielles et esthétiques[10].

3. Poser le problème en termes de paysage et de bien-être individuel et social : les aménagements paysagers à prévoir pour « compenser les sensations désagréables provoquées par les configurations de l'urbanisme et des aménagements divers » nécessitent des approches complexes, parce qu'elles associent les multiples dimensions du vécu des individus[11].

Nous présenterons tout d'abord quelques éléments des représentations à l'échelle globale des paysages étudiés, les paysages « vus de loin » en quelque sorte ; ce sera l'occasion de présenter les terrains d'étude. Mais notre recherche s'est surtout centrée sur les paysages vécus, les paysages de proximité. Il s'agit d'aborder le problème de l'expérience esthétique des habitants proches de l'équipement, et en particulier la relation paysagère liant les habitants, la rivière, et l'équipement électrique. Plusieurs travaux sur ces questions de « paysages vécus » ont en effet montré le rôle de motifs paysagers qui font « prise » dans la relation des habitants à leur environnement, des éléments matériels qui font paysage. On s'est donc, dans les enquêtes, focalisé sur deux de ces éléments qui, en hypothèse, pouvaient constituer ces « prises » paysagères : la rivière, et l'aménagement électrique.

---

9 Wolsink M., « Planning of renewables schemes : deliberative and fair decision-making on landscape issues instead of reproachful accusations of non-cooperation », *Energy Policy*, n° 35, 2007, p. 2692-2704.

10 Dakin S., « There's more to landscape than meets the eyes : towards inclusive landscape assessment in resource and environmental management », *The Canadian Geographer*, vol. 47, n° 2, 2003, p. 185-200.

11 Luginbühl Y., « Paysage et bien-être individuel et social », in *Paysage et développement durable : les enjeux de la Convention européenne du paysage*, Conseil de l'Europe, 2006, p. 41.

Trois situations étudiées, deux types d'infrastructure de production électrique, trois modèles paysagers

Deux communes différentes ont été choisies par rapport à une interrogation sur le rôle possible du type d'aménagement : une commune riveraine d'un lac de barrage, mis en eau en 1957 ; une commune proche d'une centrale nucléaire, construite en 1957 (mise en service en 1963). Enfin, les réponses obtenues ont pu être mises en regard d'enquêtes réalisées auprès d'habitants riverains de la Loire, dans des communes non marquées par un grand équipement, prises le long du fleuve : Brives-Charensac, Decize et Saint-Florent-le-Vieil[12]. Des enquêtes semi-directives sur l'appréciation du cadre de vie, et sur les pratiques et la qualification des espaces de proximité ont été réalisées auprès d'habitants. Une vingtaine d'entretiens ont été effectués sur chaque commune, en essayant de s'approcher de la composition sociologique grossière et moyenne des populations communales (rapport homme-femme, structure par âge au-dessus de 18 ans, par catégories socioprofessionnelles). Le choix des enquêtés a aussi cherché à diversifier la durée de résidence dans la commune, ainsi que le quartier de résidence. Mais la qualité des interviewés a été conditionnée par une mise en contact avec l'aide de la mairie et des associations locales. Il est important de noter que, partout, au bout d'une dizaine d'entretiens, on constate des redondances, des lieux cités identiques, des critères de fréquentation ou d'appréciation proches. Cela donne une valeur plus qu'anecdotique aux entretiens, même si la prétention à refléter toute la population est bien entendu impossible à assurer. Les discours obtenus ont été soumis à une analyse de discours qualitative et lexicométrique, en particulier sur les qualificatifs de la rivière. Le fait de rester dans un même bassin versant, et même le long d'une même rivière, avec la même mise en perspective temporelle permet d'être dans un même cadre identitaire, et de maintenir en quelque sorte le maximum de conditions paysagères « égales par ailleurs ».

Le barrage de Grangent et Saint-Victor-sur-Loire

La situation géographique de ce site est le sud des monts du Forez. La vallée de la Loire y alterne bassins et gorges. Les deux principaux secteurs de gorges du département de la Loire sont noyés par les réservoirs de barrages : à une soixantaine de kilomètres en aval de celui de Grangent, après le bassin du Forez, se trouve le barrage de Villerest. Les plateaux alentour ont un vallonnement marqué. Le village de Saint-

---

[12] Bonin S., *Paroles d'habitants, discours sur les paysages : des modèles aux territoires. L'évaluation des paysages du fleuve Loire du Gerbier-de-Jonc à Nantes.* Thèse de doctorat de géographie, Université Paris 1, 2002.

Victor-sur-Loire lui-même s'étage de son église à la surface d'un plan d'eau, à 420 m d'altitude. Ce plan d'eau date de la mise en eau du barrage de Grangent, en 1957. L'ensemble se situe à une quinzaine de kilomètres à l'ouest de Saint-Étienne, et est devenu depuis 1969 un quartier détaché de cette commune : la présence du plan d'eau, d'une base nautique et d'une plage largement fréquentés par les Stéphanois, explique très bien cette phagocytose administrative mais aussi, peut-être d'abord, symbolique qu'a entraîné le barrage. Cet édifice est un barrage-voûte en béton, de 55 m de haut, avec un volume de retenue de 57 millions de m^3 : il appartient donc à la catégorie des grands barrages pour son époque. En amont de Saint-Just-Saint-Rambert, il est d'abord conçu pour produire de l'hydroélectricité, mais aussi pour le soutien d'étiage. Il a créé un plan d'eau de 365 ha, s'allongeant en amont sur 21 km, qui est l'élément paysager fort de la région, dans les sites internet, les guides touristiques, et la communication de l'office de tourisme. Comme le relève une de ces sources, « tout le monde s'accorde à dire aujourd'hui que tant sur le plan des loisirs que sur celui de la régulation du fleuve et l'irrigation de la plaine, le lac s'est parfaitement intégré dans le paysage »[13]. Le qualificatif le plus souvent rencontré dans cette communication touristique est « magnifique ». Les images les plus fréquentes sont le château de Grangent, un monument historique qui s'est retrouvé entouré par les eaux et est donc maintenant sur une île ; le barrage lui-même pris en amont (vue de la retenue donc, et non de la rivière en aval) ; la vue du lac depuis le village et depuis le château d'Essalois, sur la rive en face, ce qui permet de saisir le château de Grangent ; la plage de sable bien fréquentée, le port de plaisance ; enfin, le barrage vannes ouvertes, vu d'aval donc dans ce cas. On verra que les décalages entre ces représentations touristiques et les représentations des habitants sont particulièrement importants, sauf pour cette dernière image.

La centrale d'Avoine-Chinon et Chouzé-sur-Loire

La situation est bien plus en aval du fleuve que précédemment, les paysages environnants sont ceux du Val de Loire et des coteaux entre Touraine et Saumurois. Le site nucléaire s'est installé à la même période que la construction du barrage de Grangent : la première centrale, construite en 1957, est entrée en fonctionnement en 1963. La conception architecturale de la centrale, par Pierre Dufau, est réputée pour une prise en compte importante du paysage, liée à l'exemplarité qu'Électricité de France (EDF) voulait donner à ce premier ouvrage nucléaire, mais aussi à la proximité du château classé de Chinon. Ainsi, la hauteur des tours a été limitée à 28 m, et le globe de la centrale, dénommé « Radôme », a

[13] Site internet www.jedecouvrelafrance.com, consulté le 15 avril 2011.

été largement photographié, y compris par des artistes[14]. Le globe a offert d'ailleurs une des vues les plus utilisées dans les ouvrages sur le nucléaire. Il a aujourd'hui été transformé en musée. Le village de Chouzé-sur-Loire se trouve à trois kilomètres à vol d'oiseau du site nucléaire, sur l'autre rive.

La même analyse des sources touristiques a été réalisée (sites internet, guides touristiques, cartes postales, publications présentant Chouzé et la centrale) : on constate une autonomie importante des représentations de la commune de Chouzé-sur-Loire par rapport à celle de la centrale. Elle est surtout présentée comme un ancien port marinier, préservé des dynamiques urbaines, à la population quasi constante depuis plusieurs décennies, et typique de ces villages très protégés du Val de Loire. Les vues les plus fréquentes sont celles du quai avec le fleuve, vu d'amont ou d'aval, parfois avec l'île en face ; mais la centrale n'est pas incluse. Même les vues aériennes obliques, présentant le village et le fleuve, sont cadrées de façon à ne pas avoir le site nucléaire. Les autres images véhiculées sont celles des monuments alentour, ou d'un patrimoine plus rural. Les éléments les plus célébrés dans les discours et les images sont l'ancienne marine, avec parfois des manifestations autour d'anciens bateaux restaurés, le passé du village, mais aussi les valeurs écologiques des bords de Loire et de ses îles (végétation, oiseaux, etc.). À une échelle globale, on a donc deux modèles paysagers qui coexistent en s'ignorant : celui du site nucléaire, modèle architectural plus que paysager, « cathédrales du XXe siècle », mais isolées de leur environnement ; celui du paisible village ligérien, avec ses quais, ses maisons derrière la levée, sa végétation et sa faune caractéristiques.

Bien que d'une toute autre façon que précédemment, on verra que, ici aussi, les décalages sont importants entre les discours des habitants et ces représentations touristiques, sauf en ce qui concerne les valeurs écologiques, naturelles, de ces paysages.

Les représentations des habitants, perturbées de façon très différente selon le type d'infrastructure

L'analyse de discours des habitants sur les changements paysagers liés à l'ouvrage permet de distinguer trois thèmes :

- Le rapport au fleuve, et au-delà à l'environnement local, est-il perturbé par l'ouvrage ?
- Quelle est la perception de l'ouvrage lui-même, qu'est-ce que les habitants voient dans l'ouvrage, notamment lorsque l'enquêteur amène ce sujet ?

14 Doisneau R., *La Loire – Journal d'un voyage 2*, Filipachi-Denoël, 1978, p. 78.

– Qu'est-ce que les habitants évoquent en premier lieu lorsqu'ils citent spontanément l'ouvrage dans leurs discours sur leur commune, en dehors de toute catégorie préconçue de l'enquêteur ?

Des citations particulières, individuelles, sont données, codées par une lettre indiquant le lieu d'enquête (C : Chouzé ; V : Saint-Victor-sur-Loire) et un numéro. Il faut les comprendre comme des illustrations d'opinions très fréquemment rencontrées, qui sont largement partagées par nos interviewés. Elles n'ont donc pas de représentativité statistique mais servent à partager une ambiance et une qualité de description des paysages propre aux habitants.

Modification du rapport à l'environnement local

Les habitants riverains de la Loire ont un rapport esthétique et identitaire fort au fleuve, identifié lors d'enquêtes précédentes sur d'autres communes du fleuve[15] : la Loire constitue une priorité parmi tous les éléments du cadre de vie, elle focalise les préférences paysagères, donne lieu à de multiples rituels intimes, familiaux ou plus collectifs. C'est aussi le principal élément identitaire pour ces communautés. On retrouve également (presque) partout les mêmes descriptions du fleuve pour expliquer une telle relation, qui est donc bien basée sur une expérience commune : insistance sur la lumière, les couleurs changeantes, sur l'ambiance créée, les bruits, sur la dynamique vivante de l'eau, le suivi des crues et des étiages, de la faune (oiseaux et poissons surtout), de la végétation naturelle particulière.

On retrouve tous ces éléments, ces prises paysagères, à Chouzé-sur-Loire. Ils font des bords de Loire un cadre de vie d'exception, vécu comme tel. À quelques centaines de mètres à vol d'oiseau de la centrale, une habitante décrit : « l'île en face, bon, c'est broussailleux, comme toutes les îles en rivière, mais c'est tellement agréable, c'est la vie sauvage, c'est superbe. Si on n'avait pas le clocher qui sonne et qui vous rappelle de temps en temps que vous êtes dans un pays civilisé, on a l'impression d'être ailleurs » (C2) ; « c'est un fleuve qui est constamment en mouvement » (C5). Une grande importance est accordée à la montée des eaux, et les moments préférés sont souvent ceux de hautes eaux : « Quand je la vois un peu plus de ma fenêtre, je sais qu'elle a monté, je vais voir où elle en est. On y va surtout comme ça, nous les habitués » (C2).

On retrouve ces témoignages d'un contact ritualisé au fleuve chez un journaliste, qui, comme la plupart des enquêtés, fait abstraction de la

---

[15] Bonin S., *Paroles d'habitants (...)*, *op. cit.*, et « Habiter en bord de Loire », *Revue 303, arts, recherches et créations*, n° 75, 2003, p. 308-316.

centrale nucléaire (celle-ci n'est pas oubliée pour autant, mais traitée à part) :

> À Chouzé, en fin de journée, de petits groupes se forment sur les bords du fleuve, comme si on allait à une célébration. On prend un chemin à peine goudronné. La Loire est ici amazonienne, se scinde en de multiples « rios » où règne une jungle obscure de saules aux tempes argentées à l'automne, de peupliers, droits comme des échassiers, de frênes têtards, les pieds dans l'eau, entrelaçant leurs racines. Cette mangrove ligérienne constitue de petits îlots, aménagés naguère par l'homme, et qui, depuis que la navigation a disparu, se sont ensauvagés[16].

La centrale nucléaire, à partir du moment où elle n'a pas modifié la dynamique du paysage de Loire, est isolée des alentours, considérée à part, sans lien avec le cadre de vie, hormis comme événement socio-économique pour la commune.

Ce rapport esthétique, que l'on retrouve, sous différentes morphologies fluviales, ne se retrouve plus auprès des habitants de Saint-Victor-sur-Loire. D'abord, le fleuve ne focalise plus en priorité les préférences paysagères : le plateau, les forêts alentour sont tout autant mentionnés voire plus, pour les vues ou les promenades préférées. Les plantes signalées (genêts, résineux, châtaigniers, cerisiers) de même que la faune (chevreuils, rapaces) témoignent d'une banalisation du cadre de vie. Il n'y a pas d'unité dans les « rituels » paysagers, ni dans les lieux préférés. Le moteur identitaire ne s'est pas reporté sur le lac ; mais il s'est dissous en diverses motivations individuelles. Le lac est lui l'objet d'une dépossession du point de vue des habitants ; peut-être même est-ce l'élément qui cristallise le problème de l'appropriation de la retenue comme cadre de vie. Il n'est par exemple appelé « lac » que par les professionnels du tourisme. La plupart des habitants parlent eux du « barrage », y compris pour désigner la retenue, ou de la « base » nautique (« je descends à la base », pour dire au bord de la Loire, à Saint-Victor), et parfois du « plan d'eau ». Mais ces termes soulignent tous le caractère artificiel ; et la distinction avec la Loire. Elle évoque pour les habitants la rivière courante, soit en aval, mais le plus souvent en amont. La retenue est aussi occupée par des activités de loisirs « lourdes » matériellement et financièrement (navigation), aménagée dans une perspective touristique régionale (pour Lyonnais et Stéphanois surtout). Il est de plus peu accessible aux habitants. En dehors de la base de loisirs, les accès sont abrupts, les berges sont souvent réglementées par le statut de réserve naturelle d'une grande partie du secteur, et l'eau est parfois peu attirante (eutrophisation en été). La partie la plus accessible a quant à

---

16 Guyotat R., « Les rendez-vous amoureux des bords de Loire », *Le Monde*, 25 novembre 2004.

elle été aménagée en plage, qui est surfréquentée (par Stéphanois et Lyonnais) les weekends et les étés, et dispose de ce fait d'une image négative : « Pousser la fesse du voisin pour mettre la sienne, oh non… » On peut aussi ajouter que le lac a séparé fortement les deux berges.

Finalement, le réservoir du barrage n'est pas un paysage vécu pour les habitants, au sens d'une relation esthétique et affective. C'est « en creux », comme lieu de mémoire, qu'il existe pour eux : même pour ceux qui n'ont pas connu « l'avant » barrage, le spectacle des basses eaux qui découvrent certains vestiges de la ligne de chemin de fer notamment, attire toujours l'attention.

Des ouvrages perçus isolément de l'environnement local

Alors que l'attention des aménageurs se focalisait sur les parties construites, il faut reconnaître que celles-ci apparaissent peu dans les discours sur l'environnement local : les tours de réfrigération, ou le mur, sont peu vus. L'environnement de Chouzé est d'abord décrit comme ancien port, village en bord de Loire. Les panoramas préférés sont décrits pour les vues sur le coteau, un château, le fleuve, le lac, les gorges, mais les bâtiments pourtant massifs visuellement ne semblent pas vraiment perçus. On a pu me dire à propos de la centrale nucléaire : « je crois que les gens l'ignorent ici. Il est beaucoup plus dangereux d'habiter à côté d'une centrale thermique » (C5) ; « la centrale, c'est très ciblé ici, c'est une nuisance du paysage très local » (C6).

Lorsque l'on sollicite les habitants sur leur regard sur la centrale nucléaire, ce qui vient tout de suite est la peur pour la santé, la question du risque d'accident (« on joue un peu avec les allumettes » C2), le souci de l'information (« maintenant on rouspète après la vapeur. On rouspète quand on a un petit peu peur. On est obligé de se tenir très au courant. Enfin on n'est pas obligé, mais on se sent impliqué » C7). Le second thème est celui des panaches de vapeur d'eau, qui bouchent le soleil : « il arrive, tiens, on n'a pas de soleil, surtout l'hiver quand le soleil est bas » (C4).

Les enquêtes relèvent aussi des modifications liées à l'ouvrage, mineures sur le plan biophysique : des changements dans les courants liés à la construction des digues pour le canal de dérivation, et le bruit que peut faire la centrale, ressenti surtout la nuit (« Oh bah ça, vous n'êtes pas là la nuit pour les entendre, les tours moins hautes ! On a ce plaisir hein ? Et encore on n'est pas sous le vent. Elle couine en ce moment, ils ne feraient pas mal de graisser certaines turbines hein ? » C12). Avec les habitants riverains du réservoir de barrage, le risque de rupture, pourtant connu et souvent cité dans les articles de presse, n'est pas évoqué ; peut-être parce que nos enquêtes se déroulaient à l'amont. Ce qui prime est en fait le regard sur la retenue, qui prend essentiellement deux directions opposées, souvent chez les mêmes personnes d'ailleurs : celle d'un « joli plan d'eau », reposant, avec les voiliers, et celle d'une « poubelle ». « Le barrage, on n'ose plus le vider parce qu'il y a des tonnes de boues avec des... On sent que c'est un truc... c'est des faux-semblants : c'est des paysages qui sont chouettes et puis au fond de l'eau c'est dégueulasse. On sent que c'est gangrené » (V9). Notons que c'est aussi une forme de peur face à l'aménagement, et de doute sur l'information et la surveillance qui sont faites, comme pour la centrale nucléaire.

Une autre direction du regard sur l'équipement ne se retrouve pas à Chouzé-sur-Loire : c'est une nostalgie sur l'avant, y compris chez les jeunes (« Je suis nostalgique du temps où il n'y était pas. Je ne l'ai pas connu, mais j'entends... Mon grand-père quand il en parle, ça a été un peu la première mort de Saint-Victor quoi, le barrage » V7). Le principal signe de cette nostalgie est même ritualisé : il s'agit du spectacle que l'on a quand le plan d'eau est particulièrement bas, et que les viaducs sont découverts : « quand on baisse le barrage, il y a énormément de gens qui vont s'y promener, qui vont repasser sur les viaducs comme on le faisait avant [...] ça bouchonnait pour passer à pied sur un viaduc » (V6) ; « tous les gens qui ont connu avant le barrage en ont la nostalgie » (V8).

Enfin visuellement et sur l'ouvrage lui-même, les avis sont assez unanimement sans perception esthétique, ni pour la centrale nucléaire (« surtout gardez bien les bouquets d'arbres »), ni pour le mur barrage. Parfois la possibilité de ce regard est évoquée : un peintre est cité, qui a parfois pris la centrale nucléaire comme motif. En revanche, la retenue de barrage effectivement offre un spectacle souvent reconnu (« Ça a un côté irlandais », V4), même si c'est encore plus les gorges qui sont à ce titre les plus citées. C'est un regard parfois paradoxal : on va sur le mur du barrage pour voir « la Loire sauvage ». On a pu observer que les personnes marchant sur cette route au-dessus du barrage sont tournées en général côté « eau vive » et non « eau morte ».

Les effets paysagers « indirects » suggérés spontanément par les enquêtés

La centrale nucléaire, si elle est absente des discours spontanés sur l'environnement local, apparaît comme événement important de l'histoire de la communauté, au titre des emplois, des bénéfices pour les communes, au moment du chantier et dans la durée. C'est donc au titre du développement compris dans un sens économique très classique que la centrale est la plus présente dans l'image que les habitants se font de leur paysage (« C'est pas très joli, mais c'est très utile » C2).

L'expression de ce changement est encore plus forte pour le barrage, symbole d'une époque, représentant un changement majeur de la vie de la commune qui en a entraîné beaucoup d'autres : augmentation de la population, développement des loisirs nautiques, fusion avec Saint-Étienne. « C'est avec le plan d'eau que s'est développé le village » (V5, qui par ailleurs décrit ce développement négativement à titre personnel : hausse des impôts locaux, surfréquentation les weekends, circulation automobile). L'attention se porte aussi sur différents effets indirects, négatifs. Le barrage est accusé d'avoir changé le climat : « même le climat, ça a changé le climat le barrage » V5 : plus sec, le plan d'eau aurait pour effet de détourner les orages, d'avoir fait disparaître les cerisiers. Avec le temps enfin, se renforce l'image d'un barrage qui retient, qui stocke, donc accumule les pollutions, les rejets chimiques, les déchets flottants qui sont souvent cités (cela rejoint l'image du plan d'eau-poubelle déjà évoquée). Cette image est aussi présente pour les habitants de l'aval, et est donc très partagée :

> ce qui a fait beaucoup de mal au point de vue pêche, c'est qu'il y a des retenues. Les barrages, c'est très bien, ça a un autre avantage. Mais au point de vue pêche, on garde l'eau pendant quelques mois, après y'a de la vase qui se met, y'a des algues des machins comme ça, après on ouvre les barrages : toute l'eau qui est sale, ça fout le camp. Les poissons, ils prennent ça, ils en prennent plein la gueule comme on dit (C9).

En positif, c'est surtout le spectacle du barrage au moment des grandes crues qui revient, et qui justifie le déplacement au mur du barrage : « si vous êtes au pied du barrage un jour de crue, vous voyez les trois vannes ouvertes, c'est impressionnant une gerbe qui monte à 70 m de haut. Vous avez une sensation de puissance là, c'est grandiose. Mais c'est à titre exceptionnel » (V14).

Conclusion

En mettant en regard ces situations d'aménagement différent, on a montré que le rapport à la rivière n'est pratiquement pas affecté par la présence de la centrale nucléaire, même si des problèmes paysagers persistent ; alors qu'il est pratiquement « tué » par le barrage, qui donne lieu à une dépossession du paysage de rivière par les habitants qui, du coup, reportent leurs pratiques et leurs préférences paysagères sur l'amont notamment, ou sur les autres types paysagers de la région. Le lac qui a été créé par le barrage est devenu un paysage spectacle pour « les autres », mais n'est plus un paysage vécu pour les habitants.

On retient de ces enquêtes :

1. Que la proximité des grands équipements témoigne d'une réelle communauté de système de représentations à l'échelle locale ; mais for-

tement distincte selon, non pas, le type d'équipement, son « imaginaire », ses représentations « globales », mais selon les modifications induites, directes ou indirectes sur l'environnement dans un sens très large (bruit, nuages, courants, morphologie des berges, etc.).

2. Que les perturbations dans les interactions hommes-rivières sont certes liées à des modifications environnementales, des modifications de pratiques sociales et de fonctions utilisées pour la rivière, mais aussi d'interactions liées à l'appropriation des espaces.

3. Que les aménageurs/opérateurs pourraient sans grands frais se préoccuper de cette échelle locale des représentations, notamment parce qu'elles sont liées à des pratiques. On peut donc envisager de répondre à un certain nombre d'attentes locales en matière d'aménagement de berges, d'accès à établir, ou au contraire de sites à laisser libres.

Les paysages électriques à travers les documents patrimoniaux

Les sources des archives historiques d'EDF

Virginie PARENT

Au sein du Groupe Électricité de France (EDF), le service EDF Archives, assure la conservation des archives historiques d'EDF mais aussi de celles des sociétés d'électricité ayant existé avant 1946. Il s'agit là de sources majeures de l'histoire de l'électricité, renfermant de nombreuses informations sur les représentations du paysage modélisé de l'électricité à travers les décennies.

Cette communication n'a pas pour but de retracer l'histoire d'EDF, ni même de dire comment à travers les époques EDF a façonné le paysage français depuis sa création, mais plutôt de décrire les fonds d'archives historiques conservés par EDF Archives et qui contribuent à documenter le sujet des « paysages électriques ».

L'observation des paysages au sein des archives passe par les collections iconographiques. Une présentation de quelques clichés donnera un aperçu de la richesse des archives conservées.

Les sources conservées par le service EDF Archives

Les archives conservées au sein d'EDF Archives sont le reflet de l'histoire de l'entreprise. La nationalisation de l'électricité en 1946 par la loi du 8 avril donne naissance à EDF, ce qui marque une césure fondamentale dans les archives conservées par EDF. Ainsi deux fonds bien distincts ont été constitués : le fonds des archives antérieures à 1946, appelé fonds des anciennes sociétés[1] et celui d'EDF, postérieur à 1946.

Fonds des anciennes sociétés de l'électricité et du gaz

Le fonds des anciennes sociétés concerne les archives antérieures à 1946. Il a été constitué au moment de la nationalisation par la collecte des documents nécessaires à l'indemnisation des anciens actionnaires et

1 Le fonds des anciennes sociétés est aussi appelé fonds des ex-sociétés.

à l'intégration des salariés des sociétés privées qui produisaient, transportaient et distribuaient l'électricité et le gaz.

Ce fonds comprenant 2,4 kml[2] d'archives est entièrement inventorié. Il a fait l'objet d'une publication en deux tomes s'intitulant *Mémoire écrite de l'électricité et du gaz. Les archives des anciennes sociétés*[3], élaborée en 1990 et 1992 par la Direction des affaires générales, Centre des archives historiques EDF de Blois.

Ces deux ouvrages recensent plus de 1 400 anciennes sociétés d'électricité et du gaz classées par groupes. Il y a 52 groupes et, à l'intérieur de chacun, les sociétés ont toutes reçu un numéro d'ordre. Chaque société fait l'objet d'une notice plus ou moins importante selon les séries. La notice comprend deux parties distinctes : la carte d'identité qui donne les éléments d'identification juridique et la description proprement dite des sources d'archives.

Pour chaque ancienne société, le plan de classement adopté est identique, à savoir : constitution de la société, archives de direction, relations entre les partenaires professionnels[4], administration générale, immobilier, activité financière, comptabilité, juridique et contentieux, activité technique, activité commerciale, personnel et nationalisation[5].

Il n'existe pas de séries spécifiques sur le paysage. Le paysage apparaît à travers les constructions, les travaux, l'activité d'une société produisant, transportant ou distribuant de l'électricité.

Ces sociétés ont façonné le paysage de l'électricité avant 1946 ce qui est visible dans de nombreuses séries à commencer par les archives de direction où l'on peut trouver des « décisions » d'engagement de travaux. En comptabilité, on parle de dépenses pour les travaux. Dans les dossiers de contentieux, on évoque les déplacements de lignes électriques[6]. Les travaux d'électrification[7] sont aussi largement abordés dans

2 Kml : kilomètre linéaire, unité de mesure archivistique.

3 La publication en deux tomes est disponible en salle de lecture d'EDF Archives à Blois.

4 Il s'agit là des relations avec les sociétés sur l'électricité et le gaz.

5 Cette rubrique ne regroupe pas les archives des anciennes sociétés mais tous les documents liés à la procédure de nationalisation : intégration du personnel, transfert des valeurs et des concessions à EDF et GDF, dissolution et indemnisation de la société. Ces documents permettent souvent de retracer l'historique de la société.

6 EX.01.01 Énergie industrielle, cote 719615 : contentieux entre l'Énergie industrielle et l'État relatif au paiement des frais occasionnés par le déplacement d'une ligne électrique imposé par le préfet de la Drôme pour l'élargissement de la route nationale n° 7 (1941-1944).

7 EX.01.01 Énergie industrielle, cote 719638 : aménagement des lignes Tivernon-Villemandeur, Tivernon-Montargis, Chaingy-Tivernon-Chartres, Tivernon-Luisant

la partie activité technique ainsi que les aménagements hydrauliques[8] pour ne citer que quelques exemples.

On peut noter que la rubrique sur l'activité technique, qui regroupe tout ce qui a trait à la construction, l'équipement et l'exploitation des ouvrages de production, transport et distribution d'énergie, reste la plus riche pour étudier le paysage électrique.

Fonds EDF

Le fonds EDF débute à partir de 1946. Il est scindé en deux sous-fonds :

un sous-fonds EDF pour les directions propres à EDF ;

un sous-fonds des directions mixtes pour les archives comprenant à la fois des services dépendant des entreprises d'Électricité de France et de Gaz de France (GDF).

Ce fonds, composé de 4,8 kml d'archives, couvre les différentes fonctions de l'entreprise qu'elles soient administratives, techniques, commerciales, comptables, gestion des ressources humaines, etc. Il est principalement constitué par les documents versés par les directions centrales. On observe donc une prédominance de documents à caractère décisionnel et administratif et encore peu d'archives d'unités d'exploitation car ces dernières sont conservées au sein des unités pour les besoins de gestion.

Qu'en est-il des archives sur les paysages au sein du fonds EDF ? Lorsque l'on saisit le mot paysage dans l'application informatique, il ne sort que six résultats[9]. Le chercheur doit donc explorer toutes les séries afin de trouver les informations qu'il recherche. Bien entendu, certaines directions sont susceptibles d'avoir des éléments plus concrets sur le paysage. C'est le cas de la Direction générale et des conseils d'administration, la Direction de la communication mais aussi la Direction de l'équipement, la Direction de la production et du transport, la Direction de la distribution.

Pour donner quelques exemples, on peut citer les dossiers de conseil d'administration qui regroupent une manne d'informations sur l'histoire des décisions. On y évoque les équipements de production, l'électrification rurale, les perspectives du réseau de transport. Dans le conseil

(1934-1935) ; travaux d'électrification dans le département des Landes confiés à l'Entreprise industrielle par la Société hydro-électrique des Basses-Pyrénées (1935).

8 EX.01.01.38 Société hydro-électrique de Lyon (SHEL), cote 713136 : aménagement de la chute de Rognaix (1930-1932).

9 Requête informatique à novembre 2010.

d'administration d'EDF n° 77 du 26 septembre 1952, en page 17[10], il est question du programme de localisation de centrales thermiques. Lorsque l'on évoque les bâtiments de production, ce n'est pas en terme architectural mais en termes de moyens de production. On y parle des choix d'implantation. Concernant le réseau de transport, les évolutions et les perspectives, on peut lire dans le conseil d'administration n° 127 du 25 mai 1956[11] qu'il est question de commande de pylônes, du programme de construction des lignes de transport pour les années 1957 et 1958 et les types à mettre en œuvre.

Au sein des archives de la Direction de la distribution, on trouve le thème de l'électrification rurale[12] avec la concertation des pouvoirs publics, l'inventaire des travaux réalisés dans le 7e plan au cours des années 1970.

Dans les archives de la Direction de la production et du transport, il peut être question de demande d'autorisation pour la traversée pour des lignes électriques dans le domaine public ou privé[13], de l'électrification de la ligne de chemin de fer Paris-Lyon entre 1946 et 1961[14]. Bien entendu, on trouve des dossiers d'aménagements hydrauliques[15], des brochures générales sur les centrales thermiques[16]. De même, les archives de la Direction de l'équipement renferment d'importantes informations sur la construction d'ouvrages.

Sources iconographiques des paysages de l'électricité conservées par EDF Archives

EDF Archives conserve de riches collections iconographiques conditionnées dans 1 500 boîtes[17], dont plus de 1 100 provenant du service de la médiathèque EDF. De nombreux clichés de paysages concernent les sites de production comme des ouvrages hydrauliques, thermiques, des

---

10 Cote 881348.

11 Cote 881349.

12 AH.205.006 EDF GDF Services – Groupement de centres Île-de-France, cote 749208.

13 AH.055.008.001 Direction de la production et du transport, Service du transport, cote 881831.

14 AH.055.004.001 Direction de la production et du transport, Service du transport d'énergie et des télécommunications, Département exploitation, cote 890119.

15 AH.055.002.02 Direction de la production et du transport, Service de la production hydraulique cote 881545 : aménagements hydroélectriques du GRPH Loire, dossier récapitulatif général du barrage du Gage II (1967).

16 AH.055.003.001 Direction de la production et du transport, Service de la production thermique, cote 800393.

17 Boîtes archives dos 10 cm.

nouvelles énergies, mais aussi des clichés sur la distribution et le transport d'énergie électrique avec les postes de transformation, des lignes. On y trouve aussi des photographies des usages de l'électricité.

Les deux photographies suivantes concernent l'usine hydro-électrique de Bellegarde-sur-Valserine et sont extraites d'une brochure présentant l'aménagement hydraulique du Rhône à Bellegarde-sur-Valserine dans l'Ain. Elles proviennent du fonds des anciennes sociétés, en particulier de la série des archives de la Société française des forces hydrauliques du Rhône. La première image est une représentation de l'emplacement de l'usine avant sa construction en 1871 et la deuxième le même paysage mais avec l'usine construite. On peut observer la transformation du paysage par l'homme.

Figure 1 : Vue avant construction de l'aménagement hydraulique du Rhône à Bellegarde-sur-Valserine en 1871[18]

[18] Cote 712497.

Figure 2 : Usine génératrice à Bellegarde-sur-Valserine en 1911[19]

Continuons sur la vague de l'eau, mais cette fois avec un ouvrage unique au monde puisqu'il s'agit d'une photographie de la centrale marémotrice de la Rance et émanant du fonds EDF, service médiathèque EDF. Cette centrale utilise l'énergie potentielle des marées. Décidée en 1959, la construction s'est déroulée entre 1961 et 1966. Pour information, nous avons des clichés de l'inauguration en présence du général de Gaulle.

19 *Id.*

Figure 3 : Vue aérienne de la centrale marémotrice de la Rance, 1977, EDF/Michel Brigaud[20]

Autre élément du paysage, ce sont les ouvrages thermiques. Le cliché en noir et blanc ci-après présente les travaux d'extension de la centrale de Saint-Ouen dans les années 1921-1925. Les centrales thermiques ont la particularité d'avoir des cheminées ce qui est un élément qui marque le paysage car elles peuvent être vues de très loin en fonction de leur hauteur.

[20] Fonds EDF, Direction de la communication, Service de la médiathèque, cote P.599 (cote provisoire).

Figure 4 : Travaux d'extension de l'usine nord de Saint-Ouen, 1921-1925[21]

Pour finir notre voyage sur les paysages de l'électricité et après avoir présenté des ouvrages de production, voici un cliché sur les lignes. En effet, l'électricité doit être transportée puis distribuée auprès des consommateurs. L'image suivante présente l'élément incontournable et omniprésent du paysage électrique, à savoir les lignes et poteaux, le pylône étant un élément fort du paysage. Elle est extraite du fonds des anciennes sociétés, de la Société du transport d'énergie Rhône-Provence et date de 1936.

[21] EX.43.21 Compagnie parisienne de distribution d'électricité, cote 789244.

Figure 5 : Ligne 150 000 V Bissorte-Montmélian, 1936[22]

Un Service dédié aux Archives historiques

EDF, grand électricien depuis sa création en 1946, a largement façonné le paysage français au cours des soixante dernières années avec des périodes intensives de construction, de transformation du paysage. La lecture des archives permet de tracer la construction de ce paysage dit « électrique » et permet ainsi de réfléchir sur son utilité.

Ainsi le service EDF Archives a pour mission de mettre à disposition ces documents à tout citoyen qui en fait la demande[23]. Une salle de lecture est accessible sur rendez-vous à Blois[24]. Vous pouvez adresser vos demandes de recherches à l'adresse suivante : archives-patrimoine@edf.fr ou par téléphone au 02 54 58 99 75.

Une équipe est disponible pour vous orienter dans vos recherches.

---

22 Cote 724098.

23 Jusqu'en 2004, les archives historiques sont des archives publiques. Après 2004, en raison du changement de statut juridique d'EDF, les archives sont privées à l'exception des archives produites dans le cadre des missions de service public.

24 EDF, Direction des services partagés – Pôle patrimoine documentaire, EDF Archives – 6, rue de l'usine à gaz – 41000 BLOIS.

Deuxième partie

Le paysage électrique comme projet : échelles, acteurs, procédures

La ligne franco-espagnole, le débat paysager et environnemental au cœur des Pyrénées

Renan VIGUIÉ

La construction du réseau électrique pyrénéen n'a pas toujours été en débat. Elle s'est souvent faite sans aucune discussion, comme allant de soi ou presque. Pourtant, les oppositions existent dès les premiers projets, mais elles ne sont encore que peu puissantes et surtout ne paraissent pas prendre une grande importance : les ingénieurs et techniciens d'Électricité de France (EDF) n'en font quasiment pas référence dans leurs rapports et études avant les années 1990. L'histoire des échanges électriques entre la France et l'Espagne[1] permet de mettre en lumière la montée progressive des préoccupations paysagères parmi les populations locales d'abord, puis chez EDF. L'idée que les lignes THT[2] viendraient gâcher un paysage pittoresque ou remarquable s'impose peu à peu jusqu'à cristalliser les tensions et créer comme très récemment une situation de blocage nécessitant en 2008 la nomination d'un médiateur européen. Autour des projets France-Espagne, le débat est fastidieux, difficile et souvent houleux entre les populations locales opposées à la construction de toute ligne électrique et EDF, puis RTE[3], chargée de le mener à bien. Bien souvent lors des échanges entre les deux parties, le paysage est défendu, mais très peu débattu, le temps n'est pas vraiment à la discussion. Ainsi, Bertrand Auban, conseiller général de Haute-Garonne, apportait sa voix au « débat » en 1996 en affirmant : « S'il faut gueuler pour empêcher cette ligne de traverser le Val d'Aran, on gueulera [...] Quand on a 400 000 volts qui passent comme ça dans sa forêt, on ne peut même plus aller y pisser »[4]. Le ton est donné... Il est trivial,

---

1 Viguié R., *Histoire des échanges électriques entre la France et l'Espagne de l'entre-deux-guerres à nos jours*, mémoire de master, sous la dir. de Bouneau C., Université Michel-de-Montaigne Bordeaux 3, 2007, 502 p.

2 Pour Très Haute Tension ; les tensions à partir de 100 000 V ou 100 kV.

3 À partir de 2000, RTE (Réseau de transport d'électricité) est le gestionnaire du réseau de transport d'électricité pour permettre selon les directives européennes de donner naissance à un marché européen de l'électricité.

4 Dans *Libération* daté du 21 novembre 1996.

vif et violent ; il reflète le degré d'attachement des populations à un paysage qui leur appartient et qu'il considère attaqué et balafré par le réseau électrique. Il ne nous faut pas seulement constater ce blocage, mais avant tout nous attacher à retracer son histoire. Comment en quelques décennies, en est-on arrivé à ce refus du débat ? Comment se sont développées et surtout imposées avec force les préoccupations paysagères autour du réseau électrique dans les Pyrénées ? Quel peut être le futur du paysage électrique pyrénéen face à ce mur infranchissable formé par les opposants ?

La naissance du paysage électrique franco-espagnol

Une construction difficile (années 1920-années 1950)

Même s'il faut attendre les années 1950 pour voir une ligne électrique traverser les Pyrénées, l'histoire du réseau électrique franco-espagnol commence dès les années 1920, c'est le temps des projets et des premiers échecs. La ligne électrique est en débat, mais un débat qui n'a rien de paysager car si les projets sont abandonnés c'est avant tout pour des raisons structurelles et diplomatiques.

Dans les archives, les entreprises françaises soulignent systématiquement la difficulté d'identifier clairement les acteurs espagnols au sein d'un secteur électrique qui est en pleine construction. En 1938, la situation semble avoir évolué et des contacts précis arrivent à être noués. Une ligne est toute proche de voir le jour, il s'agit d'un projet catalan lié à l'exploitation du chemin de fer transpyrénéen. L'UPEPO qui gère alors le réseau électrique du grand Sud-Ouest[5] entreprend les démarches auprès d'un gouvernement français peu enthousiaste. Nous sommes alors en pleine guerre civile espagnole et l'appui énergétique de la France à la Catalogne républicaine est un sujet délicat. La presse espagnole franquiste s'en émeut, comme à Bilbao où le journal El Correo español écrit : « En fournissant cette force à la Catalogne [...], on vient rendre inutile nos efforts bien légitimes. Ce qui vient d'être autorisé nous semble tellement grave et montre tant de partialité que nous avons beaucoup de peine à croire que cela puisse être vrai »[6]. En France, c'est le journal royaliste et nationaliste L'Action française qui

---

[5] UPEPO est l'Union des producteurs d'électricité des Pyrénées occidentales, ancêtre d'EDF pour la région ; voir Bouneau C., *L'électrification du grand Sud-Ouest de la fin du XIX*e *siècle à 1946 : genèse et croissance d'un complexe énergétique*, thèse de doctorat, sous la dir. de F. Caron, Université de Paris IV-Sorbonne, janvier 1995, 2120 p.

[6] Articles de presse de décembre 1938, Archives EDF, boîte 730984.

s'oppose vivement à la fourniture de courant à « la zone rouge »[7]. Le projet est définitivement enterré avec la victoire franquiste, le paysage n'est pas encore la raison de cet échec.

Les premières et timides revendications paysagères (années 1950-années 1980)

Il faut attendre les années 1950 pour voir réapparaître dans les archives d'EDF la question d'une ligne électrique franco-espagnole, et pour la première fois le paysage apparaît comme une revendication. Il n'est pas encore l'argument qui permet l'arrêt définitif du projet, mais une première opposition qui fait date. Le projet est dorénavant basque et concerne des échanges saisonniers permettant à la ville de Biarritz d'être alimentée par l'Espagne en hiver et son homologue de Saint-Sébastien par la France en été. Un tel contrat nécessite en amont le renforcement de plusieurs parties du réseau électrique, donc la construction de nouvelles lignes dans la région du Labourd (le nord du Pays basque français). C'est dans ce territoire à l'identité forte que naît le débat sur le paysage électrique dans les Pyrénées. En 1951, le ministère de l'Éducation nationale (plus précisément la Direction architecture qui y est intégrée) tente d'attirer l'attention d'EDF sur « l'émotion soulevée » par la construction de la ligne du fait de « l'intérêt pittoresque de la région traversée »[8]. Un an plus tard, plusieurs maires des communes du Labourd (Villefranque, Urrugne et Ustaritz) déposent un recours devant le Conseil d'État. Ils protestent contre « la construction de cette ligne entreprise, réalisée sans prendre l'avis des municipalités [...] et sans avoir mis la Commission des sites à même de statuer »[9]. La question paysagère n'est absolument pas prise en compte par EDF qui n'a pas consulté la Commission des sites des Basses-Pyrénées, ni écouté les préconisations du représentant du ministère de l'Éducation nationale chargé de mission pour le contrôle esthétique des aménagements électriques. Les lettres et recours devant le Conseil d'État n'empêchent en rien la réalisation et la mise sous tension de la ligne. Les archives EDF ne laissent transparaître aucune hésitation ou débat autour du paysage, la priorité est au développement des échanges transfrontaliers, quelles qu'en soient les conséquences esthétiques pour les régions concernées.

Après cette réussite, le paysage électrique pyrénéen se construit sans embûche entre la fin des années 1950 et le début des années 1980, et plusieurs lignes vers l'Espagne sont mises en service. Peu de débats

7 *Ibid.*

8 Lettre du ministère de l'Éducation nationale à EDF, Archives EDF, boîte 890216.

9 Exposé des motifs d'opposition à la ligne Hendaye-Mouguerre au Conseil d'État, Archives EDF, boîte 890216.

paysagers transparaissent dans les archives qui célèbrent les réussites et l'augmentation des flux électriques échangés entre les deux pays. Pourtant, en 1963 est construite la première ligne 380 kV transfrontalière de France entre Rubi et Ruyères. C'est un événement important d'un point de vue technique, une innovation majeure pour l'Europe de l'électricité en plein cœur des Pyrénées. Les archives EDF ne recensent aucune revendication, chose étonnante tant on connaît les oppositions récurrentes et fortes face à ce type de projets aujourd'hui. Dans les années 1960, le temps n'est, semble-t-il, pas à la défense du paysage, mais plutôt au développement d'un paysage électrique peu contesté. Du côté d'EDF, les projets sont avant tout présentés d'un point de vue technique, les ingénieurs calculent les coûts, les possibilités d'échanges, les nécessaires adaptations des réseaux en amont, mais ne posent pas la question des régions traversées ou des populations locales rencontrées.

Il faut attendre le début des années 1960 pour voir se constituer le réseau électrique franco-espagnol. Avant cette date, les projets n'aboutissent pas ou difficilement et ils sont d'une ampleur relativement réduite en comparaison des lignes transfrontalières construites entre la France et la région rhénane, cœur industriel et urbain de l'Europe[10]. Ainsi, le débat autour des paysages de l'électricité se pose, semble-t-il, assez tardivement et surtout brusquement dans les Pyrénées. Devant la grande facilité avec laquelle s'est développé le réseau franco-espagnol, EDF et son partenaire espagnol, Red eléctrica de España (REE), vont mettre sur pied un dossier ambitieux d'une ligne dans les Pyrénées centrales entre Cazaril et Aragon. Le débat s'ouvre alors avec fracas et laisse des traces encore perceptibles aujourd'hui.

Cazaril-Aragon, le paysage pyrénéen en débats

Nouveau projet, nouveau contexte : Cazaril-Aragon face au paysage pyrénéen

C'est dans les années 1980 que va naître ce grand projet entre les postes de Cazaril (côté français) et Aragon (côté espagnol). Divers tracés sont à l'étude et le choix est arrêté en 1984 : c'est la vallée du Louron qui a la préférence des deux parties. La décision est prise en fonction de deux principaux critères, le coût de construction et l'impact paysager car EDF comprend que cette traversée des Pyrénées centrales pose un véritable problème d'intégration des ouvrages. Plusieurs documents issus des archives EDF soulignent cette nouvelle préoccupation paysagère car

---

[10] Barrère J., *La genèse de l'Europe électrique : les logiques de l'interconnexion transnationale (début des années 1920-fin des années 1950)*, mémoire de maîtrise, sous la dir. de C. Bouneau, Université Michel-de-Montaigne Bordeaux 3, 2002, 552 p.

ce projet de ligne ne peut éviter de passer à proximité de nombreux domaines skiables (Les Agudes, Luchon ou encore Superbagnères) ou de sites remarquables (le Pla d'Adet, le site de l'hospice de France de Luchon ou bien le lac d'Oô)[11].

Dans cette région, le paysage n'est plus un simple environnement, il est un produit qui attire de nombreux touristes en hiver comme en été. On comprend alors comment la revendication paysagère a pu prendre une telle ampleur, il s'agissait non seulement de lutter contre la défiguration du paysage, mais aussi de défendre le développement économique régional. Pourtant, le tourisme et l'électricité avaient su former un couple parfait dans les premiers temps de l'électrification des Pyrénées : les lignes représentaient alors un signe évident de modernité et de confort. Le projet de liaison électrique entre Cazaril et Aragon met en relief un rapport nouveau au paysage et à l'identité régionale devenus un potentiel économique et touristique à protéger ainsi qu'un signe de distinction face à la concurrence.

Symbole de cette évolution, EDF édite en 1987 une petite brochure intitulée *Les lignes électriques à très haute tension et le paysage*. Document pédagogique à l'usage des ingénieurs du service du Transport. Les auteurs y développent l'idée du mimétisme, il s'agirait d'aider à l'acceptation des ouvrages par le mimétisme des formes et des couleurs locales. À travers ce document, on constate l'indéniable progression de l'idée paysagère chez EDF ainsi que la prise en compte du déficit d'éducation des ingénieurs dans ce domaine. En effet, les archives sont pleines de rapports techniques, de statistiques et de plans de pylônes, mais ne comptent que peu d'études sur l'insertion des ouvrages malgré l'augmentation des documents juridiques liés aux contestations des lignes. En introduction de cette brochure, les auteurs font un constat assez pertinent de la situation des ouvrages électriques en insistant sur « les contradictions d'une société qui bénéficie des produits issus de ses propres techniques, mais qui ne parvient pas à s'identifier au travers des signes et des symboles engendrés par ces techniques »[12]. La remarque est lucide et plutôt inquiétante pour EDF, elle prend même des allures quasi prophétiques quand on connaît la réaction des populations locales face au projet Cazaril-Aragon.

---

11 Archives EDF, boîte 852450.

12 *Les lignes électriques à très haute tension et le paysage. Document pédagogique à l'usage des ingénieurs du service du Transport*, Groupement EDF du CERT, 1987, p. 3.

Un débat juridique complexe

Dès le dépôt par EDF de la Déclaration d'utilité publique (DUP) en 1988, les associations de protection de la nature se mobilisent contre le projet et parviennent à une suspension de la DUP jusqu'en décembre 1989. Dans le courant de l'année 1990, alors qu'EDF s'attache à réunir l'ensemble des autorisations administratives nécessaires (permis de construire, autorisation d'exécution, arrêté de mise en servitude), les opposants saisissent le tribunal administratif de Pau. Les ministres de l'Environnement et de l'Industrie demandent alors à EDF d'attendre la décision du tribunal qui suspend l'exécution du permis de construire avant de se prononcer sur la légalité du permis de construire. Les Espagnols ne connaissent pas de tels ralentissements et s'inquiètent de ne voir aucun pylône s'élever de l'autre côté des Pyrénées, ce qui rendrait leurs investissements inutiles. EDF refuse de repousser encore plus le projet et fait appel de la décision paloise devant le Conseil d'État : en 1994, la DUP est validée, le sursis annulé. EDF peut souffler et reprendre la construction, tout en attendant le jugement du tribunal administratif de Pau sur la légalité du permis de construire. À la fin de l'année 1994, le permis de construire est annulé par le tribunal palois. Le projet violerait le Code de l'urbanisme et porterait atteinte aux sites de la forêt de Nistos, de la vallée du Louron et du vallon de la Pez. EDF tente sa dernière carte devant la cour administrative de Bordeaux qui infirme le jugement du tribunal de Pau en janvier 1996. La ligne a désormais un statut légal, mais également une opposition renforcée et légitimée par la décision de la cour locale de Pau. Le débat orchestré par tribunaux et cours d'appels interposés a mis en lumière la revendication paysagère des populations locales bien décidées à refuser cette ligne.

Le politique s'empare du débat

D'abord engagé aux côtés d'EDF dans la signature des contrats et la finalisation du projet, le gouvernement français prend rapidement conscience de l'enjeu que représente cet aménagement. Il demande donc à EDF d'étudier d'autres possibilités de liaisons, et cela dès le début de l'*imbroglio* administratif et juridique qui oppose l'entreprise et les associations de défense de la nature. En 1991, Dominique Strauss-Kahn, alors ministre délégué auprès du ministre de l'Industrie, expose la position française : « Compte tenu de l'évolution des réseaux électriques […] et de l'impact environnemental d'un tel projet de construction, le gouvernement français souhaite évaluer les différentes solutions techniques d'interconnexion franco-espagnole »[13]. Cette demande gouvernementale sonne comme un désaveu pour EDF qui se trouve dans une

[13] Archives EDF, boîte 852290.

position délicate, devant faire face aux oppositions locales et manquant de soutiens gouvernementaux. Les responsables du projet comprennent que l'enjeu paysager est au cœur des difficultés et bien qu'ils s'opposent à toute autre liaison (le choix de Cazaril-Aragon relevant d'une longue série d'études et d'arbitrages), ils proposent de minimiser l'impact de la ligne en démontant l'autre artère franco-espagnole implantée dans le cirque de Gavarnie. C'est encore trop peu pour le gouvernement français et en février 1996, Alain Juppé alors Premier ministre annonce l'annulation totale du projet dans un communiqué qui fait date pour l'histoire des relations électriques transfrontalières, des Pyrénées électriques et des paysages de l'électricité :

> Monsieur Alain Juppé, après concertation avec les ministres intéressés, a décidé de ne pas poursuivre les travaux de construction de la ligne électrique à 400 000 volts Cazaril-Aragon qui devait traverser les Pyrénées. Monsieur Alain Juppé a été particulièrement sensible aux efforts fournis depuis des années par les habitants de la vallée de Louron qui ont fondé le développement économique de leur région sur la valorisation de leur patrimoine naturel et culturel. Il s'agit à travers ce choix qui permettra la protection d'un site remarquable de bien marquer la volonté du Gouvernement de faire de la défense de l'environnement et notamment du paysage, une priorité[14].

Le débat autour du projet de ligne est définitivement clos par le Premier ministre qui reconnaît explicitement le développement régional axé autour d'un patrimoine désigné « naturel » reposant sur les sites remarquables, l'environnement et le paysage. La priorité est au paysage consommé par l'activité touristique. Alain Juppé affirme la difficile compatibilité voire l'incompatibilité entre la ligne et le développement du tourisme dans les Pyrénées. Il affirme la prééminence économique et sociale d'un paysage naturel ou présenté comme tel, notamment pour l'activité touristique, face au paysage électrique.

Vers la fin du paysage électrique pyrénéen ?

Un puissant réseau d'opposants

Les opposants à la ligne sont légitimés et renforcés par le rejet du projet. Les décisions du tribunal de Pau et surtout d'Alain Juppé viennent appuyer leur combat et lui donner une puissante réalité juridique et politique. Cette victoire des anti-THT résonne en écho dans toutes les vallées pyrénéennes. Ainsi, lorsqu'un autre projet voit le jour dans les Pyrénées-Orientales, les opposants n'hésitent pas à faire référence à Cazaril-Aragon : « Comment fait-on quand on n'a pas la réputation de savoir poser des bombes, ou quand on ne possède pas un élu Premier

---

[14] http://discours.vie-publique.fr/notices/962002700.html (visité le 23 mars 2012).

ministre pour éviter la menace d'une ligne 400 000 volts coupant à travers plaines et montagnes ? »[15]

En réalité, dans les Pyrénées-Orientales, même sans bombe et sans Premier ministre, la région parvient à repousser le projet de ligne grâce à la mise en place d'un réseau d'opposants extrêmement bien structuré et totalement interconnecté autour de trois pôles. D'abord, les populations locales regroupées au sein du collectif « Non à la THT » qui a pour objet « l'opposition au passage des lignes THT dans le département des Pyrénées-Orientales ». Elles se font entendre lors de manifestations, la plus importante ayant rassemblé 10 000 personnes à Perpignan en 2003 ; ou de nombreux sites web. Ensuite, le journal local *L'Indépendant* catalan qui relaie régulièrement et largement les actions du collectif ou les appels aux manifestations ; il joue le rôle de tribune pour l'opposition, particulièrement entre la fin de l'année 2003 et le début de l'année 2004, dans les temps forts de la lutte contre ce projet. Enfin, les élus comme Christian Bourquin, vice-président du conseil régional de Languedoc-Roussillon et président du conseil général des Pyrénées-Orientales ; ou comme les maires des communes concernées par le trajet de la ligne qui font ensemble le très officiel serment de Montferrer, gravé dans le marbre et exposé sur la place du village le 12 août 2004 :

> Nous, soussignés, Maires des communes du Moyen et Haut Vallespir, réunis à Montferrer, proclamons solennellement notre opposition absolue au projet annoncé qui consisterait à localiser chez nous les lignes électriques à Très Haute Tension dont l'installation à travers les Pyrénées est depuis 20 ans refusée partout ailleurs par les populations des autres départements pyrénéens, et au printemps dernier encore, par les habitants de la plaine du Roussillon avec le soutien de ceux du Vallespir. Nous faisons serment public de n'accepter, à ce sujet, aucune négociation. Et par souci de transparence, nous nous interdisons toute discussion séparée ou individuelle avec les représentants de R.T.E. (Réseau de transport d'électricité) ou ses éventuels émissaires. Nos concitoyens s'étant spontanément mobilisés en foules à l'annonce des intentions prêtées à R.T.E. nous mettons en garde contre les conséquences imprévisibles que la réalisation forcée d'un tel projet pourrait avoir si ses promoteurs ou quelque autorité tentaient de nous l'imposer[16].

Bien organisés et aisément identifiables, les opposants au paysage électrique ne laissent que peu de place au débat. Certes, les colonnes de *L'Indépendant* catalan laissent parfois la voix de RTE s'exprimer ; mais les élus locaux déclarent refuser toute discussion : le projet doit être retiré et rien d'autre. Le débat n'a jamais pu réellement avoir lieu ; en effet, si dans un premier temps, avec Cazaril-Aragon, EDF n'a pas (ou

[15] Extrait d'un article de *L'Indépendant catalan* du 30 avril 2003.

[16] http://aperomobile.over-blog.com/article-1205871.html (visité le 23 mars 2012).

très peu) pris en compte les demandes des populations locales ; avec le projet oriental, RTE ne peut plus espérer discuter. La question du paysage et de l'insertion des ouvrages électriques ne s'est pas réellement posée en passant d'un extrême à l'autre. Dans les années 1990, EDF a offert une écoute trop peu attentive aux revendications paysagères, ce que paie RTE dans les années 2000 : prête à discuter, l'entreprise ne trouve plus aucun interlocuteur disposé au débat. Pourtant une procédure de débat public est engagée en 2003, une Commission particulière du débat public (CPDP) est formée et mène les débats entre mars et juillet, puis rend ses conclusions afin d'aider à prendre « une décision pleinement éclairée »[17]. Le rapport final de la CPDP insiste sur l'opposition unanime au projet, « la plus nette et la plus passionnée »[18], elle conduit le gouvernement français à demander à RTE d'envisager l'aménagement des lignes existantes plutôt que la construction d'une nouvelle. Le refus a été entendu, mais le débat ne semble toujours pas avoir vraiment été engagé. En effet, le compte rendu de la CPDP est clair, le projet et le débat ont été parfaitement médiatisés, le rapporteur de la Commission ayant recensé 240 articles, soit deux à trois par jour ; mais la participation aux réunions a été le fait d'un public peu nombreux. Ainsi, alors que la presse regorge d'articles sur le sujet, qu'une manifestation parvient à réunir 10 000 opposants à Perpignan, que des élus régionaux prennent part au combat, le débat public paraît boudé par nombre d'anti-THT. Les conclusions de la CPDP font d'ailleurs le même constat, « une partie de ceux qui s'opposent au projet sont sans doute allés au bout de leur logique : puisqu'on ne veut du projet sous aucune forme, on refuse purement et simplement d'en parler. »

À quoi s'oppose-t-on ?

En 2003, à la suite du débat public, la situation apparaît bloquée, le projet est totalement rejeté, le débat exclu. Comment en est-on arrivé là ? Qu'est-ce qui a changé entre le projet Cazaril-Aragon et celui des Pyrénées-Orientales ? Les revendications se ressemblent, mais à y regarder de plus près elles ont évolué. En effet, dans les années 1990 ou 2000, les opposants défendent le paysage, mais lors de Cazaril-Aragon, ils ne sont pas strictement contre la réalisation d'une ligne électrique, l'intérêt, voire la nécessité, de ce projet n'est pas systématiquement mis en cause. Le paysage électrique s'oppose au paysage touristique dit naturel, la ligne semble pouvoir être acceptée, si elle contourne les espaces remarquables et remarqués par les touristes. Avec le projet oriental, l'opposition est différente et dépasse le cadre paysager. En effet,

[17] *Compte rendu de la CPDP*, juillet 2003.

[18] *Ibid.*

on s'intéresse aussi à ce que représenterait cette ligne : d'abord une émanation de l'Union européenne, décidée par les technocrates de Bruxelles ; ensuite un agent du capitalisme libéral qui n'a d'autre finalité que le profit d'une entreprise privatisée par l'État français et qui aurait perdu de vue sa mission de service public ; enfin un vecteur de développement du nucléaire en France et en Europe. La ligne est refusée pour ce qu'elle représente plus que pour ce qu'elle est réellement, une succession de pylônes dans le paysage pyrénéen. Cette position est parfaitement assumée par les opposants, l'un des membres du collectif Non à la THT l'explique :

> Le principal dégât est effectivement paysager, mais, même enterrée, nous nous opposons à cette ligne : sa raison d'être n'est que le commerce, le libre-échange pur et dur dans le cadre de la déréglementation européenne [...]. L'Espagne pourrait très bien produire au lieu d'acheter, mais il faut bien écouler la surproduction nucléaire française[19].

Dans les années 2000, les populations locales s'opposent au principe même d'une Europe de l'électricité orchestrée par l'Union européenne ; le cœur de cette opposition se situe certainement dans l'idée d'un projet parachuté, ou vécu comme tel, à l'opposé des revendications de décentralisation décisionnelle et énergétique qui connaissent la même évolution. En effet, le rejet de la ligne est aussi le rejet du processus politique qui mène à sa construction mêlant choix gouvernementaux et engagement européen sans prendre en compte l'avis des habitants concernés. On comprend alors mieux le blocage et le refus du débat : les populations locales considèrent qu'il est trop tard pour demander ce qu'elles en pensent étant donné que les contrats sont signés et les directives adoptées. La discussion leur apparaît alors comme un simple exercice de principe tandis qu'elles désireraient affirmer une trajectoire de développement économique différente et participer aux choix énergétiques.

Cacher le réseau, détruire les pylônes : la fin du paysage électrique ?

Dès les premières oppositions au projet Cazaril-Aragon, les populations locales proposent une solution qui leur apparaît parfaite, l'enfouissement des lignes, la disparition du paysage électrique ou plutôt sa réduction à une simple tranchée dans le sol pyrénéen. Longtemps, les lignes ont été mises en avant, ostensiblement et parfois fièrement comme sur la fameuse affiche de François Mitterrand en 1965 où le pylône est symbole de modernité pour « un président jeune » et une

[19] *L'Humanité hebdo*, 30 mai 2003.

« France moderne »[20] ; ou bien encore sur les nombreuses affiches ferroviaires qui font au XIXe siècle la promotion des stations pyrénéennes modernes car électrifiées. En 1996, après le rejet du projet par Alain Juppé, l'opposition est tellement puissante que l'élaboration d'un nouveau tracé est exclue, EDF étudie alors les possibilités de faire disparaître les pylônes : en enfouissant la ligne, en passant par l'océan Atlantique ou la mer Méditerranée. L'idée d'une ligne sous-marine est officiellement lancée par le ministre de l'Industrie qui demande à EDF de chiffrer précisément sa réalisation et d'étudier les possibilités qu'une telle liaison pourrait offrir aux deux parties. Le projet Cazaril-Aragon était estimé à environ 400 millions de francs, passer par la Méditerranée à partir de Perpignan et jusqu'à Barcelone obligerait à dépenser dix fois plus, 4,5 milliards de francs avec certes la disparition des pylônes, mais aussi la construction de deux stations de conversion du courant alternatif en courant continu aux extrémités de la liaison sous-marine. Le projet est trop coûteux pour être rentable et n'est donc pas envisagé par EDF.

L'idée est de nouveau envisagée en 2003, lorsqu'une nouvelle ligne est à l'étude dans les Pyrénées-Orientales. Le préfet demande à un cabinet indépendant, le Centro Elettrotecnico Sperimentale Italiano (CESI), d'analyser l'impact de neuf tracés : quatre aériens, trois souterrains, un sous-marin, un mixte (souterrain et aérien). Il propose une grille d'évaluation complexe comprenant vingt variables réparties en trois critères : environnementaux (impact visuel, faune et flore, zones protégées, etc.), techniques (fiabilité, durée du chantier, maintenance, etc.) et économiques (coût de fabrication, pertes). Chaque variable est ensuite analysée et évaluée selon son impact, de très favorable à très critique. Impact visuel mis à part, les liaisons aériennes restent celles qui impactent le moins les espaces qu'elles traversent. L'aérien reste la meilleure solution, sauf qu'elle n'est plus acceptée par les populations locales.

Conclusion

Conscient de cette évolution et des enjeux liés au paysage, RTE s'est engagé à réduire la taille du réseau aérien : chaque année, on enfouit plus qu'on ne construit, ainsi le réseau aérien a diminué de 1 000 km entre 2001 et 2010 selon le gestionnaire du transport d'électricité. L'enfouissement est également l'une des solutions proposées pour faire face aux tempêtes qui ont particulièrement touché les pylônes et l'approvi-

[20] Bouneau C., Derdevet M., Percebois J., *Les réseaux électriques au cœur de la civilisation industrielle*, Boulogne, Timée éditions, 2007, 184 p.

sionnement électrique en 1999 ou en 2009[21]. Peu à peu, l'idée d'enterrer les lignes électriques semble s'imposer, passer d'une marginalité coûteuse à un compromis acceptable pour finalement apparaître comme la seule alternative envisageable étant donné le refus puissant face au projet oriental en 2003. Est-il encore possible de construire des lignes aériennes dans les Pyrénées ? Les récents événements franco-espagnols indiquent que non : le projet échoue depuis les années 1990 face aux populations locales attachées aux paysages régionaux qualifiés de remarquables. En 2008, un médiateur européen prend en charge le dossier et parvient à faire accepter par toutes les parties l'idée d'une ligne souterraine. La concertation débutée en 2010 autour de cette future réalisation souligne, encore une fois, l'absence de débat :

> Les associations et les élus qui avaient mené l'opposition au projet aérien de 2003 avaient constitué un comité de vigilance. Ce dernier avait refusé toutes les propositions intermédiaires de RTE jusqu'à la promesse solennelle faite par le ministre de l'Environnement et de l'Énergie que la ligne serait réalisée en courant continu et en souterrain[22].

Le choix n'existait pas, la réponse est claire : il n'est aujourd'hui plus possible de construire une ligne aérienne dans les Pyrénées ; le paysage électrique pyrénéen n'a pas d'autre possibilité que de se cacher et s'enfouir.

---

21 Krummenacker M., *Le réseau de transport d'électricité français face aux tempêtes de décembre 1999 et janvier 2009. Enjeux techniques, gestion de crise et retours d'expérience*, mémoire de master, sous la dir. de Bouneau C., Université Michel-de-Montaigne Bordeaux 3, avril 2010, 306 p.

22 CNDP, *Concertation. Liaison en courant continu France-Espagne*, avril 2010, consultable sur http://www.debatpublic.fr/docs//compte-rendu/cr-cndp-concertation-avril10.pdf (visité le 23 mars 2012).

Les « paysages EDF »

Création et appropriation de paysages d'entreprise

Yves BOUVIER

Appréhender l'histoire des technologies par le paysage est une approche désormais bien installée dans les pratiques académiques, au point même d'être devenue centrale dans bien des disciplines et d'être qualifiée « d'omnipaysage »[1]. Les technologies ont, en effet, déjà été à l'honneur de colloques les reliant aux paysages. Les notions de « paysage ferroviaire »[2] ou de « paysages de la mine »[3] ont démontré l'intérêt d'une telle démarche consistant à porter un regard décalé sur des secteurs industriels par ailleurs bien connus. Naturellement, cette approche ne saurait se résumer à la façon dont les éléments techniques s'inscrivent visuellement dans l'espace. Si les paysages sont bien des créations techniques, sociales, culturelles, il importe de suivre avec précision la construction de ces artefacts totaux. L'approche constructionniste n'est certainement pas la seule démarche pertinente pour appréhender un objet qui mêle étroitement des processus de construction et de perception mais elle permet d'identifier les acteurs de ces processus et de ne pas opposer technologies et paysages[4]. Les paysages de l'électricité sont tout à la fois la concrétisation de volontés d'aménageurs du territoire et le résultat de la diffusion, notamment par l'industrie touristique, de vues mêlant grands équipements et éléments naturels. Dès lors, qui construit le paysage ? Le responsable du chantier ou le spectateur ? L'entreprise ou le touriste ? Par ces interrogations, nous viserons également à préciser la définition de ce que peut être un « paysage de l'électricité ». Les lignes qui suivent seront principalement consacrées au rôle d'EDF dans cette double construction du paysage comme aménagement et perception.

---

1 Jakob M., *Le paysage*, Gollion (Suisse), Infolio éditions, 2008, p. 7.

2 Polino M.-N. (dir.), « Le paysage ferroviaire. Mémoire et patrimoine », *Revue d'histoire des chemins de fer*, n° 32-33, 2005, 194 p.

3 *Les paysages de la mine. Un patrimoine contesté ?*, Lewarde, Centre historique minier/Cilac, 2009, 232 p.

4 Nye D.E. (ed.), *Technologies of Landscape. From Reaping to Recycling*, Amherst (Mass.), University of Massachusetts Press, 1999, p. 10.

Les lignes de transport sont souvent évoquées pour symboliser ces paysages de l'électricité. Force est de reconnaître que, qu'il s'agisse des lignes très haute tension à l'abord des villes ou sur des crêtes ou bien des lignes apportant l'énergie électrique dans une maison, ces éléments sont bien le paysage électrique le plus courant, quotidien. Pourtant nous nous intéresserons principalement aux infrastructures de production, à la fois parce que le cas des lignes est traité dans d'autres textes et parce que les équipements de production font l'objet d'un jeu d'acteurs beaucoup plus complexe. Dans le cas des centrales et des barrages sont en jeu des niveaux d'appropriation et de valorisation des paysages qui ne relèvent pas de la seule entreprise.

Depuis sa création en 1946, EDF a construit des infrastructures de grande ampleur : centrales thermiques, barrages et centrales hydroélectriques, centrales nucléaires et, plus récemment, éoliennes ou centrale solaire. Indéniablement, EDF a été un acteur du paysage, voire une entreprise de paysages dans le sens où elle a eu la responsabilité de ces aménagements, mais elle l'est également au sens où elle a promu des visions de ces réalisations. Nous nous interrogerons alors sur les différents paysages de l'entreprise tout en tentant d'éviter le catalogue des moyens de production. Comment EDF construit-elle un paysage ? À quel moment intervient cette idée de paysage dans l'action de l'entreprise ? Est-ce au moment du projet et des premières études ? Est-ce lors de la construction ou une fois achevé le chantier ? Le paysage participe-t-il à une communication volontaire ? L'enjeu de cet article n'est pas tant de retracer la façon dont le paysage a été pris en compte dans les opérations de travaux publics de ces grands équipements que de chercher comment l'entreprise a adopté et adapté ces paysages à son profit.

Le « paysage EDF », construction d'entreprise

Faire de l'entreprise publique EDF un constructeur de paysage semble une évidence tant les grands équipements possèdent une empreinte visuelle qui associe l'électricité au paysage modifié. Les barrages créant des lacs de retenue en montagne sont la manifestation la plus spectaculaire de ces paysages technologiques liés aux infrastructures de production, mais les centrales thermiques, qu'elles soient au charbon, au fioul ou nucléaire, s'imposent également comme des marqueurs territoriaux forts même si l'impression donnée est fort différente selon que l'on se situe dans des espaces urbains ou ruraux.

La construction des infrastructures : un paysage technologique

La dimension la plus évidente des paysages associés à l'entreprise EDF est bien celle des technologies. La construction des grands équipements de production correspond à une transformation radicale du paysage. La phase du chantier, qui peut durer près d'une décennie pour les centrales nucléaires, marque une véritable rupture : il y a un *avant* le chantier, période qui est ensuite associée au paysage-souvenir, et un *après* le chantier, période du paysage technologique. C'est néanmoins lors de cette phase du chantier que se met en place le jeu des acteurs de la construction du paysage. D'un côté, EDF est le maître d'œuvre qui détermine le calendrier et le cahier des charges. De l'autre, des entreprises d'ingénierie et de travaux publics conçoivent et construisent ces équipements. S'il y a bien « création » d'un paysage, celui-ci est l'œuvre des ingénieurs et architectes de ces entreprises plus que d'EDF. Rappelons ici que nombre de barrages construits pour EDF ont été conçus par la société Coyne et Bellier, devenue Tractebel Engineering en 2009. Cette société, fondée par André Coyne et Jean Bellier, s'est imposée comme l'une des plus innovantes dans la conception des grands barrages, et ce dès les premières réalisations d'André Coyne dans les années 1930 : évacuateur de crue en saut de ski, maîtrise des barrages-voûtes, construction de barrages en remblais... C'est notamment ce cabinet d'ingénieurs-conseils qui travailla sur les barrages de Tignes[5], Serre-Ponçon et Roselend, probablement les trois plus grandes réalisations d'EDF dans le domaine hydroélectrique. Le chantier et l'architecture du barrage pourraient donc n'être que l'apanage des sociétés prestataires commanditées par EDF. Celles-ci, d'ailleurs, diffusent des images de ces paysages en cours de transformation. Une affiche de l'Entreprise industrielle montre ainsi la construction du barrage de Tignes : la montée du barrage en créneaux constitue un rempart entre les deux pans de montagne mais, au premier plan, ce sont les structures des grues et les traces des engins qui s'imposent. Une montagne à l'arrière-plan (le Rocher de Bellevarde) domine la scène. Coyne et Bellier, de son côté, reproduit des photographies dans les publications de l'entreprise, mais également dans les publications professionnelles où écrivent les ingénieurs. Les entreprises de travaux publics participent ainsi, par la communication sur leurs activités, à diffuser des paysages nouveaux non sans glorifier la technique ou rendre spectaculaire des opérations de construction.

Pourtant, dès cette phase, le nom d'EDF est régulièrement associé à ces paysages et des photographies des chantiers sont également diffusées par EDF. La « captation » du paysage au profit d'EDF est mise en œuvre dans la presse grand public mais également dans les revues internes (le premier numéro de *Contact*, revue interne fondée en 1953,

---

5 André Coyne fit la couverture de la revue américaine *Engineering news-Record* du 13 décembre 1951. Derrière le visage de l'ingénieur se profile le barrage en construction. Varaschin D., *Tignes, naissance d'un géant*, Arras, Artois Presses université, 2001, p. 102.

place ainsi le chantier de Serre-Ponçon en couverture). Il est difficile de voir là une stratégie consciente : rendant compte de ses investissements, EDF véhicule des images des travaux. L'entreprise publique était en effet le premier investisseur national et la presse ne manquait pas d'insister sur l'ampleur des sommes dépensées. En outre, les images liées aux chantiers sont spectaculaires : montée progressive du barrage, ballet des camions pour les travaux de terrassement, percement des galeries souterraines... Les photographies diffusées dans la presse mais également dans les brochures et publications officielles des entreprises sont prises par des photographes professionnels, parfois spécialisés dans les photographies industrielles (Henri Baranger). Ce qui pourrait n'être qu'un paysage de travaux publics devient, par la seule mention d'EDF, un paysage électrique.

Figure 1 : Vue aérienne de la centrale nucléaire de Penly en construction. Carte postale imprimée et diffusée par EDF à l'occasion de visites du chantier en 1985. © EDF-REC/D. Poidvin

Toutefois, si les technologies de production d'électricité investissent les paysages, elles le font de façon notablement différente les unes des autres. Plusieurs critères interviennent pour tenter de catégoriser ces paysages. La première différence fondamentale est, assez naturellement, la distinction entre espace urbain et espace rural. Dans l'espace urbain, les unités de production d'électricité se sont d'abord placées dans les centres à la fin du XIXe siècle. À Paris, Nancy, Rouen ou Bordeaux, de petites centrales thermiques furent édifiées pour alimenter les premiers réseaux d'éclairage ou de transport. Plus que les quelques fumées, ce furent surtout les fils (de l'électricité mais aussi du téléphone ou des tramways) qui s'imposèrent comme une nouvelle donnée du paysage urbain. Les années du premier après-guerre, avec la construction des super-centrales thermiques dans la plupart des agglomérations (Cap Pinède à Marseille, Floirac à Bordeaux et bien entendu Gennevilliers, Vitry-sur-Seine, Saint-Denis II, Ivry-sur-Seine en région parisienne), sont une nouvelle étape dans le « paysagement »[6] des banlieues des grandes villes. Les cheminées des centrales s'imposent, parmi la forêt des cheminées industrielles, par leur hauteur. Dans les années 1950 et 1960, les nouvelles centrales furent d'autant plus visibles que les cheminées des autres secteurs industriels tendaient à disparaître. Les centrales du Havre, d'Albi ou de Vitry-sur-Seine devinrent des monuments électriques pour ces villes.

À l'inverse, le paysage rural a été, tout d'abord, peu transformé par les petites unités de production d'électricité : les petites centrales adossées à des usines ou moulins reconvertis en usines hydroélectriques ne modifient pas radicalement les espaces ruraux. Seules les conduites forcées des premières chutes strient les paysages de montagne. La monumentalisation de la technique électrique est d'autant plus visible dans les paysages ruraux, qu'aucune concurrence visuelle, sauf peut-être celle des lignes de chemin de fer, ne se manifeste. Le paysage rural électrique se construit tout d'abord avec le changement d'échelle des usines hydroélectriques par l'apparition des barrages et des grandes usines au fil de l'eau (Kembs). Certaines centrales thermiques (Yainville, Vincey, Porcheville) sont également bâties dans des zones rurales. Bien évidemment, avec les centrales nucléaires, les paysages créés sont marqués par le contraste flagrant entre la haute-technologie de l'atome et les parcelles cultivées. La localisation des centrales nucléaires à la campagne s'explique avant tout par des critères de sécurité[7] mais aussi pour bénéficier de vastes espaces à proximité de cours d'eau. Dès lors, l'appréciation des paysages électriques s'est généralement concentrée sur la technique de production concernée : en fonction des représentations de l'hydroélectricité, du nucléaire ou du thermique à flamme, ces paysages ont pu être valorisés, loués ou dénoncés.

---

6 Guillerme A., Lefort A.-C., Jigaudon G., *Dangereux, insalubres et incommodes. Paysages industriels en banlieue parisienne, XIXe-XXe siècles*, Seyssel, Champ vallon, 2004, p. 10-11.

7 Foasso C., « La sécurité dans l'histoire des techniques : l'exemple de l'énergie nucléaire », *Documents pour l'histoire des techniques*, n° 14, 2007, p. 5-23.

L'aménagement : le paysage comme pratique sociale

Les infrastructures de production nécessitent donc, pour peu qu'elles atteignent une taille importante, un chantier à leur mesure. La phase du chantier est bien celle de la transformation brutale du paysage, de son édification. Mais l'infrastructure ne se réduit pas à sa construction et les paysages électriques ne se résument pas à une transformation, aussi visible soit-elle. Pour EDF, la période qui s'ouvre avec la mise en fonctionnement de l'unité de production est celle qui voit l'entreprise prendre le rôle d'un acteur du territoire. La fonction d'un barrage ou d'une centrale est bien la production d'électricité et cette activité correspond à un paysage apaisé dans lequel les bouleversements du chantier perdurent sous la forme d'une mémoire. La période d'exploitation d'une unité de production d'électricité peut durer de quelques dizaines d'années à plus d'un siècle. Le paysage électrique devient alors un élément du quotidien pour les habitants des régions concernées et s'inscrit dans les activités humaines. En ce sens, le terme qui convient sans doute le mieux pour caractériser cette place de l'infrastructure est celui d'aménagement. En effet, ce sont des pratiques globales (tourisme, agriculture, loisirs) qui sont associées aux équipements et participent à l'édification, durable, d'un paysage qui n'est plus seulement celui des techniques électriques mais celui des activités liées à l'électricité.

Les configurations locales générées par les infrastructures de production sont variées et elles ont été étudiées tant pour les ouvrages hydroélectriques que pour les centrales nucléaires. Le terme d'aménagement était d'ailleurs employé dès l'entre-deux-guerres, d'abord au sens technique puisqu'il s'agissait, avec les barrages, d'aménager un espace. Mais, par la suite, un glissement sémantique a intégré les dimensions sociales, voire culturelles, dans l'emploi du terme. Les cas les plus emblématiques de cette prise en compte des activités sont bien évidemment les villages et hameaux submergés par les eaux[8] : Tignes, Savines, alpages de Roselend, etc. En intégrant, dès les premières phases des projets, des activités nouvelles dans la négociation avec les populations concernées, EDF cherche à rendre acceptable une infrastructure imposée. Ceci fut le cas avec Tignes (station de sports d'hiver) ou Savines-le-Lac (activités nautiques). Mais de telles pratiques sont parfois nées sans avoir été prévues comme à Bort-les-Orgues (Corrèze) ou Grandval (Cantal). Les bases nautiques accueillent des clubs de voile ou de plongée mais permettent aussi la pratique du canoë ou du ski nautique. Plus simplement, des plages ont parfois été aménagées et autorisent la

---

[8] Bodon V., *La modernité au village. Tignes, Savines, Ubaye… La submersion de communes rurales au nom de l'intérêt général. 1920-1970*, Grenoble, Presses universitaires de Grenoble, 2003, 359 p.

baignade des vacanciers. Nulle surprise donc, de trouver des photographies de ces activités dans les brochures et rapports annuels d'EDF[9]. Malgré la popularité de telles activités, les conditions techniques ne permettent pas toujours de les implanter : à Montézic (Aveyron), la fonction de réservoir du lac produit des variations importantes et rapides du niveau de l'eau ce qui interdit toute navigation de plaisance. Les logiques qui président à ces paysages associés aux grands barrages se retrouvent dans le cas des centrales nucléaires. Si les valorisations touristiques sont moins évidentes, elles ne sont pas absentes comme en témoigne la Ferme aux crocodiles, ouverte en 1994 à Pierrelatte (Drome) et bénéficiant des eaux chaudes de la centrale du Tricastin. Le paysage environnant les centrales nucléaires est en effet inscrit dans la même approche d'aménagement. Les serres du val de Loire ou du Bugey (centrales de Chinon[10] et du Bugey)[11] ou l'aquaculture (centrale de Gravelines) appartiennent ainsi au paysage de la centrale.

À partir du moment où EDF a pris à son compte le paysage créé par les grandes infrastructures de production, c'est une approche large qui s'est imposée. En ne réduisant pas le paysage électrique aux seuls bâtiments de production mais en y intégrant les effets économiques et sociaux, EDF a participé à faire du paysage électrique non plus un seul paysage technique mais également un paysage vécu.

La communication : le paysage culturel

Si les paysages créés par les infrastructures de production sont bien des constructions techniques et sociales, ils s'inscrivent également dans un processus de création culturelle. Dans cette logique, les arguments en faveur d'une esthétique des barrages et des centrales ne sont pas de simples paravents permettant de justifier a posteriori les constructions. De même, il serait faux de considérer que l'esthétique ne serait que le contrepoint du caractère industriel de ces réalisations. La dimension culturelle est revendiquée comme l'une des composantes des projets. C'est avant tout l'architecture qui, fort logiquement, est à l'honneur. La présence d'architectes est évidemment indispensable pour la conception des bâtiments mais, dans le cas de l'énergie électrique, certaines réalisations intégrèrent une création et une authentique revendication du « geste architectural ». Le cas des barrages est bien connu avec les interventions du bureau d'études Coyne et Bellier. Créé en 1947, ce bureau d'études

---

9 EDF, rapport annuel d'activité, 1987. EDF Archives, p. 16 ; rapport annuel d'activité, 1991, p. 42 (barrage de Ponviel).

10 EDF, rapport annuel d'activité, 1991, p. 28.

11 Dubesset P., « Une retombée agricole du nucléaire rhodanien : les serres chauffées », *Revue de géographie de Lyon*, n° 62-2, 1987, p. 193-217.

est la concrétisation d'une activité déjà intense avant la Seconde Guerre mondiale. Nous pensons en particulier au barrage de Marèges, barrage-voûte de 90 mètres de hauteur, sur la Dordogne, construit pour la Compagnie des chemins de fer du Paris-Orléans en 1935 et qui marqua une étape majeure dans la conception et la construction de ces grands équipements. André Coyne (1891-1960) était un polytechnicien ayant participé à la Première Guerre mondiale avant de suivre l'enseignement dispensé à l'École nationale des Ponts-et-Chaussées. Ingénieur à Brest, il rejoint la Dordogne dès 1928 comme chef du service d'aménagement de la Haute-Dordogne qui est alors le principal projet hydroélectrique en France. Les qualités esthétiques des barrages-voûtes vont être célébrées et ce d'autant plus qu'elles s'accompagnent de qualités techniques et économiques du fait du moindre usage des matériaux. Cette formule sera reprise pour la construction du barrage de Tignes, inauguré en 1953. L'élégance est atteinte avec le barrage de Roselend qui combine une grande voûte centrale et des ailes à contreforts. La recherche de l'esthétique de la construction n'est toutefois pas la seule formule pour intégrer les barrages dans le paysage comme le montrent les exemples de Serre-Ponçon ou de Plan d'amont.

L'expérience accumulée par EDF avec les barrages explique les choix concernant le nucléaire. Si, dans un premier temps, les critères fonctionnels l'emportèrent, la présence des architectes ne se limita pas à « habiller » les centrales. De nombreuses publications ont mis en avant le rôle du « Collège des architectes »[12] constitué autour de Claude Parent. Rappelons toutefois qu'EDF avait d'abord sollicité le groupe de l'Atelier de Montrouge en 1973 pour la centrale de Gravelines mais que les architectes, soit par choix professionnel soit par volonté de ne pas favoriser l'énergie nucléaire, décidèrent de ne pas poursuivre cette collaboration en février 1974[13]. Sous la houlette de Claude Parent, le Collège établit des formes manifestant la puissance de l'atome. L'intérêt principal de la démarche, en termes de paysage, est le travail approfondi sur les bâtiments non nucléaires (salle des machines, bâtiments administratifs) et sur les processus d'intégration dans les sites. Le cas de Paluel est emblématique du travail réalisé avec, pour la seule fois en raison des coûts, la construction d'un dôme plus élevé et plus arrondi.

---

12 Composé de Paul Andreu, André Bourdon, Jean Dubuisson, Michel Homberg auxquels viennent se joindre Pierre Dufau, Jean Lecouteur, Jean Willerval et Roger Taillibert. Voir Parent C., *L'architecture et le nucléaire*, Paris, Éditions du Moniteur, 1978, et, du même auteur, *Les maisons de l'atome*, Paris, Éditions du Moniteur, 1983. Migayrou F., Rambert F. (dir.), *Claude Parent. L'œuvre construite, l'œuvre graphique*, Paris, éditions Hyx/Cité de l'architecture et du patrimoine, 2010, 400 p.

13 Blain C. (dir.), *L'Atelier de Montrouge, la modernité à l'œuvre (1958-1981)*, Arles, Actes Sud-Cité de l'architecture et du patrimoine, 2008, 312 p.

Avec l'architecte Pierre Dufau, le paysagiste Yves Alexandre dessine des collines afin « de faire en sorte que la centrale ne soit pas vue de partout, qu'elle ne s'impose pas de tous les côtés »[14]. Déjà engagée lors de la construction des premières centrales nucléaires, l'action d'EDF en faveur d'une intégration paysagère des centrales nucléaires est également une opération de communication. La centrale est l'objet de nombreuses visites, notamment par des délégations étrangères, et reçoit, en 1982, le prix du plus bel ouvrage de la construction métallique. Les descriptions autour de Paluel insistent systématiquement sur cette démarche et, en 1985, le rapport annuel d'EDF ne manque pas de rappeler que « les quatre dômes de Paluel se cachent dans une valleuse de la falaise du Pays de Caux »[15]. Plus généralement, en ne cantonnant pas les architectes à une fonction d'habillage mais en les associant à l'élaboration des divers éléments du site, EDF se positionne comme maître d'œuvre du paysage.

Dès lors, les travaux des architectes sont largement diffusés et présentés dans les publications professionnelles, tant d'architecture que du champ de l'électricité. Ainsi un numéro de la *Revue française de l'électricité* de 1975 présente, en couverture, quatre croquis de centrales nucléaires en bord de mer[16]. De même, dès les projets élaborés, EDF utilise les photographies des maquettes pour présenter le programme nucléaire. La taille des tours, l'inscription dans le relief, la disposition des bâtiments donnent lieu à de nombreuses maquettes[17]. Le laboratoire de Chatou de la Direction des études et recherches mène ainsi, au début des années 1980, des études sur les panaches de fumée des aéroréfrigérants des centrales nucléaires[18]. La vapeur d'eau est en effet l'objet de nombreuses interrogations de la part des riverains, et notamment des agriculteurs et viticulteurs qui craignent l'augmentation du taux d'humidité sur leurs cultures. Les activités connexes ne sont pas les seuls éléments paysagers de la notion d'aménagement. Les effets visuels furent également pris en compte de façon précoce. Ainsi la taille des aéroréfrigérants qui peut dépasser les 150 mètres, a-t-elle fait l'objet de diverses études. Les aéroréfrigérants construits au début des années

---

[14] Bouvier Y., Faburel V., *Paluel, 20 ans d'énergie*, Arras, Artois Presses Université, 2008, p. 32-35.

[15] EDF, Rapport annuel d'activité, exercice 1985. EDF Archives.

[16] *Revue française de l'électricité*, n° 249-250, 2e-3e trimestre 1975.

[17] EDF, Rapport d'activité, exercice 1976, p. 54. EDF Archives.

[18] EDF, Rapport d'activité, exercice 1982, p. 86 et exercice 1983, p. 59. EDF Archives. Les études sur les impacts paysagers des grands équipements électriques se sont largement développées à partir du milieu des années 1970 : l'atelier SILENE, créé en 1977 à Saint-Denis, simulait ainsi l'impact des lignes électriques dans la nature et l'environnement.

1980 pour les quatre réacteurs de 900 MW de la centrale nucléaire de Chinon prirent en compte le paysage local. En effet, avec seulement 28 mètres de haut, ils ne s'imposèrent pas dans le paysage et n'étaient pas visibles des touristes arpentant les allées et parcs des châteaux de la Loire. En revanche, les nuages produits par ces structures étaient bel et bien visibles.

Finalement, c'est André Coyne, lauréat en 1953 du grand prix du Cercle d'études architecturales, qui résume probablement le mieux la place de l'esthétique dans les paysages électriques, ce qu'il écrit à propos des barrages étant tout aussi juste pour les autres modes de production :

> L'esthétique d'un barrage n'est pas faite pour accélérer les ventes comme l'esthétique d'une casserole, d'un rasoir mécanique ou d'un réfrigérateur. Un barrage est fait pour durer des siècles. Son échelle, à la fois dans l'espace et surtout dans le temps, son caractère monumental, qui tient à cette échelle, interdisent qu'on sacrifie aux contingences passagères et spécialement à la mode, dont il est difficile de contester l'influence sur les objets de fabrication courante[19].

Les processus d'appropriation des paysages par EDF

La construction des infrastructures de production, malgré la variété des échelles, a créé un paysage technologique au sens où des outils de production s'imposent désormais à la vue. Cette construction d'un paysage électrique ne relève pas seulement de l'entreprise EDF. Maître d'œuvre des chantiers, l'entreprise a également fait travailler des équipes sur les paysages, notamment les cheminées et nuages produits. Pour autant, seule une phase d'appropriation peut faire de ce paysage électrique un « paysage EDF ». Pour cela, la diffusion des images, associées au nom de l'entreprise, pourrait sembler suffisante. Mais le processus d'appropriation des paysages ne se limite pas à une opération de communication consciente, c'est d'abord une pratique interne de l'entreprise qui débouche sur une utilisation d'images auprès du grand public.

Les visites : l'entreprise sur site

L'approche habituelle des relations entre paysages et entreprise a été centrée sur les images véhiculées par les entreprises. Pourtant, avant que les paysages ne viennent à l'entreprise et n'intègrent la communication sous la forme de clichés, ce sont les dirigeants d'entreprise qui ont donné une valeur à ces paysages. La pratique des voyages organisés par

---

[19] Coyne A., « Esthétique des barrages et des usines hydro-électriques », *Esthétique industrielle*, n° 10, 11, 12, 1953 cité par Marrey B., « 1935-1960. André Coyne, architecte des barrages », in *Architectures de l'électricité*, Paris, Norma, 1992, p. 100-139.

EDF n'est pas nouvelle et certaines sociétés de l'entre-deux-guerres avaient également proposé à leurs dirigeants ou aux membres de leur conseil d'administration de visiter les chantiers. Les chantiers étaient en effet particulièrement prisés des journalistes, invités à décrire et photographier les travaux des centrales thermiques de la région parisienne et du Nord (voyage de presse des 26-27 octobre 1950 avec, au programme, les visites d'Arrighi, Saint-Denis, Gennevilliers, Lille et Comines) ou des barrages. Naturellement, il serait excessif de considérer ces visites comme des voyages n'ayant pour seul but que l'appropriation des paysages par l'entreprise. Il paraît douteux, là encore, d'identifier une stratégie consciente en la matière. En revanche, la prise en charge du déplacement de personnalités par l'entreprise et la célébration in situ des réalisations s'accompagne bien d'une vision du paysage. La visite des sites et des chantiers, les rencontres avec les élus locaux, les temps personnels à l'hôtel ou dans les villes placèrent ces invités dans les paysages créés ou liés à l'entreprise EDF.

Parmi ces voyages, nous pouvons distinguer ceux organisés pour les administrateurs à l'occasion de réunions décentralisées du conseil d'administration et ceux organisés pour des personnalités extérieures (personnel politique, clients, etc.). Les réunions décentralisées du conseil d'administration restèrent exceptionnelles puisqu'elles imposaient une absence de deux jours à des personnalités de haut rang. Le 9-10 octobre 1950, le conseil d'administration se réunit en Savoie et fait de même dix ans plus tard, en 1960, à Sallanches (Haute-Savoie). Le choix de cette commune de Haute-Savoie ne devait rien au hasard puisque son maire, Léon Curral, était administrateur d'EDF.

Parmi les visites organisées pour des personnalités extérieures, le parcours le long de la Durance, les 22 et 23 octobre 1953, avait été organisé pour des représentants de l'Assemblée nationale et du Conseil de la République. La construction du barrage de Serre-Ponçon servait de justification à ce voyage. Il s'agissait en effet là d'une œuvre majeure de la IVe République pour réguler le débit de la Durance tout en produisant de l'électricité et les liens directs établis entre EDF et les principaux élus sont parfaitement logiques sur ce sujet. Au-delà de la proximité entre l'entreprise nationale et les représentants du pays, le déplacement permettait de visualiser le site du futur barrage. De même, la Conférence des secrétaires généraux des villes de la Seine[20] participa à un voyage d'études autour des installations hydroélectriques de la Dordogne les 7

[20] Sur l'Association amicale des secrétaires de mairie de la Seine, devenue en 1947 la Conférence des secrétaires généraux des villes de la Seine, voir Bellanger V., « Les secrétaires généraux des communes de la Seine-Banlieue. Contours d'une identité professionnelle (XIXe-XXe siècles) », in Dumons B., Pollet G. (dir.), *Administrer la ville en Europe (XIXe-XXe siècles)*, Paris, L'Harmattan, 2003, p. 17-46.

et 8 octobre 1955. Le compte rendu de ce voyage ne manque pas de mettre en relief « l'ambiance des sites et réalisations » :

> Et voici, dans un rayon de soleil, vers 11 heures, le premier ouvrage qui nous apparaît : le barrage-usine de L'Aigle. Dans une gorge étroite et profonde, s'étagent les organes de cette installation. La traversée sur la route de couronnement offre à notre admiration des détails architecturaux extrêmement recherchés. Cette masse de béton, de 240 000 mètres cubes, permettant une chute nette de 80 mètres, bien qu'étrangère à la nature sauvage dans laquelle l'homme l'a implantée, y trouve néanmoins son harmonie. [...] Une accession au belvédère nous permet d'embrasser l'ensemble. Nous remarquons le galbe des évacuateurs de crue, dits en « saut de ski ». [...] Nous offrant la perspective de la vallée, une salle de conférences s'ouvre sur le toit de l'usine, entre les bras du déversoir[21].

La section « Île-de-France » de l'Association des ingénieurs des villes arpenta également le Massif Central le 30 mai 1959 avec, au menu, les visites de Bort-les-Orgues, L'Aigle, Chastang et Argentat. Organisées par la mission de liaison et d'information d'EDF, ancêtre de la direction de la communication au sein de la direction générale de l'entreprise, ces visites en Dordogne ravirent les participants. Pierre Dejou, secrétaire général de l'Association bénéficiaire de l'excursion, ne manqua pas de remercier EDF pour « la présentation des magnifiques ouvrages » et pour les « agréables heures vécues dans cette belle région de France »[22]. Un autre voyage fut organisé, du 14 au 16 juin 1956, cette fois-ci dans les Pyrénées. Les enjeux étaient proches : il s'agissait de montrer à une délégation d'élus, membres de l'Association des présidents de conseils généraux de France et de l'Union française, que les barrages hydroélectriques ne nuisaient pas aux activités agricoles situées en amont ni aux intérêts touristiques des communes des Pyrénées[23]. Composée de cinq membres et de leurs épouses, la délégation parcourut le barrage de Cap-de-Long où quelques photos privées furent prises. On voit, sur ces clichés, les présidents appuyés sur le parapet du barrage avec, derrière eux, le pic du Néouvielle. Le voyage fut particulièrement bien préparé puisqu'une carte leur fut distribuée avec les itinéraires des trois journées. La première journée, avec une arrivée en gare de Tarbes puis une rapide visite panoramique de Lourdes, était consacrée à la vallée du gave de Pau avec les usines de Villelongue, Pont-de-la-Reine, Esterre,

---

21 Compte rendu du voyage d'études de la Conférence des secrétaires généraux des villes de la Seine, par R. Siméon, 1955. EDF Archives, boîte 789968.

22 Lettre de Pierre Dejou à André Bruneau, chef adjoint de la mission de liaison et d'information d'EDF, 2 juin 1959. EDF Archives, boîte 789969.

23 Un protocole d'accord sur le système des lâchures avait été signé le 9 mai 1956 mais de nombreux élus n'en eurent connaissance qu'après la signature. EDF Archives, Blois, boîte 789969.

Luz, Pragnères (dont une visite en téléphérique au-dessus de l'usine), et Gèdre ainsi que le barrage des Oulettes d'Ossoue, à proximité de Gavarnie. Après une nuit passée à Cauterets, la seconde journée permit aux visiteurs de passer par les usines de Calypso, Soulom, Nouaux mais surtout de déjeuner au *Panoramic Hotel* de Saint-Savin avant de rejoindre Bagnères-de-Bigorre. La dernière journée était consacrée à la vallée de la Neste avec les centrales de Campan, Bordères, Guchen, Saint-Lary, Eget, Beyrède, Heches qui ne furent pas visitées pour atteindre plus rapidement le barrage de Cap-de-Long. Comme pour l'aller, le trajet retour se faisait, au départ de Pau, par le train de nuit. Les comptes rendus élogieux parus dans la presse, fondés notamment sur des entretiens avec les élus ayant participé au voyage, provoquèrent le courroux du maire de Cauterets :

> Le thermalisme et le tourisme sont les seules ressources de notre station. Nous avons de magnifiques sites à offrir à nos visiteurs. Cauterets n'a rien à gagner à ce que ses cascades et gaves soient disciplinés. Il risque d'y perdre beaucoup. Les Pyrénées ont payé un large tribut à l'équipement électrique. Que l'on conserve à l'état naturel la dernière vallée pyrénéenne à peu près intacte, si riche en cascades. C'est le souhait ardent non seulement des Cauterésiens mais de toute une région[24].

Quelques semaines plus tard, une protestation d'autres élus locaux mettait en avant les conséquences du barrage de Cap-de-Long sur l'agriculture de la région et le président du conseil général du Gers demanda également des explications sur le nouveau débit à attendre de la rivière. Dans ces déplacements, visites et excursions, ce qui est en jeu est, principalement, le rapport d'EDF avec les communes et collectivités locales. Ce rapport n'est aucunement figé et des intérêts majeurs tels que la question des tarifs, sont encore en négociation à cette époque[25].

Dans ces déplacements, une place particulière est à réserver aux cérémonies d'inauguration. Si les discours officiels ont un caractère convenu, ils évoquent avec plus ou moins d'intensité les paysages dans lesquels s'inscrivent les centrales ou barrages inaugurés. Mentionnons la centrale hydroélectrique de Fessenheim inaugurée par le président de la République René Coty le 8 juillet 1957 au cours d'un déplacement qui comprenait également la visite du chantier de Vogelgrun. Des journalistes de la presse écrite (26 au total) et de l'ORTF furent conviés à un

---

24 Lettre de Charles Fourtine, maire de Cauterets, au directeur de *L'écho touristique*, 25 juillet 1956. EDF Archives, boîte 789969. Notons que, après avoir été violemment pris à parti par certains de ses concitoyens mécontents de la pénurie de pain, Charles Fourtine se suicida en montant à un pylône de 110 000 V en septembre 1956.

25 Poupeau F.-M., « La fabrique d'une solidarité nationale. État et élus ruraux dans l'adoption d'une péréquation des tarifs de l'électricité en France », *Revue française de science politique*, 57, 4, 2007, p. 599-628.

voyage qui s'échelonnait du 5 au 8 juillet. Rendant hommage aux ouvriers décédés sur le chantier, Marcel Flouret, président du conseil d'administration d'EDF, n'hésite pas à déclarer que « les grandes victoires humaines sur la nature s'accompagnent presque toujours, hélas, de cruels sacrifices »[26]. Le même, lors de l'inauguration du barrage de Tignes, avait déjà évoqué les rapports conflictuels entre EDF et la nature :

> La Haute-Tarentaise était, jusqu'en 1946, une vallée riante et fraîche qu'avaient jusqu'alors épargnée usines et industries : c'était l'un des séjours recherchés par les touristes qui venaient trouver calme et air pur au bord de l'Isère, le plus alpin de nos cours d'eau. Je me plais à penser que dès qu'auront disparu les derniers vestiges de nos chantiers, cette région retrouvera son véritable caractère : le visiteur de demain, en contemplant ce beau lac, ne se doutera sans doute pas de l'intense activité qui a régné en ces lieux[27].

Ces visites répétées ne sont pas toujours du goût des ingénieurs d'EDF. Le 24 mai 1957, l'Association des ingénieurs des villes de France et de l'union française avait visité la centrale de Creil-Saint-Leu (Oise). Le directeur du site, Niaudet, ne manqua pas de signaler qu'il trouvait ces visites trop nombreuses et avec des groupes trop importants. Dans certaines usines, comme celle de Pragnères, l'architecte avait intégré la possibilité de visites de groupes dès la phase de construction, prévoyant une entrée séparée, un escalier de visite et une grande salle d'accueil. Mais ce n'était pas le cas des centrales thermiques de la région parisienne, les plus sollicitées pour des visites publiques.

Le point de vue de l'entreprise : la vue aérienne

Ouvrir les sites aux visiteurs, organiser des déplacements pour la presse ou des responsables politiques, tenir des réunions de l'entreprise en province, l'ensemble de ces dispositifs, bien que non coordonnés les uns avec les autres, contribua à familiariser les acteurs de l'entreprise et les acteurs extérieurs à l'idée que certains paysages étaient associés à EDF. S'approprier les paysages par les déplacements sur le terrain ne fut toutefois pas la seule dynamique à l'œuvre dans les années 1950. La démarche exactement inverse, consistant à « déplacer » les paysages jusque dans l'entreprise, par le biais de la photographie, se répandit au point de devenir massive dans les années 1960.

Les rapports des entreprises électriques à la photographie ont été étudiés par David Nye pour General Electric dans les années 1930.

---

26 Discours prononcé le 8 juillet 1957. EDF Archives, boîte 789969.

27 Marcel Flouret, président de l'EDF, discours d'inauguration du barrage de Tignes, 4 juillet 1953.

Selon cet auteur, « si ces images sont nées des nécessités de la communication d'entreprise et d'un travail régulier d'un service photographique, elles n'ont pas servi à renforcer ou réifier un ordre social ancien mais, au contraire, à rendre visible le nouvel ordre »[28]. Il est vrai que les photographies, en tant que création contrôlée par et pour General Electric, sont des outils de son hégémonie culturelle. Indéniable pour General Electric dans l'entre-deux-guerres, la notion d'hégémonie culturelle décrit également fort justement la place d'EDF dans la société française des Trente Glorieuses. Les photographies et films réalisés et diffusés par EDF sont des éléments d'un mouvement global qui tend à assimiler l'énergie électrique avec l'entreprise publique. La situation monopolistique explique bien entendu cette assimilation généralement faite entre l'électricité et EDF. Mais l'entreprise est allée au-delà du rôle de producteur-distributeur de courant en investissant les médias, que ce soit par les publicités ou par des contenus, au point de représenter l'ensemble des activités liées à l'électricité. Le rôle de pilote de la filière industrielle électrique, consistant à élaborer tant les normes des appareils de production que des cadres de la distribution, s'est ainsi développé tous azimuts pour faire d'EDF l'entreprise de référence dans les usages quotidiens de l'électricité. L'hégémonie culturelle d'EDF s'est construite par différents canaux qu'il est difficile d'énumérer puisque cela va des publicités dans les salles de cinéma (le dessin animé *La fée électricité*, dès 1955) aux concours de dessins pour les enfants en passant par la distribution de gadgets publicitaires[29]. La diffusion de photographies des installations électriques peut ainsi utiliser des canaux variés. Les images véhiculées des paysages, sur tout type de support, sont certes spectaculaires mais ce qui marque, avant tout, c'est leur angle de vue.

En effet, les photographies prises et diffusées par EDF sont, pour la plupart, des photographies aériennes dès qu'il s'agit de montrer des équipements de production. À ceci s'ajoute le recours à des photographes talentueux comme Henri Baranger, qui sut exploiter à merveille les angles des barrages de la Dordogne à la fin des années 1940 et poursuivit sa carrière jusqu'aux années 1960, puis pour les décennies 1970 et 1980, Pierre Bérenger, Marc Morceau, Claude Pauquet, Georges Halary ou Michel Brigaud. Dans les rapports annuels, à partir des années 1970, le recours à la vue aérienne est pratiquement systématique pour les photographies d'équipements de production. À l'inverse, les « mises en image » des travaux du personnel sont presque

---

28 Nye D.E., *Image Worlds. Corporate Identities at General Electric, 1890-1930*, Cambridge, MIT Press, 1985, p. 155.

29 Bouvier Y. « Patrimoine en poche : Électricité de France et l'objet publicitaire », *Flux. Cahiers scientifiques internationaux Réseaux et territoires*, n° 82, octobre-décembre 2010, p. 24-33.

toujours prises à hauteur d'homme. Sur la décennie 1980-1989, les rapports annuels d'EDF comprennent 14 photographies d'équipements de production dont 13 sont des vues aériennes[30]. Ces photographies, commandées sous forme de reportages à des photographes, sont insérées dans les publications de l'entreprise, mais également mises à disposition de la presse pour illustrer des articles. Depuis une dizaine d'années, elles sont également présentes sur les sites internet.

Figure 2 : vue aérienne de la centrale thermique de Strasbourg, publiée par EDF dans *Travaux d'investissement*, 1959.
© Henri Baranger/EDF

Plusieurs raisons objectives expliquent cette omniprésence de la photographie aérienne. Cet angle de vue assure, en effet, une meilleure appréhension de l'ensemble d'un aménagement et permet de replacer l'équipement dans un paysage plus large dont il est le centre. Prolongeant cette réflexion, il paraît également évident que la photographie aérienne jouit d'une esthétique propre, celle du surplomb qui facilite les contrastes par la présence de taches de couleurs (champs de tournesols, prairies du bocage, cimes enneigées, etc.). Mais c'est d'abord pour ce qu'il véhicule que l'angle de vue nous intéresse : en s'imposant comme le point de vue préféré de l'entreprise sur ses propres aménagements, EDF affiche sa distinction. En effet, la photographie aérienne suppose

30 Cruas (rapport 1980, p. 70-71), Paluel (rapport 1980, p. 75), Saint-Laurent-des-Eaux (rapport 1981, p. 72-73), Cordemais (rapport 1982, p. 89), barrage de Villerest et centrale de Belleville (rapport 1983, p. 62-63), Paluel (rapport 1984, p. 32-33), Paluel (rapport 1985, p. 26), Flamanville (rapport 1986, p. 21), Cattenom (rapport 1986, p. 23), Saint-Alban (rapport 1988, p. 12), Gravelines (rapport 1988, p. 30), Le Havre (rapport 1989, p. 27), Saint-Alban (rapport 1989, p. 28-29).

des moyens financiers et techniques que seule une entreprise peut s'offrir. Surtout, en utilisant massivement des vues aériennes, EDF « signe » ses photographies : aucun touriste devant Tignes, Chastang ou la Girotte, aucun journaliste devant Paluel, Porcheville ou Golfech ne pourra prendre un tel cliché. Par la diffusion de ces paysages vus du ciel, l'entreprise a son propre regard, qui n'est ni celui de l'ingénieur constructeur, ni celui du touriste. Si « paysage EDF » il y a, celui-ci est, et de façon déterminante, lié au point de vue aérien des photographies commandées par l'entreprise. Le paysage est alors, aussi, construit par les outils employés[31] et son esthétique n'est pas seulement un phénomène physique mais aussi culturel[32].

Un paysage en concurrence

Les modalités d'appropriation des paysages électriques par EDF reposent sur des dispositifs fragiles. La prééminence de l'entreprise dans l'association de son nom à un paysage peut parfois être remise en cause. Bien évidemment, les paysages avec des centrales thermiques ou nucléaires ne constituent pas de véritables enjeux, hormis face aux mouvements anti-nucléaires mais ceux-ci utilisent peu de photographies. De façon compréhensible, les mouvements anti-nucléaires n'ont pas recours aux services de la médiathèque d'EDF pour illustrer leurs publications (papier ou électroniques) et n'utilisent donc pas les vues aériennes. Il y a donc peu de concurrence concernant les paysages des centrales nucléaires.

Il en va bien différemment des paysages de montagne avec les barrages. Non seulement, comme nous l'avons vu, certains lacs accueillent des activités nautiques, mais les paysages même sont devenus un enjeu touristique. Sans être l'équivalent des grands sites du patrimoine national, les barrages hydroélectriques constituent des sites touristiques que les collectivités locales (en particulier les communes et les conseils généraux) cherchent à développer. Les sites touristiques, selon Anne Cauquelin, « conjuguent l'idée de paysages plaisants à contempler et la mise en vente de leurs appâts numérisés, conjuguant ainsi esthétique, communication et finances de manière naïvement triomphale »[33]. Le paysage touristique est alors un double enjeu : économique et de communication. Attirer des touristes par la mise en avant d'un paysage agréable fait indéniablement partie des prérogatives des collectivités et

---

31 Nye D.E. (ed.), *Technologies of Landscape. From Reaping to Recycling*, *op. cit.*, p. 16.

32 Berleant A., *The Aesthetics of Environment*, Philadelphia, Temple University Press, 1992, p. 21.

33 Cauquelin A., *Le site et le paysage*, Paris, PUF, 2002, p. 25.

les offices du tourisme ne manquent pas de publier voire d'afficher de telles représentations. Toutefois, derrière ces démarches se livre une autre bataille : celle de la légitimité des acteurs du paysage. En effet, la « paternité » d'EDF sur ces paysages est contestée par les acteurs locaux qui ont, non seulement, leurs propres intérêts mais également leurs propres points de vue sur ces paysages. Il est ainsi logique que sur les photographies diffusées par ces communes, le premier plan soit occupé soit par les activités possibles (agrément, sports, pêche) soit par le lac avec les reliefs montagneux... Vues dont le barrage disparaît parfois entièrement. Cette concurrence des images s'inscrit dans le mouvement profond d'une « société de consommation paysagère »[34] dans laquelle l'image fige le paysage pour mieux l'utiliser. C'est également l'affirmation des dimensions identitaires et patrimoniales du paysage au détriment de la seule dimension technique[35]. Mais, l'image touristique n'est pas le seul intérêt pour les communes : les enjeux économiques actuels peuvent aussi fournir une explication à cette attitude. Le renouvellement des concessions de certains barrages ainsi que l'intérêt croissant des réservoirs pour la neige de culture[36] justifient amplement l'attention croissante des collectivités pour les installations hydroélectriques.

Conclusion

Le concept de « paysage d'entreprise »[37] se définit comme la construction et l'appropriation de paysages par l'entreprise. Dans le cas d'EDF, l'entreprise a capté les éléments techniques pour construire un paysage plus vaste, autour de la notion d'aménagement. Les reliefs environnants mais surtout les activités humaines ont ainsi été associés aux courbes des barrages et aux cheminées des centrales pour créer un paysage électrique dans lequel la technique n'était pas seule. EDF a utilisé plusieurs dispositifs pour lier son nom à ces paysages : visites sur le terrain et photographies aériennes ont contribué à forger une symbiose entre les paysages et l'entreprise. Mais cette construction est nécessairement temporaire et correspond à une configuration d'acteurs à un moment donné. Ainsi, du fait de l'impact de ces paysages sur le tourisme, les collectivités locales ont commencé à véhiculer, pour elles-

---

34 Jakob M., *Le paysage*, Gollion (Suisse), Infolio éditions, 2008, p. 120.

35 Sgard A., « Qu'est-ce qu'un paysage identitaire ? », in Burgard C., Chenet F. (ed.), *Paysage et identité régionale. De pays rhônalpins en paysages*, Vénissieux, La Passe du vent, 1999, p. 23-34.

36 Marnezy A., « Les barrages alpins. De l'énergie hydraulique à la neige de culture », *Revue de géographie alpine*, 96-1, 2008, p. 92-102.

37 Francis Rambert a utilisé le terme dans un court texte. Rambert F., « Paysage d'entreprise », *D'A. D'architectures*, n° 111, juin 2001, p. 14-15.

mêmes, des représentations (photographies ou films promotionnels) de ces paysages en mettant à l'écart leur dimension électrique.

Par ailleurs, l'intérêt d'une étude du paysage dans la communication d'entreprise est que ce concept se positionne à la frontière entre l'inconscient et le conscient. Dans le cas d'EDF, il semble évident que les processus de familiarisation et d'appropriation des paysages ne relèvent pas d'une stratégie de communication pensée et voulue. Pour autant, ils sont l'expression d'une position de l'entreprise, tant vis-à-vis de ses propres outils de production que vis-à-vis de l'ensemble de la société. En ce sens, les « paysages EDF » appartiennent aux constructions culturelles mouvantes de la France du second après-guerre.

Figure 3 : vue du barrage-voûte d'Enchanet (Cantal). Cette reproduction appartient à une série de dix photographies éditée pour les marques Cémoi et Lustucru au milieu des années 1950.

Le Collège des architectes du nucléaire (1974-1990)

Le paysage entre réalité et fiction

Audrey JEANROY

S'il est parfois ardu de pénétrer la pratique d'un architecte ou d'une agence, force est de constater que lorsqu'il s'agit du nucléaire la tâche s'avère presque impossible. Cet article ne vise donc pas à épuiser un sujet mais à avancer des hypothèses concernant un programme architectural encore peu étudié par les historiens de l'architecture[1] : la centrale nucléaire. Dans le même temps, les enjeux techniques, scientifiques, économiques, industriels et patrimoniaux attachés à ce programme ont déjà été posés et discutés par les historiens[2]. L'architecte est un acteur présent dès les premiers chantiers de centrales nucléaires dans les années 1950. Toutefois, au sein du Collège des architectes du nucléaire (1974-1990), c'est la nature même de leur mission qui diffère.

Dans le cadre de cet article, nous privilégierons trois axes de réflexion. Tout d'abord, nous rendrons compte de la naissance du Collège des architectes du nucléaire. Dans quel contexte voit-il le jour ? Quels en sont les principaux acteurs et que savons-nous de leur rôle lors des études préparatoires et, plus tard, sur le chantier ? Nous nous attacherons ensuite à la figure de l'architecte Claude Parent. Ce dernier initie, dès 1974, à la demande d'Électricité de France, des premières recherches d'ensemble portant sur le potentiel architectural, voire plastique, des centrales nucléaires. Dans la dernière partie, nous examinerons les missions des architectes dans le cadre d'une réflexion d'ensemble sur le « paysage du nucléaire ».

1 Plusieurs d'entre eux l'évoquent pourtant dans des textes plus généraux sur l'architecture de l'électricité. Voir Culot M., « On eût dit l'éclair consultant la nuit », in cat. expo. *Métamorphoses de l'électricité*, Paris, Norma, 2004, p. 111-136 ; Foucart B., « Des architectures pour l'électricité », in cat. expo. *Architectures de l'électricité*, Paris, Norma, 1992, p. 14-31 ; Lenne F. (dir.), *Un siècle de constructions : 1900-2000*, Paris, Le Moniteur, 1999, p. 254-257.

2 Voir en particulier les travaux d'Alain Beltran, Yves Bouvier, Dominique Finon, Dominique Larroque, Henri Morsel et Denis Varaschin.

Le plan Architecture

Après la crise pétrolière de 1973, la question de l'indépendance énergétique[3] de la France arriva sur le devant de la scène et les pouvoirs publics, associés à EDF, mirent en place une nouvelle politique qui toucha à la fois les moyens de production et les méthodes de consommation[4]. Quatre contrats de programme[5] de construction d'unités de PWR[6] standardisés se suivirent à partir d'avril 1974. On espérait alors atteindre une certaine autonomie dans le dernier quart du XXe siècle. Après cette « ère des pionniers »[7], qui vit s'élever de nombreuses tranches simultanément[8], le programme s'essouffla finalement dans les années 1980[9].

Pour produire vite et en nombre, EDF réfléchit alors à la standardisation d'un modèle de centrale PWR[10], venu des États-Unis et réalisé en France sous le patronage de Framatome[11]. Michel Hug, « bâtisseur

---

3 L'indépendance nationale est un des « leitmotive » de l'électronucléaire et ce tout au long de son histoire. Le choc pétrolier ne fit que renforcer la compétitivité de cette filière. Voir à ce propos Picard J.-F., Beltran A., Bungener M., *Histoires de l'EDF : comment se sont prises les décisions de 1946 à nos jours*, Paris, Dunod, 1988, p. 187.

4 Pour une étude plus précise de la politique de régulation des dépenses énergétiques mise en place par les pouvoirs publics à partir de 1974, voir l'article d'Aurore Toulon dans *État et énergie XIXe-XXe siècle*, Paris, Comité pour l'histoire économique et financière de la France, 2009, p. 259-286.

5 Il s'agit des contrats CP1 (18 réacteurs de 900 MW, avril 1974), contrat CP2 (10 réacteurs de 900 MW, décembre 1975), P4 et P'4 (16 réacteurs de 1 300 MW, décembre 1975 et août 1980).

6 Abréviation qui définit la technologie à eau légère et à uranium enrichi dite des réacteurs à eau pressurisée ou sous pression. Cette filière de réacteur forme l'essentiel du parc nucléaire français actuel et compte également le plus grand nombre d'unités en service dans le monde. Elle se décline en 900 MW, 1 300 MW et 1 450 MW.

7 Morsel H. (dir.), *Histoire générale de l'électricité en France, une œuvre nationale, l'équipement, la croissance de la demande, le nucléaire : 1946-1987*, Paris, Fayard, 1996, p. 743.

8 Les études préparatoires pour ces tranches s'effectuèrent entre 1974 et 1982. Les mises en service s'échelonnèrent entre 1983 et 1990. Voir Parent C., *Les maisons de l'atome*, Paris, Éditions du Moniteur, 1983, p. 61.

9 La crise économique persistante, l'anticipation des besoins en énergie par l'administration et la catastrophe de Tchernobyl, survenue le 26 avril 1986, qui frappe durablement l'opinion publique, stoppèrent l'expansion de ce programme nucléaire. Finon D., « Force et inertie de la politique nucléaire française. Une coévolution de la technologie et des institutions », *État et énergie XIXe-XXe siècle, op. cit.*, p. 191.

10 Ce modèle de centrale à eau pressurisée avait déjà été expérimenté en France, à Chooz en 1962 (réacteur de 230 MW) et à Tihange, en Belgique, en 1967 (réacteur de 670 MW).

11 La Franco-Américaine de Constructions Atomiques, née le 1er décembre 1958, de plusieurs sociétés des groupes Schneider, Empain, Merlin-Gerin et Westinghouse, à la suite d'un appel d'offres franco-belge pour une centrale à eau ordinaire. Véritable

dans l'âme doublé d'un organisateur redoutable »[12], à la tête de la direction de l'Équipement depuis 1972, dut résoudre une équation délicate. Il s'agissait de développer un projet standard conçu pour conserver une certaine capacité d'adaptation en fonction des sites. Sans ce nécessaire compromis qui obligea EDF à engager une réflexion d'ensemble sur l'implantation des centrales nucléaires, le plan Architecture, lancé simultanément, n'aurait sans doute pas eu le même destin. Dans cette organisation, ce n'est pas Framatome mais EDF, le client, qui officie en tant qu'architecte industriel et qui conserve la maîtrise d'œuvre des centrales nucléaires. Au-delà de la réduction des coûts de production, de la diminution des délais d'exécution et de la rationalisation des aléas[13] relatifs à la sécurité, la standardisation des tranches permet une centralisation des pouvoirs et des moyens au sein de la direction de l'Équipement d'EDF[14]. Cela aura un impact décisif sur la planification des études industrielles et architecturales à venir.

L'architecte et journaliste Pascale Joffroy résume ainsi la naissance du plan Architecture : « On lâcha donc quelques architectes dans la cage aux techniciens pour apporter la preuve que leur bravoure n'avait pas faibli depuis l'époque héroïque des ouvrages d'art »[15]. Si la phrase est cinglante, le cadre qu'elle révèle n'est pas si éloigné de la vérité. Ce plan d'équipement sans précédent permit aux architectes désignés de repenser la notion d'architecture industrielle et ce qu'elle implique dans le nécessaire partage des rôles entre architecte et ingénieur. Les « paysages du nucléaire » qui en résultent sont ainsi les lieux d'un rapport de force entre deux corps de métier qu'EDF oblige alors à travailler de concert. Cependant, rien ne nous permet d'affiner l'analyse des tensions qui s'exercent alors.

---

pari technologique et industriel, l'entreprise est à l'origine une société d'ingénierie nucléaire qui s'occupe de prendre en charge les études des chaudières nucléaires. *Framatome : du bureau d'ingénierie nucléaire au groupe international*, Paris, Albin Michel, 1995, 159 p.

12 Picard J.-F., Beltran A., Bungener M., *op. cit.*, p. 205.

13 Voir la définition qu'en donne Michel Hug dans *Un siècle d'énergie nucléaire*, Paris, Éditions le Manuscrit, 2009, p. 24.

14 L'entreprise, créée en 1946, en profite d'ailleurs pour se restructurer, notamment au niveau des régions d'équipement. Voir à ce sujet Morsel H. (dir.), *op. cit.*, p. 740 ; Hug M., Delille G., *Organiser le changement dans l'entreprise : une expérience à Électricité de France*, Paris, Dunod, 1975, 173 p.

15 Joffroy P., « Une architecture du nucléaire ? », in *Architectes architecture*, n° 169, juillet-août 1986, p. 25.

Du côté d'EDF, l'intérêt pour l'esthétique industrielle[16] et la qualité architecturale de ses bâtiments n'est pas nouveau. Faute de pouvoir travailler sur son produit, l'électricité, comme le ferait un industriel en se servant du design de produit, l'entreprise se concentre sur l'esthétique de ses moyens de production et de distribution de l'énergie fabriquée. Ils font alors la promotion d'un mécanisme tout autant que d'un monopole – domination d'une entreprise sur plusieurs sources d'énergie, maîtrise du territoire. L'architecture devient ainsi ce « média lent »[17] à destination de ses clients comme de ses agents, pour imposer une image de marque et une culture d'entreprise à grande échelle. Au-delà des enjeux purement économiques et industriels, en adoptant une démarche volontariste en faveur de l'aménagement de l'espace et de l'architecture, EDF répondait aussi aux controverses que suscitait le nucléaire depuis le milieu des années 1960[18]. La contestation portait non seulement sur la dangerosité pour les personnes mais aussi sur le déséquilibre de l'environnement en termes d'écologie et d'esthétique ; argument dont se saisit EDF et qui participa à l'engagement de l'entreprise en faveur d'études de fond pour intégrer ses édifices monumentaux dans le paysage. Plus qu'une simple adaptation, l'intégration était devenue une donnée essentielle afin de répondre aux voix qui commençaient à se faire entendre et continueront à s'élever lors des chantiers et de la mise en service des centrales.

Ces études d'aménagement paysager et les recherches architecturales, menées par la direction de l'Équipement, participent également à la « francisation » de cette technologie nucléaire, achetée aux États-Unis mais qui rapidement développe des caractéristiques nationales[19]. Pour EDF, la présence des architectes est donc aussi une manière d'affirmer son rôle de concepteur et d'ensemblier à un moment où la France cherche à vendre son savoir-faire dans ce domaine à l'étranger (Afrique du Sud, Iran, Corée du Sud, Chine).

---

16 Signalons qu'EDF fait partie dès 1951 du comité de patronage de l'Institut d'esthétique industrielle. Cette même institution décerne le 24 novembre 1971 son premier Grand Prix à l'établissement national.

17 Ferrier J., *Les usines*, Paris, Electa, 1987, p. 4.

18 Un tournant a lieu en 1968 avec, entre autres causes, la diffusion des mouvements environnementalistes venus des États-Unis. Voir Morsel H. (dir.), *op. cit.*, p. 769-776. Un des événements les plus marquants, lié à la contestation du nucléaire en France, est la marche sur la centrale de Creys-Malville, une dizaine d'années plus tard, durant l'été 1977. Voir notamment le récit qu'en fait Taccoen L. dans *Le Pari nucléaire français. Histoire politique des décisions cruciales*, Paris, L'Harmattan, 2003.

19 Les accords de licence avec la société Westinghouse sont rompus en 1982. Reuss P., *L'épopée de l'énergie nucléaire. Une histoire scientifique et industrielle*, Les Ulis, EDP Sciences, 2007, p. 68.

La naissance et les missions du Collège des architectes du nucléaire

Le Collège des architectes du nucléaire naît dans ce contexte, au milieu de l'année 1975. Comment les architectes furent-ils choisis ? Qui les désigna ? De quelle nature fut le contrat qui les liait à la direction de l'Équipement ? Difficile à cerner, ce groupe ne s'appréhende aujourd'hui qu'à travers les témoignages et les articles de presse de l'époque.

Aucun document[20] n'ayant été retrouvé sur le Collège, nous ne pouvons pas, à l'heure actuelle, répondre précisément à ces questions. Les revues, en revanche, peuvent donner une certaine idée de son évolution. En 1975, la *Revue française de l'électricité*[21] évoque, en effet, la contribution des architectes Paul Andreu (né en 1938), André Bourdon (né en 1915), Jean Le Couteur (1919-2010) et Jean Willerval (1924-1996) aux études en cours menées par Claude Parent. Pierre Dufau (1908-1985) et Michel Homberg[22] se joignirent bientôt au groupe. Dans sa configuration finale, le groupe s'étendit à neuf architectes avec les participations de Jean Dubuisson[23] (1914-2011) et Roger Taillibert (né en 1926)[24]. Jean Prouvé fut associé occasionnellement à ce groupe.

Le Collège forme un groupe hétérogène si l'on considère l'âge et la carrière respective de ses membres. En effet, trente ans séparent Paul Andreu (37 ans) et Pierre Dufau (67 ans). Ce sont des architectes confirmés, formés pour la plupart à l'École nationale supérieure des beaux-arts de Paris, qui ont déjà de nombreuses réalisations à leur actif. Seuls deux d'entre eux ont une double formation d'architecte et d'ingénieur : Paul Andreu à l'École polytechnique et à l'École nationale des ponts et chaussées et Roger Taillibert à l'Institut polytechnique de Stuttgart, où il travaille au développement de structures légères et mobiles, de 1962 à 1966. De tous, c'est Claude Parent qui a le parcours le plus décousu,

---

20 Des recherches ont été menées au Pôle archives historiques EDF GDF à Blois et au Centre d'archives d'architecture du XXe siècle à Paris.

21 Lebreton J.-C., « Environnement et écologie dans la conception d'une centrale nucléaire », *Revue française de l'électricité*, n° 249-250, 2e-3e trimestres 1975, p. 26.

22 Voir l'entretien que donne Jean-Claude Lebreton dans *Créé*, n° 39, février 1976, p. 34.

23 Ce dernier arrive tardivement sur le projet pour remplacer Jean de Mailly (1911-1975).

24 Dans son article du 8 septembre 1975, Catherine Bergeron évoque également la présence d'Oscar Niemeyer lors de cette phase de recherches collectives. Claude Parent nous a confirmé cette participation ponctuelle de l'architecte brésilien, installé en France depuis 1967. Nous n'avons pas encore retrouvé les dessins issus de cette collaboration, par ailleurs jamais mentionnée dans les diverses monographies consacrées à l'architecte de Brasilia. Voir Bergeron C., « Les enjoliveurs de l'atome », *Le Point*, n° 155, 8 septembre 1975.

puisqu'il sort non diplômé de l'ENSBA en 1949[25]. Au sein du Collège, les situations professionnelles sont également dissemblables. Trois de ces architectes ont une agence de grande dimension. Lorsqu'il entre au Collège des architectes du nucléaire, Roger Taillibert vient d'achever le parc des Princes, et est, depuis 1973, à la tête du chantier du complexe olympique de Montréal. De son côté, Paul Andreu est responsable de l'ensemble aéroportuaire de Roissy-Charles-de-Gaulle. Parmi ceux qui ont déjà travaillé pour EDF, deux ont réalisé des centrales nucléaires : Pierre Dufau à Chinon et Fessenheim (1970-1977) et André Bourdon à Bugey (1965-1972) et Gravelines (1974-1980). Jean Le Couteur a réalisé, quant à lui, le centre de recherches EDF des Renardières à Écuelles (1961-1982) et un poste EDF à Clichy-sous-Bois (1965-1966).

Figure 1 : Vue de la maquette de la salle des machines type mer (1 300 MW) de Paul Andreu, Pierre Dufau, Jean Le Couteur, Claude Parent et Jean Willerval. Fonds Claude Parent. SIAF/Cité de l'architecture et du patrimoine/Archives d'architecture du XXe siècle

Nous ne savons que peu de choses sur leurs débats et leurs lieux de réunion[26]. En revanche, considérant les propositions qui sont faites par

[25] Il n'est inscrit à l'Ordre des architectes qu'en 1966, sous le numéro d'affiliation A13403.

[26] Les premières réunions avec des ingénieurs d'EDF se déroulèrent dans l'agence de Claude Parent (16, rue Madeleine Michelis, Neuilly) en compagnie de Jean-Claude Lebreton. Nous ne savons pas en revanche comment s'est organisé le travail de collaboration des différents architectes. Voir Parent C., Bouvier Y., « Architecture et

les architectes, nous pouvons définir les termes de leur mission. Il en résulte, en effet, la mise au point de nouveaux modèles standard pour les salles des machines 1 300 MW type « plaine » et type « mer » ainsi que pour les salles des machines 900 MW. Leurs recherches tendent principalement à l'individualisation en façade, comme en volume, des fonctions internes de la centrale. Les architectes proposent des modèles imaginés seuls, comme Roger Taillibert, Paul Andreu et Jean Willerval, ou à plusieurs, comme pour le modèle 900 MW du contrat CP2 (Paul Andreu, Jean Dubuisson, Michel Homberg et Claude Parent) ou pour la salle des machines type « mer » 1 300 MW qui réunit Paul Andreu, Pierre Dufau, Jean Le Couteur, Claude Parent et Jean Willerval.

Plus enclin, par sa formation, à étudier ce type de structure, Paul Andreu dessine seul plusieurs courbes complexes pour les dômes hémisphériques des réacteurs. Sans véritablement intégrer le Collège des architectes du nucléaire, on l'a dit, l'ingénieur et designer Jean Prouvé (1901-1984) se joint également à la phase d'études en tant que « conseil des architectes »[27]. Il intervient principalement, entre 1976 et 1979, pour la structure des bardages métalliques des salles des machines.

Membre fondateur et fédérateur du Collège des architectes du nucléaire, Claude Parent, bien qu'ayant peu d'expériences dans ce cadre très spécifique de l'architecture industrielle, se pose manifestement comme la voix de cet ambitieux programme. On ne peut considérer le nombre important d'articles – didactiques ou polémiques – et d'ouvrages sur le sujet émanant de ce seul architecte sans imaginer que cette démarche ait fait partie d'une stratégie plus globale. Les deux ouvrages que Parent publie alors, *L'architecture et le nucléaire* (1978) et *Les maisons de l'atome* (1983), livres engagés qui sont les premiers à faire une synthèse des projets, témoignent à la fois de l'actualité de ce domaine et de l'intérêt qu'il lui porte. Une partie de l'explication se trouve dans sa participation, dès 1974, à une étude portant sur les formes des centrales et sur leur insertion aux sites. Cette mission lui a été commandée par Jean-Claude Lebreton[28] (1938-1989), alors chef du départe-

paysage du nucléaire : la centrale crée le site », *Annales historiques de l'électricité*, n° 3, août 2005, p. 10.

27 Voir le compte-rendu de la réunion du 21 octobre 1976, qui s'est tenue à l'agence de Claude Parent en présence de membres d'EDF et de plusieurs architectes. Au vu des sources, il apparaît que Jean Prouvé a travaillé sur d'autres structures que celles annoncées dans les différents articles de l'époque. On notera un modèle de belvédère pour centre d'accueil des visiteurs, finalement non réalisé, adaptable sur les sites des centrales de Paluel, Flamanville, Fessenheim et Penly (1979).

28 Bien que souhaité par Michel Hug, il semble que le plan Architecture ait été au départ motivé par l'intérêt de Jean-Claude Lebreton pour l'architecture. Claude Parent affirme, dans son entretien avec Yves Bouvier, que Lebreton aurait voulu être

ment études générales programmes-sites et environnement au sein de la direction de l'Équipement.

Claude Parent et les études « exploratoires »

Dans la préface de *L'architecture et le nucléaire*, Michel Hug décrit en ces termes les objectifs des premières recherches assignées à Claude Parent : « Ces études portaient sur les formes que l'on voulait plus satisfaisantes et plus expressives et sur l'insertion de ces nouvelles architectures aux sites, sans que ni le prix de revient ni le temps de réalisation ne soient modifiés de façon notable »[29]. Si le parti esthétique général de cette commande reste flou, on cherche cependant à faire émerger une véritable architecture du nucléaire. À l'exemple de la première centrale de Chinon[30], il s'agit de différencier le nucléaire du thermique classique. Qualifiées d'« exploratoires », ces premières études tendent davantage à persuader qu'une architecture du nucléaire est possible, qu'à faire aboutir des principes esthétiques et fonctionnels. Est-ce cette volonté particulière qui amène EDF à porter son choix sur un architecte se tenant hors des circuits traditionnels auxquels elle a l'habitude de faire appel ? La question reste entière. À en croire Claude Parent, dans un premier temps, le choix d'EDF se serait porté sur Paul Andreu, camarade de Jean-Claude Lebreton à Polytechnique. Mais si un temps les noms de Paul Andreu et de l'atelier d'architecture Riboulet, Thurnauer et Véret sont évoqués, c'est finalement Claude Parent qui est contacté entre les mois de mars et d'avril 1974.

La rencontre entre Jean-Claude Lebreton et Claude Parent, placée sous le signe du quiproquo a lieu après plusieurs refus de l'architecte. Il était si loin de la problématique des centrales qu'il crut tout d'abord à une démarche commerciale persistante[31]. À la suite de ce premier entretien c'est finalement la visite de la centrale de Fessenheim (alors en chantier) qui le persuade du potentiel de ce type de programme.

Claude Parent est alors un architecte à la carrière composite. Il a déjà réalisé des programmes très variés (maison individuelle, immeuble collectif, église, hypermarché) mais une seule architecture de type industriel : l'usine Thomson-Houston à Villacoublay (1964-1971). Il tire de sa rencontre avec André Bloc (1896-1966) en 1949, un intérêt pour l'in-

---

architecte mais qu'après une année à l'École nationale des beaux-arts de Paris il se serait ravisé.

29 Parent C., *L'architecture et le nucléaire*, Paris, Éditions du Moniteur, 1978, p. 2.

30 Architectes : Jean Demaret (1897-1967) et Pierre Dufau (1908-1985). Chinon I est couplé au réseau en juin 1963.

31 Claude Parent pensa au départ qu'il s'agissait de l'équipement de son agence par un compteur bleu.

tégration de l'art et de la couleur à l'architecture et de sa participation au groupe Architecture Principe (1963-1968), qu'il a formé avec Paul Virilio (né en 1932), une affection pour la massivité et la monumentalité d'une architecture-objet, en dialogue permanent avec le paysage. Mais c'est surtout son attrait pour le dessin, ainsi que sa réputation d'architecte-théoricien et de polémiste, qui en font un interlocuteur intéressant pour la direction de l'Équipement. Outre ses qualités propres de communicant et de grand dessinateur, sa participation au comité de rédaction de la revue *Esthétique industrielle*, entre 1959 et 1967, dénote un architecte attentif à la question du design industriel dont il adapte les principes à la voiture[32] comme à l'architecture.

Seul, sans autre contrainte que celle de son imagination, Parent a, dans un premier temps, carte blanche pour démontrer que les salles des machines, les réacteurs et les aéroréfrigérants peuvent avoir une identité architecturale propre. Si les formes proposées ne sont pas encore ratifiées et les lieux non encore arrêtés, Claude Parent, accompagné de Jean-Claude Lebreton, visite un grand nombre de sites. Ainsi, dès le départ, ceux-ci constituent une donnée importante dans la démarche de l'architecte, car s'il faut envisager de nouvelles silhouettes pour les centrales, il faut aussi penser à les insérer dans un environnement naturel tout autant que culturel. Quatre modèles types ou « expressions architecturales »[33] naissent de ses investigations qui portent sur deux tranches associées de 1 300 MW et leur aéroréfrigérant. Si les premiers croquis de Claude Parent semblent emprunter au mouvement américain *streamline*[34], leurs formes épurées, presque aérodynamiques, rendent compte d'une recherche affirmée sur le monumental.

À l'instar de ses dessins intitulés « Stratifications », qui présentent un mimétisme formel avec les talus d'un site en falaise, ces premiers spécimens sont liés à une réflexion sur le territoire. Les autres séries qu'il dessine alors, les « Orgues » ou « Proues », les « Temples », les « Hottes » et les « Digues », noms synonymes de masse et de démesure, sont imaginées dans un paysage tantôt fictif, tantôt réel, comme l'estuaire de la Gironde ou les falaises du Cran-aux-Œufs (Pas-de-Calais). Arc en plein cintre, arcade, porte-à-faux, décroché, le vocabulaire architectural s'enrichit de formes inédites au sein de salles de machines distinctes. L'architecte prend ici le contre-pied du modèle

---

32 Parent C., « Le corps en mouvement », *Esthétique industrielle*, n° 46, 1960, p. 5-26.

33 Parent C., *op. cit.*, p. 4.

34 *Streamline*, qui signifie littéralement « cours du ruisseau », désigne un mouvement de design des années 1930. S'inspirant de l'aérodynamisme de la goutte d'eau, ce courant engendre des objets aux lignes fluides et aux courbes arrondies. Hanks D.A., *Un design américain : le Streamline de 1930 à nos jours*, Paris, Flammarion, 2005, 279 p.

de la centrale de Fessenheim, dans laquelle les axes des turbines sont dans le prolongement l'un de l'autre pour constituer un bâtiment unique. L'amélioration des conditions de sûreté des installations accompagne cette prise de décision.

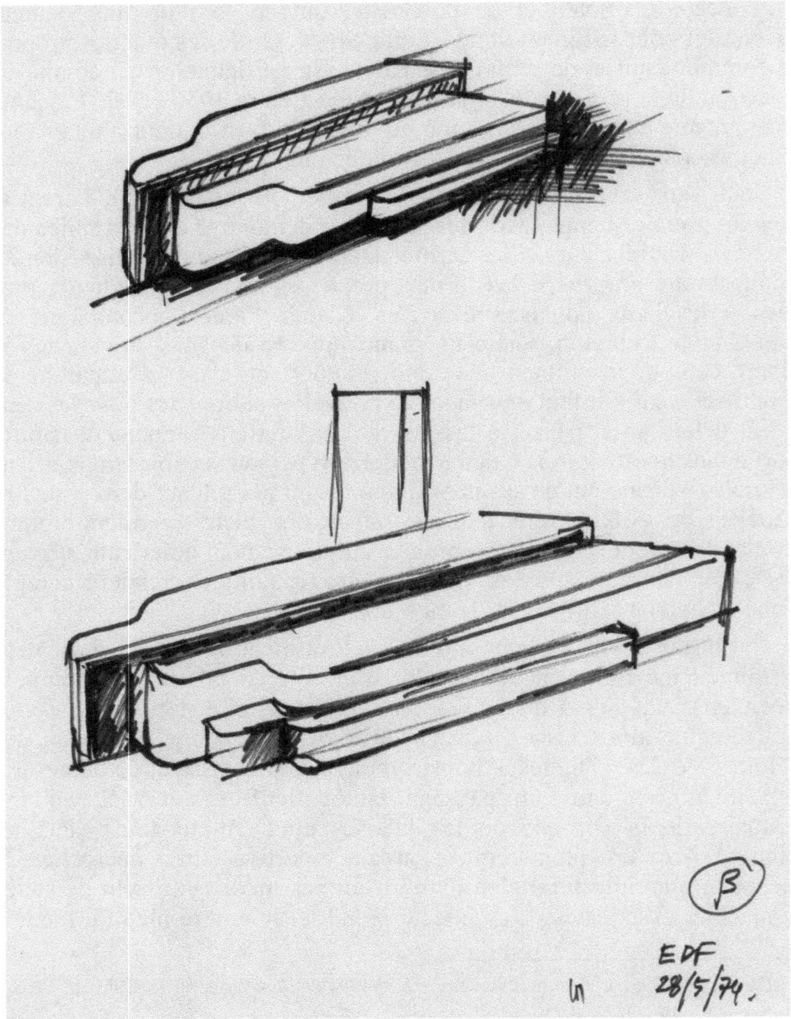

Figure 2 : Croquis de Claude Parent, 28 mai 1974.
Fonds Claude Parent, collection FRAC Centre, Orléans

Certaines de ces premières études graphiques montrent à quel point le programme de la centrale nucléaire, et notamment les aéroréfrigérants, a éveillé l'imagination de Claude Parent. Les cheminées transformées en fûts élancés (« Corolle vallée 2 », 21 février 1975), semblent se répandre en nappe organique (« Amphores », 14 mars 1975), ou se regroupent comme les quatre lobes d'une seule et même tour (« Pattes du Tigre », 5 mars 1975).

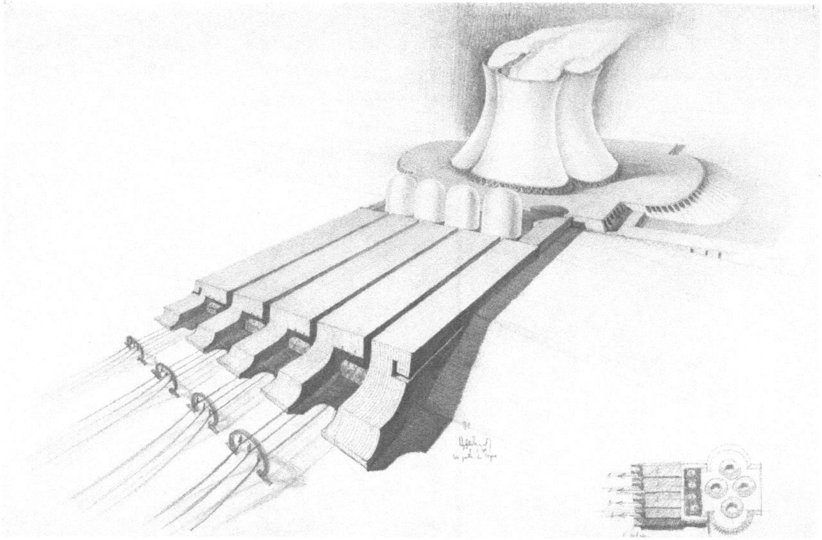

Figure 3 : Dessin de Claude Parent, *Les Pattes du Tigre*, 5 mars 1975.
Fonds Claude Parent, collection FRAC Centre, Orléans.

Ce dernier dessin est décliné en plusieurs versions et donne lieu à la création de deux maquettes. Le 18 mars 1975, Claude Parent reprend l'idée des griffes pour représenter les salles des machines, mais cette fois il les associe à des aéroréfrigérants séparés et bas comme ceux des « Amphores ». Chaque griffe est individualisée et correspond à un réacteur. L'analogie avec la patte du tigre ne s'arrête pas là : le petit croquis qui accompagne le dessin du 5 mars 1975, sorte de vue aérienne de l'ensemble, évoque l'empreinte d'une patte. Les maquettes qui accompagnent cette étude sont très fréquemment reproduites dans la presse. L'une d'entre elles illustre la couverture du livre *L'architecture et le nucléaire*, la fixant comme élément iconique de la proposition de Claude Parent. Plus que les dessins, ce sont les maquettes qui renvoient plus justement à la puissance de cette étude. Pour l'architecte, les « Pattes du Tigre » offrent un renversement des valeurs. Dominant littéralement le territoire, tout en s'adaptant aux reliefs de celui-ci, cette architecture fictive devient topologique et renoue selon Parent « avec une de ses missions ancestrales, créer le paysage, être le paysage »[35]. En assumant cette monumentalité, suggérant force et puissance, et en oubliant les frontières nécessaires qu'exige l'implantation d'une centrale, l'architecte a réussi à donner une nouvelle personnalité à ces « maisons de l'atome ». Loin du carcan qu'imposent les impératifs techniques, Claude Parent répond par ce projet à la demande qui lui a été adressée : faire de la centrale un programme architectural à part entière. C'est passer outre les caractéristiques de la centrale, et les peurs qu'elle engendre, pour en faire un objet d'innovation qui pourra, à terme, susciter l'imagination des uns et l'intérêt des autres.

Figure 4 : Dessin de Claude Parent, *Paysage 3 Coexistence*, 24 mars 1975. Fonds Claude Parent, collection FRAC Centre, Orléans.

Le mythe de la « centrale aux champs »[36], qui apparaît très tôt dans la production de Claude Parent, peut être associé à l'idée que l'architecture construit le paysage. Datés de mars 1975, les dessins intitulés « Coexistences » ou « Paysage » évoquent un monde rural à la limite du pittoresque, dans lequel la centrale nucléaire est le cœur d'un environnement réinventé par l'homme. Ils démontrent l'application de l'architecte à

[35] Parent C., *op. cit.*, p. 30.

[36] Parent C., *op. cit.*, p. 27.

traiter la question de l'impact de la centrale sur son environnement immédiat. Bien que nous ne puissions pas juger de l'écho de ces dessins sur la population, ils cherchent visiblement à marquer les esprits en figurant un avenir proche de l'utopie. Dans ce cadre idéal, la frontière entre monde industriel et monde rural n'a plus lieu d'être. La centrale apparaît comme un monde totalement ouvert sur son environnement et même propice aux développements de ce dernier. Issus de l'imagination de Claude Parent, ces dessins vont, selon nous, dans le sens de certaines photographies publiées dans la *Revue française de l'électricité*[37] en 1972 qui témoignent, dans les faits et preuve à l'appui, d'une monumentalité acceptée dans un paysage agricole fertile. Lors du chantier des centrales de Cattenom (1979-1986) et de Chooz B (1980-1996), ce souci de rapprochement de la nature donne naissance à une réflexion sur la nécessité de plantations à l'intérieur des limites de la centrale, à une dispersion raisonnée des aires de parking et enfin à une possible suppression des bordures et des trottoirs le long des routes d'accès. D'un point de vue éloigné, et selon le relief du site, ce dispositif aurait mené à l'impression que les véhicules circulaient librement en pleine verdure.

Le statut des dessins de cette première phase d'étude est complexe. De nature diverse, ils permettent à l'architecte de poser les bases de modèles architecturaux, tout en fixant des images fortes au service d'un discours positiviste. D'études concrètes, potentiellement applicables – aux dires de l'architecte, les « Hottes » et les « Stratifications » ont fait l'objet d'analyses plus poussées une fois leur présentation à EDF –, Parent est passé à des études de type prospectif. Mais si le trait paraît caricatural, c'est qu'au départ il lui a fallu convaincre. Sa pratique du dessin sert tout à la fois l'architecte-créateur dans l'élaboration de ses idées et le commanditaire qui cherche à communiquer avec le public et les différentes administrations par le biais de cette production graphique. Publiée entre 1975 et 1980, dans des revues comme *Créé*, *Le Moniteur* ou *La Chronique des arts*, elle a néanmoins le mérite de sortir la question du nucléaire du milieu restreint de l'énergie et de placer le débat sur le devant de la scène.

---

37 Nous pensons notamment à la photographie présentée dans le numéro 236. La légende de l'image y est sans équivoque : « L'or des graminacées annonce les moissons proches dans le voisinage des unités nucléaires de Saint-Laurent-des-Eaux. Leur avènement n'a rien changé au rythme séculaire des saisons et les épis sont toujours aussi beaux. La vie continue, paisible comme avant, et les mauvais prophètes y chercheraient en vain quelque mal latent ». Guilhamon J., « Les centrales nucléaires et l'environnement », *Revue française de l'électricité*, n° 236, 1972, p. 11.

Les architectes et le « paysage du nucléaire »

Le 10 juillet 1976 – cinq ans à peine après la création du ministère de l'Environnement –, la loi relative à la protection de la nature[38] impose de nouveaux impératifs pour assurer le respect du milieu naturel face à des aménagements de grande ampleur. Associé aux ingénieurs d'EDF, le Collège prend alors à sa charge l'élaboration d'une partie des études d'impact, lui permettant ainsi de poser les bases de l'insertion du nucléaire dans le paysage. Bien que jugée « un peu incantatoire »[39], cette idée d'intégration dans le site ne dessine qu'un premier pas accompagnant le dispositif législatif de 1976[40] ; elle est pourtant nécessaire dans le cadre de ce type de construction. À la différence de la « boîte close »[41], emblème de l'architecture industrielle qui présente des caractéristiques atopologiques, une centrale nucléaire ne peut être implantée n'importe où[42], sans avoir au préalable pris en considération la nature du site, son potentiel et sa situation. Aussi, consultés dès le choix des sites, les architectes contribuent à l'analyse de l'état initial de l'environnement, à l'étude des transformations que le projet va engendrer et, enfin, à la définition des mesures appropriées pour compenser ces modifications. Le processus de sélection des sites se fait à partir de notices descriptives réalisées par EDF et qui prennent en compte pour chaque terrain envisagé : la situation géographique, les accès éventuels, la météorologie, la séismicité, les équipements existants, les ressources hydrologiques et la géologie[43]. Deux types de terrain dominent parmi ces propositions : la

38 Il s'agit de la loi n° 76-629 dont l'article 2 précise que : « les études préalables à la réalisation d'aménagements ou d'ouvrages qui, par l'importance de leurs dimensions ou leurs incidences sur le milieu naturel, peuvent porter atteinte à ce dernier doivent comporter une étude d'impact permettant d'en apprécier les conséquences ».

39 Borodkine R., Couderchet L., Ormaux S., « La question des pollutions visuelles », in Chenet F., Collot M. et Saint-Girons B. (dir.), *Le paysage, état des lieux*, Bruxelles, Ousia, 2001, p. 85.

40 Pour ces auteurs, la transformation du paysage par des aménagements de grande envergure n'est considérée comme un véritable enjeu de la politique d'aménagement du territoire que plus tardivement. La loi Paysage (n° 93-24, 1993) entérine cette prise de conscience. Complétée par un décret d'application (n° 94-2438 du 11 avril 1993), elle concerne la protection et la mise en valeur des paysages qu'ils soient naturels, urbains, ruraux, banals ou exceptionnels.

41 Ferrier J., *op. cit.*, p. 5.

42 Bien que contrainte par la présence d'une grande quantité d'eau à proximité, l'implantation d'une centrale nucléaire est toutefois plus « libre » qu'un barrage hydraulique qui demande une importante retenue d'eau, qu'une centrale à charbon obligatoirement proche d'une mine ou qu'une centrale au fuel associée à une raffinerie.

43 Ces éléments sont issus de la notice explicative intégrée au dossier d'enquête publique de la demande de déclaration d'utilité publique de la centrale nucléaire de

plaine (proche de la Loire, du Rhône ou de la Moselle) et le littoral (en Bretagne ou dans le Cotentin). On peut supposer que les côtes s'avèrent plus aisées à traiter du point de vue de l'insertion, puisqu'en général en partie cachées par le relief naturel à la différence des sites de plaine qui présentent souvent des vues dégagées aux quatre points cardinaux. Plusieurs emplacements sont envisagés et le choix une fois validé, chaque architecte a la charge d'un territoire particulier[44] pour lequel il travaille le plan de masse et l'adaptation du modèle standard. Avant la création des cartes de soumission visuelle, qui servent aujourd'hui à prévoir les zones qui ont la plus forte probabilité d'être vues sur la scène paysagère, les architectes tentent de modéliser ces implantations en vue de l'étude d'impact. Pour cela, ils disposent de plusieurs outils. Premier support de représentation architecturale et paysagère, le dessin permet, à Claude Parent et aux autres architectes du Collège, de fixer les principes initiaux de l'insertion des centrales. Avant de transformer un paysage, il faut appréhender et étudier le territoire. Ils multiplient les coupes de l'îlot nucléaire, les perspectives détaillées, les élévations, les plans d'implantation et les plans de masse comme en témoignent les dessins conservés dans les fonds d'archives[45]. Il est à noter que, dès 1974, des représentations ou vues du ciel parviennent à figurer les futurs aménagements avec une grande précision et ce bien avant la diffusion des images par satellite qu'elles préfigurent.

Rapidement associée au dessin, la maquette est un autre support important de conceptualisation. Elle joue un rôle dans la création des formes architecturales – « Hottes », « Stratifications », « Temples » –, dans l'élaboration plus tardive de la mise en couleur[46], mais également dans la représentation des volumes. Plusieurs maquettes, longues de plus d'un mètre, sont fabriquées pour représenter l'implantation des centrales à venir. La photogrammétrie aérienne, qui aboutit à la représentation d'un territoire étendu à partir des clichés de prises de vues aériennes, est aussi utilisée par les architectes. À partir de ces relevés et grâce à des photomontages, ils réussissent à intégrer visuellement les équipements

---

Cattenom (18 mars 1977). Archives nationales, Fontainebleau, direction des Transports terrestres, versement n° 19850225, article 30.

44 Michel Homberg à Chinon, Jean Le Couteur à Nogent-sur-Seine, Jean Dubuisson et Jean de Mailly à Saint-Laurent-les-Eaux, Pierre Dufau à Paluel, Paul Andreu à Cruas, Claude Parent à Chooz et à Cattenom, Roger Taillibert à Penly et Jean Willerval à Flamanville, Saint-Alban, Golfech et Belleville.

45 Voir notamment les plans conservés dans les fonds Jean Le Couteur (187 Ifa), Pierre Dufau (066 Ifa) et Claude Parent (056 Ifa) au Centre d'archives d'architecture du XXe siècle de l'Institut français d'architecture.

46 Alexandra Cot est la première à travailler à des études de mise en couleur des centrales nucléaires, en tant que coloriste-conseil, en collaboration avec Claude Parent.

envisagés. Une fois réalisées, ces analyses sont finalement jointes aux demandes de déclaration d'utilité publique et aux demandes de permis de construire des centrales.

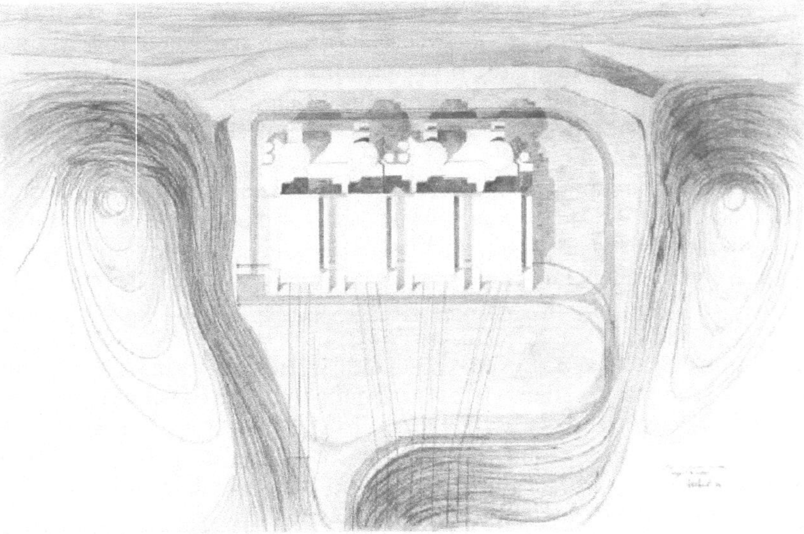

Figure 5 : Dessin de Claude Parent, Plan de masses sur mer type « Les Hottes », 1974. Fonds Claude Parent. SIAF/Cité de l'architecture et du patrimoine/Archives d'architecture du XXe siècle

Contrairement au parti monumental exprimé par Claude Parent avec les « Pattes du Tigre », au moment de passer à la réalisation les architectes mettent en place une théorie des masques. Travaillant sur le relief existant, l'architecte se veut alors « sculpteur[s] de sites »[47]. À Paluel[48], par exemple, 8 millions de m^3 de roche furent extraits puis disposés plus en amont à l'intérieur des terres afin d'amoindrir l'impact visuel des futures tranches. Grâce à la végétation, les paysagistes-conseils (Annick Jung, Claude Colle et Yves Alexandre) participent de cette impulsion comme le montre la notice architecturale fournie dans la demande de

[47] Parent C., *op. cit.*, p. 69.

[48] Denis Varaschin considère cette implantation comme « emblématique » d'un équipement industriel de haute technologie en milieu rural : « son emprise ramassée sort renforcée par les collines artificielles érigées comme autant de masques latéraux. Les choix des matériaux (métal et béton) et des couleurs (bardage blanc glacier) s'accordent avec l'environnement maritime et dégagent une exceptionnelle impression de puissance ». Varaschin D., « Totems sans tabous, le patrimoine industriel de l'électronucléaire en France », *L'Archéologie industrielle en France*, n° 52, 2008, p. 34-35.

permis de construire de la centrale de Chooz : « Les plantations très fournies sous forme de mailles, de rideaux d'arbres ou de bosquets, noient les petits bâtiments dans la verdure et font du premier plan un ensemble végétal d'où émergent quelques détails d'architecture »[49]. Ces collines artificielles et ces masques végétaux entendent créer des effets de voiles successifs qui cherchent à dissimuler certains des volumes de la centrale.

La couleur, quant à elle, est envisagée comme devant servir à la fois à insérer la centrale dans le paysage et à individualiser les fonctionnements internes du bâtiment. Cependant, afin d'éviter une mise en œuvre trop coûteuse et trop longue lors du chantier, ce sont les bardages métalliques des salles des machines et les bâtiments annexes qui feront l'objet des plus grandes attentions.

Espace vécu nécessitant un point de vue, le paysage est avant tout un « fait de perception »[50] dans lequel l'univers culturel de l'observateur a toute sa place. Dans l'avant-propos des actes du colloque, *Le paysage : état des lieux*, l'idée est avancée que, parfois, ce n'est pas le lieu qui motive le paysage mais bien le paysage qui justifie l'intervention sur un lieu (protection ou aménagement). Nous pourrions donc envisager que c'est l'installation de la centrale nucléaire, dans un territoire naturel (nécessité de la présence de l'eau, éloignement des zones urbaines denses) et peu exploité (agricole ou en jachère), qui fait naître un paysage, que le maître d'ouvrage va chercher à maîtriser en termes écologique et esthétique. La centrale, cet « objet du danger », donne alors à voir des espaces vierges restés peu attirants dans certains cas. Pourtant ce paysage a-t-il une réalité ? Que penser des populations limitrophes de ce type d'installation qui choisissent de ne pas ou de ne plus voir ? Bien que présente, l'architecture, objet-support de cristallisation des peurs, est devenue invisible à certains comme le révèle l'étude de l'anthropologue Françoise Zonabend sur le site de La Hague. Les personnes habitant à « proximité » d'une centrale nucléaire, sont frappées, selon ses termes, de « cécité paysagère »[51]. Rendues aveugle au paysage qui entoure leurs maisons, qu'en est-il, en revanche, de celui qu'elles côtoient lors de leurs activités journalières ? Car le « paysage du nucléaire » ne s'arrête

---

49 Notice architecturale et descriptive de la demande de permis de construire des tranches 1 et 2 (palier 1 300 MW), datée du 28 novembre 1980. FRAC Centre, fonds Claude Parent, Centrale nucléaire de Chooz, carton n° 52, boîte A.

50 Chenet F., Collot M. et Saint-Girons B., *op. cit.*

51 Titre d'un des chapitres de l'ouvrage de Françoise Zonabend qui peut être résumé par le témoignage d'un homme dont l'habitation tourne le dos à la centrale, qui est néanmoins visible depuis le fond de son jardin : « L'usine, de chez moi, on ne la voit pas… Alors, on est protégé ». Zonabend F. *La Presqu'île au nucléaire*, Paris, Odile Jacob, 1989, p. 50.

pas aux clôtures de la centrale. Élément physique dans le territoire, elle est aussi un élément dynamique pour l'économie locale visible à travers de nombreuses infrastructures[52].

Pour les installations nucléaires, il semble n'y avoir que deux possibilités d'insertion dans le paysage : la dissimulation ou l'ostentation. Cependant, aux vues des études menées par le Collège des architectes du nucléaire, il apparaît que la voie médiane fut une piste à suivre. Car la centrale se révèle comme un modèle ni tout à fait caché (les cheminées restant des attributs monumentaux), ni tout à fait dévoilé (présence de végétation et bénéfice des reliefs naturels ou artificiels du territoire). Cette apparente contradiction s'illustre aussi dans le temps, suivant la position et le point de vue de l'observateur dans l'espace (progression ou éloignement). De loin, se dessine une silhouette seulement reconnaissable alors qu'en s'avançant les architectes ont imaginé une architecture « pédagogique » et lisible si l'on en connaît le vocabulaire de base.

Autre particularité de ce paysage. Il est rarement neutre pour l'observateur. Face à ce type d'installation, le regard se charge de valeurs négatives et répulsives. Si un temps, au début de son histoire, la centrale nucléaire symbolise la puissance industrielle, technique et scientifique de la France, très vite elle ne fait que renvoyer à la dangerosité des radiations et aux désastres écologiques. Aussi, afin de compenser cet état de fait, EDF, par l'aménagement des abords ou la lisibilité de la distribution des fonctions, cherche à ordonner ce paysage industriel confus et, en même temps, évocateur pour l'observateur non averti. Dans un premier temps, lors des réunions d'information si les ingénieurs et les architectes vont vers le public, dans un second temps, c'est l'entreprise qui tente de rapprocher physiquement[53] les habitants de ces édifices et, par là même, leur donner l'occasion de faire l'expérience de ce territoire. C'est sans doute dans cet esprit que Claude Parent imagine de faire de la centrale un lieu de promenade campé de « jardins extraordinaires, de cultures pilotes, ponctuée de nappes d'eau et de lacs »[54].

---

52 Durant le temps du chantier (entre six et dix ans), des centaines d'ouvriers et d'ingénieurs s'installent dans les environs des futures centrales. La politique dite des « grands chantiers », mise en place en 1975, vise alors « à assurer à la main-d'œuvre allogène travaillant sur le chantier nucléaire, des conditions d'existence aussi proches que possible de celles du reste de la population locale et, [...] à adapter l'équipement collectif du territoire avoisinant aux conditions nouvelles créées par l'ouverture du chantier », Couroux B., *EDF, service public et stratégie du pouvoir*, Nice, BC, 1991, p. 285.

53 En parallèle des centres d'accueil prévus sur chaque site et des bureaux d'information, mobiles ou fixes, dans les villes, EDF renforce, au milieu des années 1970, son service de l'information nucléaire chargé de répondre aux questions de la population et aux demandes d'invitation des localités.

54 Parent C., *op. cit.*, p. 27.

Si, dans les années 1970, les recherches sur l'architecture du nucléaire, en tant que forme et en tant que processus, ne sont pas encore très avancées, c'est que bien souvent les architectes des centrales sont alors considérés plus comme des « habilleurs »[55] que comme de véritables créateurs. La « Sphère »[56] de Chinon A1 (Indre-et-Loire) et les quatre tranches de la centrale de Paluel (Seine-Maritime) prouvent néanmoins que dans ce domaine, et ce malgré les cahiers des charges extrêmement contraignants, l'architecture n'est pas uniquement dans l'œil de celui qui regarde.

Conçu comme un ensemble rationnel, le paysage du nucléaire n'est pas uniforme. Chaque site, souvent lourdement transformé par l'implantation des installations nucléaires, conserve une identité propre. Identité qu'EDF cherche à cultiver en posant la question de l'insertion. Potentiellement extensible aux territoires environnant le site initial, ce paysage est en réalité bien plus complexe que les belles perspectives imaginées par les architectes et diffusées par EDF dans la presse ou dans les études d'impact. Il s'agit, avant tout, de maîtriser les données du site pour composer un paysage qui tend à se figer avec le temps dans une image lisse et pourtant inquiétante.

55 Terme utilisé par Michel Hug dans un entretien en 2005. Voir Joppé-Desveaux D., « Claude Parent et les architectes de l'atome », mémoire sous la dir. de Claude Massu, Université de Paris I – Panthéon-Sorbonne, 2005, p. 15-18. Au moment de la publication des premiers projets du Collège des architectes du nucléaire, la presse utilisa aussi le terme d'« enjoliveurs de l'atome ». Voir Bergeron C., *op. cit.*, n.p. ; article repris dans *Galerie Jardin des arts*, n° 152, novembre 1975, n.p.

56 La forme sphérique de ce réacteur, qui a beaucoup marqué les observateurs, est à l'époque un modèle déjà répandu hors de nos frontières. Bien que les filières soient différentes, on peut citer les centrales de Calder Hall (Royaume-Uni, 1956), de Dounreay (Écosse, 1958) ou de Dresden (États-Unis, 1960).

Le paysage éolien, décentralisation énergétique et paysagère[1]

Alain NADAÏ & Olivier LABUSSIÈRE

Le processus international de Kyoto et les travaux du Groupe d'experts intergouvernemental sur l'évolution du climat (GIEC) ont permis d'imposer progressivement la réalité d'un réchauffement d'origine anthropique aux conséquences économiques et sociales possiblement majeures[2]. Les scénarios tendanciels et d'adaptation au changement climatique sont multiples et restent débattus mais traduisent certaines tendances lourdes, dont la nécessité d'une maîtrise de la demande et la diversification du bouquet énergétique vers les énergies renouvelables[3] (EREC et Greenpeace, 2007 ; AIE, 2007 et 2008).

Du fait de leur caractère décentralisé, ces énergies (éolien, solaire, énergies marines, biomasse, bio-carburants) génèrent des liens perceptibles et multiples aux ressources énergétiques. Elles induisent une recomposition de notre lien sociotechnique à ces ressources et contribuent à une prise de conscience des conséquences, notamment environnementales, de notre demande d'énergie. Le caractère décentralisé des nouvelles énergies met les décideurs face au défi de résoudre des enjeux qui sont à la fois énergétiques et spatiaux, appelant ainsi à revisiter nos liens aux paysages.

La politique de développement de l'éolien en est un exemple. Par leur présence et leur effet d'échelle, les éoliennes suscitent d'importantes recompositions paysagères qui invitent à réviser nos représentations et nos pratiques sociales des paysages. L'examen détaillé des processus de

---

1 Ce travail a été réalisé avec l'appui financier du Conseil français de l'énergie, du ministère de l'Écologie, du Développement durable et de la Mer (MEDDM – programme PDD « Paysage et Développement durable »), de l'Agence française de l'Environnement et l'Énergie (ADEME, convention n° 07 10 C 0019), de la région Île-de-France (R2DS) et du Programme interdisciplinaire Énergie du CNRS.

2 GIEC, *Changements climatiques*, rapport de synthèse, Genève, 2007, p. 103.

3 AIE, *Renewables in global energy supply*, Paris, 2007, p. 34 ; AIE, *Energy technology perspectives. Scenarios and strategies to 2050*, Paris, 2008, p. 650 ; EREC/ Greenpeace international, *Energy [R]evolution. A sustainable global energy outlook*, Bruxelles, 2007, 212 p. ; EREC, *Feuille de route des énergies renouvelables, 20 % pour 2020*, Bruxelles, 2008, p. 24.

planification et/ou de mise en site des nouvelles énergies permet de mieux comprendre les processus sociaux qui président à la constitution de ces nouveaux « paysages de l'énergie » et de les relier à la politique d'ouverture et de libéralisation du secteur de l'énergie dans l'Union européenne, en ce qu'elle sous-tend le déploiement de politiques des énergies renouvelables dans les différents États membres.

Nous nous intéressons dans cette contribution à la portée des changements de paysages et à leur relation à la libéralisation du secteur de l'énergie. L'analyse soutient que l'éolien soulève, en France, un double enjeu de décentralisation, de la politique de l'énergie et de la politique du paysage. Elle procède en trois temps.

Nous analysons dans un premier temps les enjeux qui ont jalonné le développement de la politique éolienne française, pour montrer que ceux-ci renvoyaient à un enjeu de délégation de compétences et de pouvoir – du centre vers la périphérie et de l'État vers des acteurs non étatiques – concernant les autorisations de projets éoliens et leur planification spatiale. Dans un second temps, nous pointons l'inévitable dimension de paysage de tout projet de développement éolien et discutons la capacité de la tradition française de protection des paysages – une tradition formelle, visuelle et centralisée, que nous appelons « paysage d'État » – à prendre en compte et réguler la présence éolienne dans le paysage. La dernière partie montre à partir des résultats de deux cas d'études en quoi la décentralisation énergétique, même contrariée, qui est à l'œuvre au travers du développement éolien, appelle une décentralisation de notre politique du paysage.

Éolien et décentralisation énergétique

L'Union européenne a initié un processus politique et réglementaire de redéploiement énergétique et climatique depuis la fin des années 1990. En près d'une décennie, le passage du Livre blanc[4] au Programme européen sur le changement climatique, aux directives « électricité renouvelable »[5] et « biocarburants »[6], puis aux « 3x20 » de la directive

---

4 UE, Commission européenne, *Énergie pour l'avenir : les sources d'énergie renouvelables – Livre blanc établissant une stratégie et un plan d'action communautaires*, COM (97) 599 du 26.11.1997, Bruxelles, novembre 1997.

5 UE, Commission européenne, *Directive 2001/77/CE du Parlement européen et du Conseil du 27 septembre 2001 relative à la promotion de l'électricité produite à partir de sources d'énergie renouvelables sur le marché intérieur de l'électricité*, 301L0077, Bruxelles, 2001.

6 UE, Commission européenne, *Directive 2003/30/CE du Parlement européen et du Conseil du 8 mai 2003 visant à promouvoir l'utilisation des biocarburants ou autres carburants renouvelables dans les transports*, Bruxelles, 2003.

« énergies renouvelables »[7] traduit l'articulation croissante entre politique de l'énergie et politique climatique dans l'Union européenne.

Outre que cette mise en contexte progressive des politiques d'offre énergétique se traduit par leur ouverture à des enjeux plus territorialisés, comme l'atteste par exemple le modèle de plans d'action nationaux qui accompagne la directive de 2009[8], elle est aussi étroitement liée à un processus de libéralisation du secteur de l'énergie (gaz et électricité)[9], mis en œuvre à partir de juillet 2007.

Le « troisième paquet énergétique » s'articule autour du principe d'une concurrence loyale entre les différents types d'énergie. La libéralisation du marché de l'électricité accompagnée d'une internalisation des externalités est supposée, selon ces principes, mettre fin aux subventions cachées aux énergies conventionnelles et favoriser le décollage des renouvelables. Du niveau européen au niveau local, la mise en œuvre de cette politique voit cependant le cadrage économique initial concurrence/externalité se reformuler en termes de décentralisation des politiques énergétiques au niveau national, d'enjeux de planifications territoriales et d'acceptabilité des nouvelles infrastructures privées de production d'énergie (e.g. éoliennes, panneaux ou centrales solaires).

En transposant progressivement ce cadre réglementaire, la France a découplé la production électrique de la gestion de son réseau (Réseau de transport d'électricité, RTE), en même temps qu'elle a initié un processus de diversification de ses moyens de production d'électricité, notamment au travers de l'adoption de tarifs d'achat de l'électricité issue des renouvelables[10], de la réforme de sa politique énergétique (loi POPE)[11]

---

7 UE, Commission européenne, *Directive 2009/28/CE du Parlement européen et du Conseil du 23 avril 2009 relative à la promotion de l'utilisation de l'énergie produite à partir de sources renouvelables* [modifiant et abrogeant les directives 2001/77/CE et 2003/30/CE], Bruxelles, 2009.

8 UE, Commission européenne, *Décision de la commission du 30 juin 2009 établissant un modèle pour les plans d'action nationaux en matière d'énergies renouvelables conformément à la directive 2009/28/CE du Parlement européen et du Conseil*, Bruxelles, 2009.

9 UE, Commission européenne, *Directive 96/92/CE du Parlement européen et du Conseil du 19 décembre 1996 concernant des règles communes pour le marché intérieur de l'électricité*, Bruxelles, 1996 ; UE, Commission européenne, *Directive 2003/54/CE du 26 juin 2003 relative aux règles communes pour le marché intérieur de l'électricité*, Bruxelles, 2003.

10 *Loi n° 2000-108 du 10 février 2000 relative à la modernisation et au développement du service public de l'électricité*, Paris, 2000. *Loi n° 2003-8 relative aux marchés du gaz et de l'électricité et au service public de l'énergie*, *JO* n° 3 du 4 janvier 2003, p. 265.

11 *Loi n° 2005-781 du 13 juillet 2005 de programme fixant les orientations de la politique énergétique*, *JO* n° 163 du 14 juillet 2005, p. 11570 ; « Circulaire du 23 mars 2009 relative à la territorialisation de la mise en œuvre du Grenelle de

et du Grenelle de l'environnement[12]. Il en résulte un double objectif d'augmentation de la production des énergies renouvelables (maintien de l'éolien, soutien au solaire et création d'un fonds chaleur), d'abord au travers de politiques énergétiques « sectorielles » (tarifs éoliens, puis solaires) puis de l'intégration de leur développement dans une démarche à « haute qualité environnementale ». Ces évolutions marquent un tournant culturel vis-à-vis d'une gestion traditionnellement centralisée et structurée autour du choix de l'énergie nucléaire. En ce sens, elles témoignent de l'émergence progressive d'une décentralisation de la politique énergétique et posent avec acuité la question de sa gouvernance territoriale.

Les modalités d'émergence de la politique éolienne française depuis le milieu de la décennie 1990 attestent des enjeux de décentralisation qui sont à l'œuvre (figure 1). Après quelques années d'un développement éolien peu concluant dans le cadre du système d'appel d'offres public « Éole 2005 » (1995-2000), la France a progressivement changé son cadre politique national pour des tarifs d'achat, en décembre 2000[13], et des zones de développement éolien, en juillet 2005 (applicable à partir de juillet 2007)[14]. Si ce nouveau cadre a permis un décollage progressif de la capacité éolienne installée qui atteint aujourd'hui 4,6 GW, son élaboration a vu l'énergie éolienne susciter une véritable controverse au cours du débat parlementaire relatif à la nouvelle loi de programmation énergétique, dite loi POPE : on se souvient des articles de presse dénonçant des « amendements éolicides ». L'énergie éolienne occupa soudain le devant de la scène dans un débat qui portait sur le futur de l'ensemble du mix énergétique de la France, auquel elle ne contribuait pourtant encore que de manière infinitésimale. L'analyse détaillée de ce débat parlementaire et des positions successivement défendues par ses protagonistes a montré que la question éolienne, au-delà des enjeux

l'environnement », Paris, 2009 ; « Circulaire du 19 mai 2009 relative à la planification du développement de l'énergie éolienne terrestre adressée par la Direction de l'énergie et du climat », Paris, 2009.

12 COMOP10, *Plan de développement des EnR à haute qualité environnementale, rapport à J.-L. Borloo*, Paris, 2007, 53 p. Voir aussi : *Plan national de développement des énergies renouvelables de la France*, ministère de l'Écologie, de l'Énergie, du Développement durable et de l'Aménagement du territoire, 17 novembre 2008, Paris ; *Loi « Grenelle I » n° 2009-967 du 3 août 2009 de programmation relative à la mise en œuvre du Grenelle de l'environnement*, Paris, 2009 ; « Projet de loi "Grenelle II" portant engagement national pour l'environnement », n° 155, déposé le 12 janvier, Paris, 2009.

13 *Loi n° 2000-108 du 10 février 2000 relative à la modernisation et au développement du service public de l'électricité*, Paris, 2000.

14 *Loi n° 2005-781 du 13 juillet 2005 de programme fixant les orientations de la politique énergétique*, *JO* n° 163 du 14 juillet 2005, p. 11570.

explicitement invoqués de paysage et d'opposition locale, posait le problème d'une possible décentralisation de la politique énergétique[15] : qui, de l'État central, des régions, des départements ou des communes, pouvait ou devait autoriser l'implantation des parcs éoliens ? Le combat a été mené au travers de la manipulation d'un ensemble de variables qui déterminent le poids de l'État central dans la planification ou la mise en site des projets éoliens. Ces variables ont été : la taille des parcs éoliens (par l'intermédiaire de seuils de puissance pour le bénéfice des tarifs), l'attribution de pouvoir de décision (institutions étatiques ou non), l'échelle territoriale pour la prise de décision (nationale, régionale, départementale ou locale) et le contrôle du public sur le développement éolien (par exemple le droit de veto ou le pouvoir consultatif des commissions locales, la taille et les seuils de capacité pour le déclenchement d'étude d'impact et d'enquête publique, etc.). Deux lectures parlementaires débouchèrent sur des propositions successives et contrastées en la matière, allant d'une décentralisation totale de ce pouvoir, à sa centralisation au niveau national, pour converger, en commission mixte paritaire, vers un compromis, avec l'adoption d'un dispositif de « zone de développement éolien » (ZDE) stipulant que les communes et les intercommunalités doivent se grouper pour proposer à l'approbation des préfets des zones dans lesquelles elles souhaitent voir se développer de l'éolien. Le soutien financier de l'État au travers des tarifs d'achat est dès lors conditionné à l'inscription des projets dans ces zones.

Dans l'esprit, la ZDE renouvelait la territorialisation des parcs éoliens qui, depuis l'adoption des tarifs d'achats en 2000, avait manqué d'un cadre de planification. Elle tient compte des enjeux de connexion au réseau, d'environnement et de paysage, et se présente comme un dispositif ouvert à des acteurs non étatiques, ce qui la met au plus près des enjeux locaux et territoriaux de l'éolien. Dans les faits, sa portée paraît plus modeste. Tout d'abord, la ZDE n'a d'autre statut que celui de « document électrique » destiné à la gestion des tarifs d'achat du kWh éolien. Il ne s'agit pas, comme pour les dispositifs analogues allemand ou danois, de documents d'urbanisme adoptés et validés par les communes dans le cadre de leurs institutions de démocratie locale. La ZDE fait donc figure d'exception française, témoignage d'une décentralisation contrariée de la politique énergétique.

Le décalage temporel des ZDE par rapport à l'adoption des tarifs d'achat traduit une planification à rebours, symptomatique de la difficulté de la France à décentraliser sa politique éolienne pour la mettre en politique au niveau local. Entre 2000 et 2007, la tâche fut extrêmement

[15] Nadaï A., « "Planning", "siting" and the local acceptance of wind power : Some lessons from the French case », *Energy Policy*, vol. 35, Issue 5, 2007, p. 2715-2726.

ardue pour les administrations déconcentrées, les collectivités territoriales et les populations locales : très peu d'éoliennes étaient présentes sur le territoire national et les tarifs d'achat français venaient d'être adoptés sans qu'aucun dispositif de planification éolien n'ait été mis en place. Les développeurs couraient les campagnes à la recherche des meilleurs sites éoliens, gagnant la confiance des élus par la promesse de bénéfices financiers considérables liés à l'implantation de machines (taxe éolienne, revenus fonciers). Les outils destinés à venir en appui aux administrations locales (permis, étude d'impact, guide de bonnes pratiques, circulaires, etc.) sont apparus progressivement, alors que, de son côté, le pouvoir politique semblait donner le change à l'Union européenne en annonçant des objectifs éoliens croissants. Si ces outils ont aidé les administrations locales dans l'instruction des projets, ils n'ont pas vraiment répondu aux délicates questions de planification territoriale et aux enjeux de politique locale. Sur la période 2000-2007, les services déconcentrés de l'État (DDE, DIREN, DRIRE, SDAP)[16] ont constitué des plateformes interadministratives *ad hoc* avec la volonté de faire face à la vague des projets éoliens à instruire. Un vaste mouvement d'expérimentations s'est initié : en l'absence d'une doctrine nationale, chaque administration a élaboré sa planification éolienne pour maîtriser la répartition des aérogénérateurs sur son territoire. Entre 2000 et 2006, 46 documents de planifications éoliennes locales ont été élaborés par les régions, départements, et autres entités territoriales. Ces planifications ont souvent été fondées sur une logique zonale où prévaut une vision administrative du paysage. Elles résultèrent d'une accumulation de contraintes réglementaires (paysages protégés, patrimoine classé, avifaune, covisibilité avec les axes majeurs de circulation, etc.) et conduisirent bien souvent à la production de cartes dont les secteurs sans protection recensée étaient privilégiés pour l'implantation d'éoliennes. Ces planifications par zonage ont eu des effets contre-productifs, notamment en densifiant sans réel principe de cohérence des secteurs réputés favorables. En 2007, la ZDE arriva donc sur un terrain de projets constitués, sinon déjà implantés. Nombreuses furent alors les « ZDE de projet », consistant en un recyclage (par le développeur, le plus souvent) de dossiers d'étude d'impact des projets individuels sans réel apport planificateur.

La France a donc, par une difficulté à décentraliser sa politique énergétique, procédé à rebours. En lançant des tarifs d'achats sans dispositif de planification, elle a mis son administration locale en situation d'in-

---

16 Respectivement, Direction départementale de l'équipement ; Direction régionale de l'environnement ; Direction régionale de l'industrie, de la recherche et de l'environnement ; Service départemental de l'architecture et du patrimoine.

venter chemin faisant, et sans cadrage politique, des modalités de planification éolienne.

Processus éolien, processus de paysage

Le processus de développement et de planification des projets éoliens n'en reste pas moins un processus de paysage. À l'instar du projet de paysage, le projet éolien prend place dans un site pour en remodeler le paysage. La matérialité de l'éolienne, par son effet d'échelle, désigne soudainement le paysage environnant et soulève la question de son devenir. Elle constitue un prisme au travers duquel le paysage est réinterprété. Par les mobilisations collectives qu'elles suscitent, ces implantations font émerger le paysage comme une catégorie publique, instrumentale et de l'action. Le paysage est partagé. Il permet de raisonner, débattre, mettre en cohérence, défendre ou empêcher les implantations. Au-delà des implantations, c'est bien souvent l'identité d'un site, d'une région, d'un pays qui est débattue au travers du paysage et, dans le cas de la France tout au moins, la capacité de l'État à garantir le patrimoine paysager.

La France se caractérise aussi par une tension particulièrement forte de ce point de vue, du fait d'un contexte double. D'une part, le débat sur le paysage s'y est progressivement déplacé de la question de la représentation à celle du projet. Ouvert au cours des années 1970, dans un mouvement de réexamen d'un territoire marqué par un développement sans principe de cohérence[17], ce débat a cherché à fonder la spécificité d'une politique du paysage distincte de la politique de l'environnement qui, elle, était basée sur un principe de préservation[18]. Les stratégies déployées ont été multiples, incluant notamment l'affirmation de la dimension culturelle du paysage (dimension picturale/*veduta*). Des critiques ont pointé les limites de cette assimilation du paysage à une représentation et de sa séparation d'avec le pays ou l'environnement[19].

---

17 Chabason L., « Pour une Politique du Paysage (entretien avec Odile Marcel) », in Roger A. (dir.), *La théorie du paysage en France (1974-1994)*, Seyssel, Champ Vallon, 2005, p. 260-272 ; Dagognet F., Guéry F., Marcel O., *Mort du paysage ? Philosophie et esthétique du paysage*, Seyssel, Champ Vallon, 1982, p. 239.

18 Roger A., *Court traité du paysage*, Paris, Gallimard, 1997, p. 199.

19 Berque A., « De paysage en outre-pays », in Roger A. (dir.), *La théorie du paysage en France (1974-1994)*, Seyssel, Champ Vallon, 2005, p. 346-359 ; Dewitte J., « Pays paysage : à propos d'une difficulté théorique de l'artialisation », in Chenet F., Collot M., Saint-Girons B. (dir.), *Le paysage, état des lieux*, Bruxelles, Ousia, 2001, p. 419-441 ; Hirsch E., O'Hanlon, *The anthropology of landscape : perspectives on place and space*, Oxford, Clarendon Press, 1995, p. 268 ; Nadaï A., « Degré zéro : portée et limites de la théorie de l'artialisation dans la perspective d'une politique du paysage », *Cahiers de géographie du Québec*, 2007, p. 333-343.

Elles ont progressivement mis l'accent sur la dimension politique du paysage, sa dimension de projet et les enjeux liés aux pratiques de sa production, notamment en regard des enjeux de préservation patrimoniale[20]. Ce passage de la protection au projet est aujourd'hui un enjeu pratique et politique, avec l'adhésion de la France à la Convention européenne du paysage (ou CEP)[21] et la traduction de cette dernière dans le droit français. La CEP met non seulement l'accent sur les paysages du quotidien et la concertation, mais aussi sur la dimension de gestion et de développement qui doit être au cœur des politiques du paysage. Sous le terme de *just landscape*, elle est perçue par certains analystes comme une rupture de fond dans les politiques du paysage, du fait d'un passage qu'elle favoriserait d'une gestion normative à une gestion collective des paysages[22]. C'est, en quelque sorte, cette possibilité pour une politique de passer de la protection au projet et à sa mise en politique au niveau local, qui est mise à l'épreuve au travers du déploiement des politiques éoliennes. La circulaire éolienne de mise en œuvre des ZDE[23], même si elle reste très générale et indicative dans ses intentions, fait référence à la convention d'Aarhus sur l'information et la participation des citoyens et à la CEP.

Dans les faits, cependant, cette épreuve doit s'articuler à une approche de la protection des paysages qui s'enracine dans une tradition administrative de gestion des monuments et de leurs abords remontant au début du XXe siècle. Cette tradition, qui met l'accent sur la dimension visuelle, s'ouvre difficilement à une mise en politique. Trois concepts sont à son fondement : le « patrimoine » (i.e. les sites et les monuments considérés comme faisant partie du « bien commun » national), les « covisibilités » (i.e. la visibilité d'un projet depuis un monument ou un site protégés) et les « abords » (i.e. la perception d'un monument est

---

20 Trom D., *La production politique du paysage : éléments pour une interprétation des pratiques ordinaires de patrimonialisation de la nature en Allemagne et en France*, thèse de doctorat, Institut d'études politiques de Paris, 1996, p. 624 ; Besse J.-M., « Cartographier, construire, inventer : notes pour une épistémologie de la démarche de projet », *Carnets du paysage*, ENSP-Versailles, automne 2001, p. 127-145 ; J.-Dewarrat P., Quincerot R., Weil M., Woeffray B., *Paysages ordinaires : de la protection au projet*, Sprimont, Mardaga, 2003, p. 94 ; Nadaï A., « Site : La fabrication du paysage », in Rémy E. *et al.* (dir.), *Espaces, savoirs, incertitudes*, Paris, Ibis Press, 2005, p. 206 ; Pousin N., « Autour du projet : Repère pour un débat », *Carnets du Paysage*, 2001, p. 59-63.

21 Conseil de l'Europe, *Convention européenne du paysage, Florence*, Strasbourg, STE 176, 2000.

22 Olwig K., « The Practice of Landscape "Conventions" and the Just Landscape : The Case of the European Landscape Convention », *Landscape Research*, vol. 32, n° 5, 2007, p. 579-594.

23 *Dispositions relatives à la création des zones de développement de l'éolien terrestre*, circulaire du 19 juin 2006, ministère de l'Environnement, Paris.

conditionnée par son environnement immédiat et manifestée par des zonages géométriques). Cette tradition a jeté les bases de ce que l'on peut appeler un « paysage d'État », au sens d'une forme d'objectivation institutionnelle du paysage, étendue depuis les années 1970 au travers d'un corpus juridique diffus dans les lois sur l'environnement, l'architecture et l'urbanisme. Son développement a conduit à des traductions successives de l'abord sous forme de servitude d'utilité publique autour des éléments patrimoniaux. Plus ou moins contemporaines des « directives paysagères », ces zones (e.g. ZPPAU, ZPPAUP)[24] ont connu un développement beaucoup plus important. Si leur définition a évolué d'une visée essentiellement protectrice à une approche plus ouverte (e.g. cahier des charges, enquête publique), cet arsenal législatif n'en témoigne pas moins de l'importance accordée à l'approche visuelle et à sa délimitation en plan comme mode de traduction.

Formellement, les zonages délimitent par leur tracé en plan un paysage d'abord régi par la géométrisation du regard. Le tracé a force de règle dans de nombreuses situations. Il détoure l'espace, le sous-territoire, au sein duquel certaines branches de l'administration, comme celle en charge du patrimoine et des paysages, sont investies d'un pouvoir de veto dans les procédures. Lorsque ce n'est pas le cas, ce regard d'État s'adosse sur les critères de co-visibilité pour faire exister l'abord comme élément de paysage : « c'est une question de regard. Du monument, on regarde ce qui se passe autour et, des alentours, on regarde ce qui se passe sur le monument, ça marche ensemble… un bijou et son écrin »[25]. La logique qui sous-tend la traduction en plan de ce regard reste ainsi fondamentalement concentrique (le périmètre, le cercle, le rayon) et confère à la géométrie de l'espace – organisée à partir des multiples centres que sont les éléments de patrimoine – le pouvoir de fonder les décisions administratives en matière de paysage : « on voit ou l'on ne voit pas »[26]. Pour autant, les formes concentriques qui le sous-tendent n'acquièrent de valeur que si elles s'accordent avec l'évaluation de la situation et de ses singularités.

Ce « paysage d'État », ainsi constitué de figures concentriques irradiant une protection d'État, est soudainement mis en relation – et recomposé dans sa dimension visuelle fondatrice – par les co-visibilités lointaines qu'imposent les éoliennes. En ce sens, la décentralisation portée par l'éolien, contrariée dans sa traduction en tant que politique énergétique, trouve un nouveau plan d'épreuve dans la gouvernementalité du

---

24 *Respectivement, Zone de protection du patrimoine architectural et urbain ; Zone de protection du patrimoine architectural, urbain et paysager.*

25 Citation d'un SDAP, interview des auteurs.

26 *Id.*

paysage. En d'autres termes, la France ne peut soutenir conjointement sa politique du paysage et sa politique éolienne sans mettre les fondements de la première à l'épreuve des nouvelles relations visuelles qu'autorise la seconde.

Décentralisation énergétique, décentralisation paysagère

L'éolien pointe ainsi la nécessité de renouveler une tradition administrative de gestion des paysages, en quittant la logique de réduction des impacts pour réfléchir, plus positivement, en termes de création de paysages et de démarches de projet. Plus qu'un enjeu d'aménagement physique de l'espace, il s'agit de trouver les moyens d'accompagner les recompositions sociales nécessaires à la définition de paysages éoliens partagés.

Les études de cas locales montrent que la situation est devenue particulièrement critique dans l'intervalle qui a séparé l'adoption des tarifs d'achat (juin 2001) de celle des premières ZDE (juillet 2007), alors qu'aucune alternative au « paysage d'État » n'était proposée. De nombreux départements français ont élaboré leur propre planification éolienne, en procédant par essai-erreur, quelquefois à l'occasion de la mise en œuvre de nouvelles ZDE. Des cas de planification innovante ont favorisé l'émergence de nouvelles pratiques et de nouvelles représentations du paysage, comme dans la Narbonnaise, en Aveyron ou en Eure-et-Loir[27]. Ces cas d'études illustrent la capacité des processus de planification à mettre en suspens les zonages administratifs et les normes visuelles en place pour inventer de nouvelles catégories paysagères, cohérentes avec les entités naturelles comme avec les vécus paysagers[28]. Ces évolutions ne se font certes pas sans tensions. Nous illustrons ci-après cette décentralisation paysagère sur la base de deux exemples.

---

27 Labussière O., Nadaï A., « Expérimentations cartographiques et devenirs paysagers : la planification éolienne de la Narbonnaise (Aude) », *Espaces et Sociétés*, n° 146, 2011, p. 71-92 ; Nadaï A., Labussière O., « Birds, turbines and the making of wind power landscape in South France (Aude) », *Landscape Research*, 35 :2, April 2010, p. 209-233 ; Nadaï A., Labussière O., « Wind power planning in France (Aveyron) : from State regulation to local experimentation », *Land Use Policy*, vol. 26, Issue 3, July 2009, p. 744-754 ; Nadaï A., Labussière O., « Wind power and the emergence of the Beauce landscape (Eure-et-Loir, France) », en soumission.

28 Labussière O., « Éléments pour une prospective du milieu. L'enjeu du sensible en aménagement », *Cahiers de géographie du Québec*, vol. 54, n° 153, 2010, p. 499-515 ; Nadaï A., « "Innovative" Wind Power Planning », *Planning Theory & Practice*, 10 : 4, 2009, p. 543-547.

Quitter la cathédrale

Le département d'Eure-et-Loir disposait en 2007 d'une des plus importantes capacités éoliennes autorisées et en service en France (respectivement 444 MW et 231 MW). Le paysage de Beauce le compose en majeure partie. Il s'agit d'un paysage d'agriculture industrielle, visuellement ouvert et qui, à l'exception de la cathédrale de Chartres et de ses abords, n'a jamais fait l'objet de qualification patrimoniale de la part de l'administration française. Ce cas d'étude montre comment le développement éolien a suscité la remise en question de cette protection visuelle focalisée sur la cathédrale de Chartres[29].

Plus exceptionnelles que les traditionnels zonages de protection, mais basées sur les mêmes principes, quelques « directives paysagères » se sont portées au cours des années 1990 sur la protection de grands sites, dont celui de la cathédrale de Chartres. La « directive cathédrale » visait à protéger les vues sur et de ce monument, en imposant des zones de protection patrimoniale rayonnant, tel un paysage visuel, à partir du monument sur sa campagne environnante. Elle est restée à l'état de projet, mais n'en a pas moins percolé les documents d'urbanisme, imposant ses cônes de co-visibilités comme autant de zones à ne pas développer (figure 2). Les éoliennes, en imposant une présence visuelle décentralisée équivalente en taille à celle de la cathédrale, ont produit un véritable coup d'État, appelant l'administration à se décentrer de son approche patrimoniale pour expérimenter de nouvelles approches du paysage visuel.

À vrai dire, ce coup d'État a opéré dans un premier temps au travers d'une instruction administrative fondée sur des photomontages de futurs parcs éoliens (fournis par les développeurs) et, en dépit de ses doutes, aveugle à la présence et aux rapports d'échelles engendrés par les éoliennes industrielles dans le paysage. La préoccupation première restait pour l'administration les co-visibilités avec la cathédrale, seul élément patrimonial de ce paysage et motif opposable d'arrêt potentiel des projets.

En 2005, l'installation des premiers parcs révèle aux services déconcentrés de l'État l'aveuglement et l'erreur dont ils firent preuve pendant près de cinq années. Deux études témoignent de la prise de conscience de l'administration locale au cours de l'année 2005[30]. La première pointe

---

[29] Pour une analyse approfondie de ce cas d'étude, voir : Nadaï A., Labussière O., en soumission.

[30] DIREN Centre, *Étude des enjeux faunistiques et paysagers liés à l'installation de parcs éoliens en Beauce*, étude conduite par l'Institut d'écologie appliquée et par le Bureau d'études Laurent Couasnon, Rennes, 2005, p. 196 ; Bonneaud F., *Éoliennes*

l'émergence d'une « Beauce éolienne » en s'appuyant sur une cartographie de l'impact visuel des parcs éoliens approuvés et en cours d'instruction : « il ne restera quasiment plus de secteur de Beauce d'où on ne verra pas d'éoliennes »[31]. La seconde affine ce constat en analysant des exemples de ratés : perturbation des silhouettes des villages, présence écrasante d'éoliennes depuis l'intérieur de certains bourgs, parc sans organisation spatiale. Plus que des parcs isolés, c'est le mode même de régulation de l'éolien qui est rétrospectivement perçu comme inopérant. « L'Eure-et-Loir a essuyé les plâtres [...] c'est l'exemple repoussoir dont il faut tirer les leçons »[32]. Le photomontage, même normalisé de manière à éviter les biais techniques (focale, nombre de vues, etc.), a donc été le vecteur – le cheval de Troie – d'une capture du « paysage d'État ». Il fut aussi le symptôme de cette approche du paysage, dans sa prétention à instruire une situation sur la base d'un support visuel et à partir d'une perspective centrée sur la cathédrale.

L'administration réagit en tentant d'analyser ses ratés et de retrouver des principes d'évaluation et de jugement sur la présence éolienne. Ce travail est réalisé dans les pas des développeurs, c'est-à-dire dans un retour des instructeurs sur le terrain, photomontages en main, pour faire l'expérience en situation des perspectives visuelles représentées dans ces visuels. La difficulté est de saisir, dans un espace sans évidence monumentale, les modes de présence des éoliennes et de les constituer en un paysage visuel vis-à-vis duquel l'intervention de l'État soit légitime (Figure 3). Au-delà des multiples outils qui sont déployés (développement d'indicateurs de saturation visuelle, renforcement des contraintes dans le schéma de planification éolienne, observatoire photographique, portage politique par le préfet), l'analyse montre une administration qui se décentralise au sens où elle quitte doublement le « paysage d'État ». En quittant le point de vue de la cathédrale, elle réinvente un mode de partage de la présence des éoliennes, non plus selon les seuls principes réglementaires de la géométrie des relations visuelles, mais selon une logique de la sensation de cette présence. Par exemple, la sensation de « respiration » – *dixit* l'administration – correspond à un grand paysage où la pression visuelle des éoliennes s'allège. Si ces sensations (densité, contraste, intimité, etc.) sont précieuses pour penser l'instruction des projets éoliens vis-à-vis d'une perception d'ensemble du paysage, la difficulté est de trouver, à travers elles, une légitimité à agir, notamment

---

et paysage. Bilan sur les premiers parcs installés en Eure-et-Loir, Orléans, DIREN Centre, 2006, p. 8.

31 Rencontre avec le paysagiste-conseil de la région Centre, le 6 mars 2008.

32 Rencontre avec la DIREN Centre, le 6 mars 2008. La Beauce couvre en effet les départements de l'Eure-et-Loire, du Loir-et-Cher et du Loiret, soit près d'un huitième de la région Centre.

dans un département où l'éolien ne suscite pas d'opposition locale : « de quel droit, nous les administrations, on va au-delà du grand paysage où on est légitime ? [...] On a toujours un doute sur notre légitimité à parler à la place des gens qui habitent la Beauce [...] [selon] tous les retours qu'on a [il n'y a] aucune opposition à voir de l'éolien s'implanter en Beauce »[33]. Ceci conduit l'administration à se resserrer progressivement sur le « grand paysage » – faisant émerger « la Beauce » comme patrimoine et paysage d'État –, car cette échelle lui permet d'intervenir au nom du « bien commun » : « personne n'en parlera [du "grand paysage"], donc on est légitime »[34]. Ainsi, si une gouvernementalité semble bien se recomposer à cette occasion, le débordement visuel des éoliennes n'en semble pas moins faire émerger une décentralisation, au sens d'un déplacement qui va de la cathédrale et du géométrique vers la Beauce et la sensation.

Embrasser les massifs

Le développement éolien a été amorcé en Aveyron en 1999, alors qu'aucune planification n'était adoptée[35]. Pour faire face à l'arrivée croissante des projets, les administrations se sont organisées en pôle éolien interservices dans le but d'élaborer une réflexion-cadre. Initiée en 2000, cette dernière fut officialisée en 2005. Le document produit révèle une tradition administrative de gestion du paysage, consistant à réduire la problématique éolienne à une logique de zonage. Ce processus passe par plusieurs opérations : définition de catégories paysagères en lien avec la morphologie du paysage et la valeur patrimoniale, addition cartographique de couches de contraintes réglementaires, introduction de zones de protection « tampons » visant à compenser l'insuffisance des protections réglementaires vis-à-vis de la portée visuelle exceptionnelle de l'éolien. Ce glissement progressif d'une logique de paysage à une logique zonale (délimitant des zones favorables, peu favorables ou défavorables) permet de rationaliser et d'objectiver le jugement des services instructeurs sur les projets éoliens. La question n'est plus en effet « quels paysages éoliens voulons-nous ? », mais « où voulons-nous des éoliennes ? »

Les premiers développements de parcs ont cependant rapidement pris en défaut cette logique zonale sur plusieurs aspects tels que : la non-maîtrise des densités d'éoliennes dans les zones jugées favorables, la non-maîtrise des co-visibilités entre les éoliennes situées en zone favorable et les zones défavorables (souvent patrimoniales), ou encore la

---

33 Rencontre avec une administration locale, le 3 octobre 2008.

34 *Id.*

35 Pour une analyse approfondie de ce cas d'étude, voir : Labussière O., Nadaï A., 2009.

rapide obsolescence des choix paysagers par rapport aux évolutions technologiques rapides de l'éolien (montée en taille et en puissance, capacité à valoriser des zones de vent jugées non rentables quelques années auparavant). Outre les difficultés rencontrées par l'administration, cette planification a favorisé, par ses effets non maîtrisés, l'émergence d'une opposition locale à la politique et à la planification éoliennes. Cette opposition est devenue d'autant plus vive qu'elle ne se voyait offerte, comme voie d'expression, que la possibilité de réagir à des projets ou des planifications stabilisés dans le cadre de procédures administratives.

À partir de 2006, l'arrivée des ZDE couplée à un changement de préfet a été l'occasion d'un tournant. La mise en place des ZDE a constitué pour l'administration un moyen d'intervenir sur des zones où les projets éoliens s'étaient accumulés, pour tenter de constituer des bassins éoliens *a posteriori* et faire naître une cohérence entre les projets existants et à venir. Il s'agissait en quelque sorte d'une logique de rattrapage des effets incontrôlés issus de la planification par couches. Cependant, la ZDE a aussi fonctionné comme un dispositif novateur grâce à l'implication du parc naturel régional des Grands Causses (PNRGC) et à un portage politique volontaire de la part du préfet, en direction des élus. D'une part, le PNRGC s'est engagé dans l'accompagnement et le soutien aux intercommunalités dans l'élaboration des ZDE, incitant au travers d'une charte et d'un soutien financier associé, au regroupement en ZDE de massifs couvrant une échelle de planification cohérente avec celle des co-visibilités éoliennes. Il s'agissait là de thèmes défendus par le PNR dès 2000, à l'occasion des réunions de travail sur la première planification éolienne. Cependant, le processus était alors dominé par certaines administrations locales et n'avait pu prendre en compte l'échelle des massifs qui supposait de s'affranchir en partie des limites administratives. D'autre part, le préfet a exigé que tous les dossiers de ZDE soient remis en préfecture et instruits avant de reprendre l'instruction de permis éoliens.

Bien que ce processus ait été encore en cours à la fin de cette étude de cas, les avancées analysées montrent que la réflexion sur le paysage a pu prendre à cette occasion des distances par rapport aux seuls zonages réglementaires pour interroger la valeur des paysages du quotidien. Le processus ZDE a aussi fourni une occasion très indirecte de mise en politique d'une partie de l'opposition éolienne. Certaines communautés de communes ont dû à cette occasion prendre conscience des positions des associations d'opposants qui s'étaient multipliées, si ce n'est les prendre en compte.

Le cas de l'Aveyron illustre à la fois les aléas d'une approche quasi exclusivement administrative de la planification locale et le rôle d'ouverture et de renouvellement que peut avoir la mise en œuvre des ZDE. Le rôle central joué par des acteurs non étatiques au fil de ce processus atteste une décentralisation par rapport au paysage. Celle-ci est ici encore impulsée par les co-visibilités éoliennes étendues (échelle des massifs), mais à la différence du cas de l'Eure-et-Loir, elle est aussi largement favorisée par le processus de mise en œuvre des ZDE.

Conclusion

Le développement de l'énergie éolienne soulève des enjeux de paysage dans plusieurs pays européens[36]. Nous nous sommes intéressés ici au cas de la France. Nous avons tenté de rendre compte des liens entre les enjeux de décentralisation de la politique énergétique que soulève l'éolien et ceux qu'ils soulèvent en matière de paysage, dont nous avons montré qu'ils pointent aussi vers une décentralisation de notre politique du paysage.

Comme l'a souligné Paul Selman dans une contribution récente[37], après les chemins de fer et l'industrie au cours des XIXe et XXe siècles, l'énergie pourrait bien être l'un des facteurs majeurs d'évolution des paysages au cours du XXIe siècle. Cependant, alors que les changements apportés par la révolution industrielle se sont produits sur des pas de temps relativement longs, autorisant des changements culturels progressifs, y compris l'émergence et la lente constitution de nouveaux codes esthétiques, l'impératif du changement climatique appelle des recompositions beaucoup plus rapides et probablement tout aussi radicales de nos paysages.

Il s'agit donc de comprendre activement ces mutations afin de pouvoir les mettre en politique. L'éolien est aujourd'hui la plus mature des nouvelles technologies de l'énergie. Il a certainement, pour diverses raisons (e.g. rendement, foisonnement, variabilité, etc.), une contribution plafonnée, en matière de transition énergétique, en particulier si nous n'optons pas rapidement pour une réelle politique de maîtrise de la demande d'énergie. Son développement n'en préfigure pas moins des enjeux environnementaux et de paysages à venir. Il constitue en cela un terrain d'essai pour une décentralisation de nos modes de gouvernance, énergétique et du paysage, qui sera très certainement nécessaire quelles que soient les nouvelles énergies pour lesquelles nous opterons.

---

[36] Nadaï A., Van der Horst D., « Wind power planning, landscapes and publics », (Guest editorial), *Land Use Policy*, 27 :2, July 2009, p. 181-184 ; Nadaï A., Van der Horst D., « Introduction : Landscapes of Energies » (Guest editorial), *Landscape Research*, 35 :2, 2010, p. 143-155.

[37] Selman P., « Learning to Love the Landscapes of Carbon-Neutrality », *Landscape Research*, 35 :2, 2010, p. 157-171.

Le rêve technologique, celui d'une technologie de production d'énergie « asociale », nous laissant inchangés, est comme le paysage arcadien : c'est une utopie. Elle ne saurait nous dispenser du travail social et politique nécessaire au renouvellement de notre relation à l'énergie.

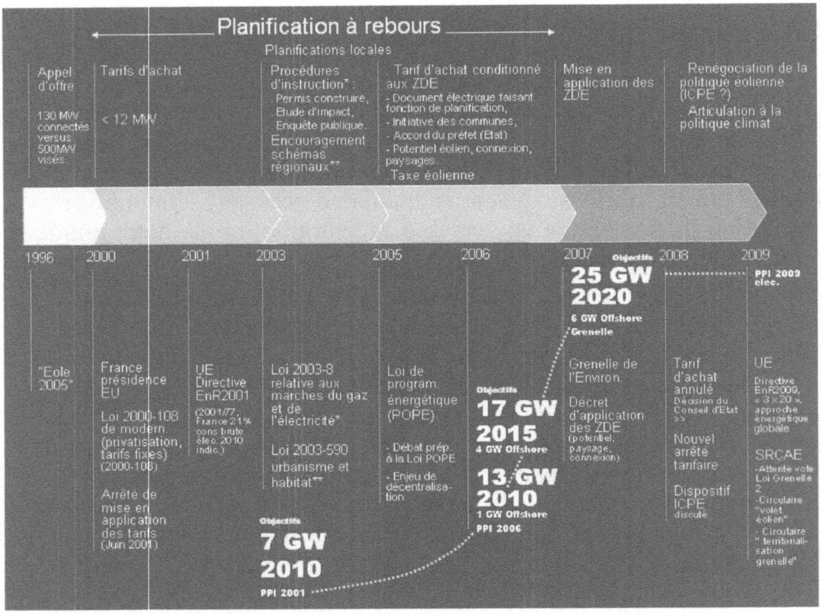

Figure 1 : Chronogramme de la politique éolienne française
(schéma des auteurs)

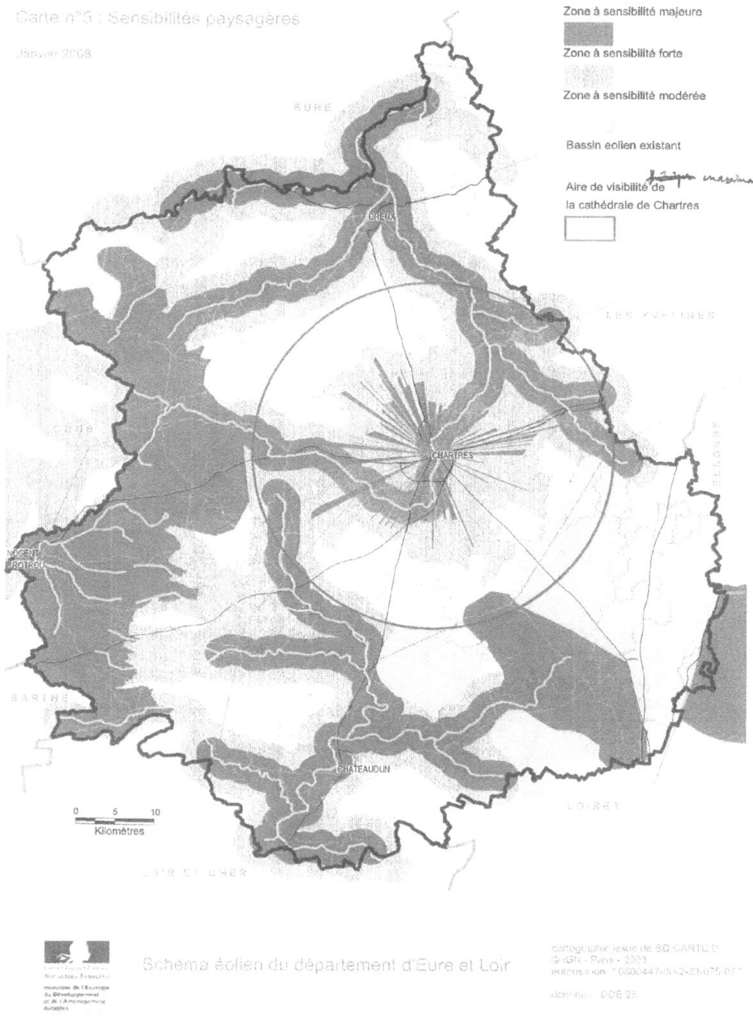

Figure 2 : Schéma éolien du département d'Eure-et-Loir, carte des « sensibilités paysagères » présentant les cônes visuels de protection de la cathédrale de Chartres en son centre (janvier 2008)

Figure 3 : L'administration met les vues des photomontages à l'épreuve de la perception de terrain et recherche le juste recul pour rendre compte de l'incidence d'un parc éolien à venir sur le village : « Notre repère, c'est quand le coq du clocher repose sur l'horizon » (Diren Centre) (photographie des auteurs)

Enclavements territoriaux et réseaux électriques

Débats sur la péréquation des nuisances paysagères

Éric PAUTARD

Relevant d'une logique d'accès égalitaire à l'énergie, le principe de la péréquation territoriale du système électrique tend à favoriser les territoires enclavés, dans la mesure où la rentabilité des sommes investies pour les approvisionner en électricité est moindre que celle des secteurs à forte densité démographique. Inversement, les projets de renforcement visant à sécuriser l'alimentation électrique des agglomérations ont pour effet de déséquilibrer les rapports coûts/bénéfices au détriment des zones situées à distance des centres urbains, dès lors que celles-ci voient leurs paysages traversés par les pylônes des lignes à très haute tension (THT). Prenant acte de cet état de fait, nous nous attacherons dans ce chapitre à interroger ses implications en revenant sur la colère qui se donne à entendre dans les secteurs ruraux concernés par des projets d'aménagement électrique dont la finalité est de répondre aux besoins d'approvisionnement électrique de territoires urbains. Nous observerons ainsi successivement comment les riverains structurent leur action d'opposition aux projets de ligne, comment ils discutent le principe d'une péréquation des nuisances paysagères entre villes et campagnes, comment l'émergence de dispositifs participatifs a modifié les rapports entre aménageurs et opposants, comment de nouvelles façons d'envisager la sécurisation électrique territoriale ont ainsi pu être expérimentées et comment ces initiatives ont ouvert des perspectives pour réconcilier besoins électriques urbains et préservation des paysages ruraux.

Territoires, enjeux et controverses

Les résultats présentés ici sont issus d'une partie de notre recherche doctorale[1]. Celle-ci s'appuyait notamment sur l'exemple de quatre territoires qui ont été confrontés à des projets controversés de renforcement

1 Pautard É., « Vers la sobriété électrique. Politiques de maîtrise des consommations et pratiques domestiques », thèse de doctorat en sociologie, université de Toulouse, 2009.

électrique. Dans chacun des cas, il s'agissait d'implanter des infrastructures d'approvisionnement THT sur des territoires de faible densité démographique (mais souvent caractérisés par une forte attractivité touristique), afin de sécuriser l'alimentation en électricité d'agglomérations en situation de *contrainte*. Les réseaux électriques se révélant insuffisants pour pallier d'éventuels incidents, c'est principalement les effets préjudiciables de coupures électriques qu'il s'agissait de prévenir en procédant à l'édification de pylônes et de lignes aériennes THT. En effet, les gestionnaires de réseau doivent dans le cadre des missions de service public qui sont les leurs s'employer à sécuriser le réseau, en le renforçant structurellement là où il est en voie de saturation afin d'éviter de faire subir aux usagers des ruptures d'alimentation. Mais face à eux, des riverains se sont vite regroupés pour s'opposer à ces projets, inquiets des conséquences de tels aménagements pour les territoires où ils résident.

Territoires observés	Département du Lot	Est de la Région PACA	Yorkshire	Écosse
Zones concernées par le passage des lignes THT	Quercy Blanc	Verdon	North Yorkshire	Western Highlands
Agglomérations urbaines en situation de contrainte	Cahors	Nice/Cannes/ Antibes	York	Édimbourg/ Glasgow

Étudiés de manière asymétrique, sachant qu'il serait impossible d'obtenir la même qualité de données, les différents terrains présentés ici ont été appréhendés comme autant d'exemples distincts d'adaptation territorialisée à un problème similaire. Dans la mesure où leur parcours historique est particulièrement singulier, nous accorderons ici une place toute particulière aux terrains situés en France.

Grâce à leur capacité à mobiliser largement autour de leur cause, tant sur un plan horizontal (en s'appuyant sur l'important soutien de la population locale) que sur un plan vertical (en obtenant des prises de position politiques locales, régionales et nationales), des coalitions sont rapidement parvenues à se structurer. Dans le même temps, ces organisations se sont rapprochées d'autres mouvements locaux luttant dans d'autres régions contre des projets similaires, pour donner au problème local une dimension plus globale. Cette déterritorialisation de la controverse, simultanément au processus de sensibilisation politique ascendante, a permis à ces différents mouvements anti-THT d'acquérir très rapidement une visibilité importante dans le paysage pourtant encombré de la contestation.

Pour s'extraire d'une stricte démarche d'opposition, les coalitions ont fait réaliser des contre-expertises pour interroger le bien-fondé des projets de lignes. Ce faisant, ces citoyens se sont progressivement acculturés avec les dimensions techniques de la controverse[2], ce qui leur a permis de remettre en cause l'opportunité et donc la légitimité des renforcements électriques proposés. Sur le plan médiatique, ces mobilisations locales se sont par ailleurs employées à multiplier les actions symboliques[3] pour dénoncer les dégradations paysagères à prévoir. Relevant d'un processus ininterrompu de montée en généralité[4] (comme forme légitimante et citoyenne de l'activité protestataire), ce positionnement n'a toutefois été rendu possible que du fait des capacités discursives que les porte-parole de ces mouvements ont su développer au cours du conflit. En s'attachant à transcender les intérêts particuliers des différents participants, le processus de structuration et de légitimation du discours collectif a ainsi permis de donner du sens à l'action en l'extrayant de l'ornière égoïste d'un simple *nimbysme*[5].

L'évocation de la dimension paysagère du problème (et de son impact sur la valeur touristique et foncière d'un territoire) ne pouvant être qu'une étape dans le processus de fortification argumentaire[6], les coalitions anti-THT se sont employées à définir un intérêt collectif opposable aux arguments développés par les aménageurs pour justifier leurs projets. Ainsi, on a souvent pu observer que les mobilisations cherchaient à se positionner comme force de proposition, en évoquant des solutions alternatives (enfouissement, maîtrise de la demande d'électricité, cogénération) qui rendraient inutile l'édification de nouvelles lignes aériennes. De la sorte, il ne s'agissait plus tant de s'opposer frontalement au projet d'aménagement, mais d'orienter sa possible reconfiguration. Pour autant, ce positionnement ne saurait masquer la forte hostilité des mobilisations locales à l'égard des projets de ligne et de leurs

---

2 Rémy É., « Apprivoiser la technique. Débat public autour d'une ligne à très haute tension », *Politix*, n° 31, 1995, p. 136-144.

3 Dans le cas du Lot, on citera notamment l'exemple de la plantation des arbres du refus. Cf. Labussière O., « Géographie du sujet et construction des territorialités. Le cas des arbres du refus contre la ligne très haute tension en Quercy Blanc », *Géodoc*, n° 55, 2008, p. 53-65.

4 Lolive J., « La montée en généralité pour sortir du NIMBY. La mobilisation associative contre le TGV Méditerranée », *Politix*, n° 39, 1997, p. 109-130.

5 Trom D., « De la réfutation de l'effet NIMBY considérée comme une pratique militante. Notes pour une approche pragmatique de l'activité revendicative », *Revue française de science politique*, n° 49/1, 1999, p. 31-50.

6 Pautard É., Drocourt É., « De la contestation à la concertation : Chronique d'une controverse électrique », in Boy D., Brugidou M. (eds.), *Le débat public, un risque démocratique ? L'exemple de la mobilisation autour d'une ligne haute tension*, Paris, Lavoisier, 2009, p. 13-36.

initiateurs. À l'instar de ce qu'observaient deux psychologues américains[7], il semble que la grande majorité des opposants se refusaient en effet à prendre en considération les efforts entrepris par les gestionnaires de réseau pour favoriser l'intégration environnementale des lignes dans le paysage, leur radicalisme les empêchant d'envisager que le résultat puisse être acceptable.

Électricité urbaine/Paysages ruraux

Entre les promoteurs et les contempteurs des projets, plusieurs grands clivages sont apparus. Tout d'abord, on a pu constater que, au-delà d'une simple distinction entre risque réel et risque perçu[8], c'est la façon d'appréhender le problème qui diverge. Du point de vue des gestionnaires de réseau, la vulnérabilité du système et les conséquences d'un incident sont bien identifiées grâce aux estimations prospectives qui leur permettent de prendre la mesure du risque. Du côté des riverains, on observe a contrario que les craintes suscitées par l'aménagement ne peuvent s'exprimer de manière aussi précise, dans la mesure où les effets du passage de la ligne THT à proximité de chez eux ne sont pas quantifiables. En effet, tant que les pylônes ne sont pas implantés de manière effective dans le paysage, il est impossible de décrire avec précision[9] leur impact sur l'environnement, la santé, l'économie locale ou la valeur foncière des propriétés alentour.

Ensuite, face aux arguments de l'aménageur insistant sur la vétusté des anciennes lignes et la nécessaire anticipation des besoins futurs en électricité pour favoriser le développement du tissu économique local, les opposants ont souligné l'impact que les nuisances sur l'environnement et les paysages généreraient dans ces secteurs préservés. En effet, en pointant du doigt la menace que constituerait la THT pour les productions agricoles (reconnues par des labels et des appellations d'origine) et le tourisme vert, les coalitions ont pu invalider publiquement le positionnement des acteurs économiques urbains. En prenant ainsi en considération le risque de dégradation symbolique du territoire et de son économie spécifique, les mobilisations sont parvenues à enrôler le monde agricole autour de la défense d'une certaine idée du développe-

---

7 Priestley T., Evans G.W., « Resident Perceptions of a Nearby Electric Transmission Line », *Journal of Environmental Psychology*, n° 16/1, 1996, p. 65-74.

8 Rémy É., « Comment dépasser l'alternative risque réel, risque perçu », *Annales des Mines-Responsabilité et Environnement*, n° 5, 1997, p. 27-34.

9 Dans le Lot, certains s'y sont pourtant essayés par le biais d'un photomontage, destiné à matérialiser l'impact paysager de la ligne. Labussière O., de Baere A., « Entre "insertion" et "mise en situation" paysagère : la mésentente au cœur d'un projet de ligne très haute tension », *Cosmopolitiques*, n° 15, 2007, p. 95-106.

ment local[10]. Mise au premier plan, la vulnérabilité économique de ces territoires de faible densité démographique a permis de montrer le handicap que constituerait – en termes d'attractivité touristique – la traversée de lignes THT dans de grands espaces préservés tels que les lacs des Highlands, les landes du Yorkshire, les vignobles quercinois ou les gorges du Verdon.

Enfin, au-delà de la dimension esthétique, la dégradation paysagère a aussi été présentée comme une atteinte symbolique au territoire, au sens où celle-ci était ressentie comme un « abandon de la société »[11], au profit d'intérêts économiques propres aux aménageurs. L'antagonisme s'est donc axé autour d'une divergence centrale opposant, d'une part, une conception aménagiste modernisatrice, urbanocentrée et globalisante à, d'autre part, une vision patrimoniale, ancrée sur un territoire rural caractérisé par ses paysages et son bâti traditionnel. Ce sont alors deux idéologies du bien commun[12] qui se sont confrontées. Les riverains réfutant l'utilité du projet (accusé de servir l'industrie électrique, quitte à défigurer un territoire préservé), c'est la légitimité d'intérêt général de l'aménagement électrique qui s'est directement retrouvée mise en cause. En procédant à la mise en commun de leurs différentes raisons d'agir, les différents protagonistes des coalitions se sont ainsi progressivement réunis autour d'un intérêt général spatialisé[13] opposable à l'intérêt général plus global invoqué par les aménageurs.

Sentiments d'iniquité et d'injustice

Comme nous venons de le montrer, les implications économiques d'un renforcement électrique se trouvent appréhendées de manières distinctes selon que l'on se situe dans un espace urbain ou rural. On se trouve alors face à deux conceptions opposées qui reflètent chacune un modèle économique, un *choix de société*, qui engagent considérablement l'avenir de ces territoires contigus. Plus largement, cette question d'aménagement électrique renvoie à des considérations antagonistes de la modernité, l'une défendant le respect de l'intégrité naturelle de paysages

---

10 Côté britannique, cette référence aux politiques d'aménagement locales est tout particulièrement décrite in Jay S.A., *High Voltage Electricity Installations. A Planning Perspective*, Chichester, Wiley & Sons, 2006.

11 Lunginbühl Y., « Paysage modèle et modèles de paysages », in Boyer M., Herzlich G., Maresca B. (eds.), *L'environnement, question sociale. Dix ans de recherches pour le ministère de l'Environnement*, Paris, Odile Jacob, 2001, p. 49-56.

12 Rangeon F., *L'idéologie de l'intérêt général*, Paris, Economica, 1986.

13 Ghorra-Gobin C., « La question de la gouvernance locale : sciences sociales et espace public », in Solinis G. (ed.), *Construire des gouvernances : entre citoyens, décideurs et scientifiques*, Bruxelles, Éditions PIE Peter Lang, 2005, p. 37-61.

vierges, et l'autre prônant un renforcement structurel de zones d'activité déjà développées.

À l'instar de ce qu'il est possible d'observer dans bien d'autres exemples d'aménagement collectif, l'enclavement socio-économique d'un territoire tend à rendre inacceptable l'implantation d'équipements collectifs dont les bénéfices n'ont pas vocation à profiter aux personnes qui en seront les riverains immédiats, mais à d'autres dont l'enclavement est avant tout de nature technique. Avec un bénéfice collectif diffus et des nuisances concentrées[14], la définition de l'intérêt général proposée par les aménageurs se révèle inacceptable pour les acteurs ruraux, dans la mesure où ils ont plus à perdre qu'à gagner. S'opérant au détriment d'une approche du développement local plus axée sur la protection d'un tourisme local diffus, le choix d'une sécurisation du réseau d'alimentation renforce le modèle classique de polarisation urbaine des activités industrielles et commerciales. De fait, les projets de ligne suscitent un mécontentement qui se formalise souvent au travers d'un discours victimaire qui souligne l'iniquité voire l'injustice de tels choix d'aménagement du territoire, jugés préjudiciables pour les campagnes et inversement avantageux pour les villes.

Pour tenter d'apaiser les tensions relatives aux projets, les aménageurs ont consulté les populations concernées par le passage des lignes afin de convenir avec elles de tracés de moindre impact. De même, les gestionnaires de réseau ont cherché à se montrer conciliants en proposant la mise en œuvre de mesures compensatoires[15], pour faire oublier les préjudices induits par l'installation d'infrastructures électriques dans les paysages. Cependant, à la différence d'autres cas où cette promesse d'indemnisation a contribué à fragiliser l'unité des coalitions anti-THT, on a pu constater sur nos terrains que ces dispositifs n'ont pas permis de forger un compromis entre les promoteurs du projet et les riverains du tracé. En effet, ces dispositifs dont disposent les maîtres d'ouvrage pour faciliter les processus de négociation avec les communes traversées[16] ne constituent pas toujours une ressource suffisante pour mettre un terme à

---

[14] Jobert A., « L'aménagement en politique, ou ce que le syndrome NIMBY nous dit de l'intérêt général », *Politix*, n° 42, 1998, p. 67-92.

[15] Certaines mesures compensatoires consistent à réduire les impacts du projet (« réduction des coûts sociaux »), tandis que d'autres se traduisent par l'allocation d'aides financières d'accompagnement de projets locaux (« bénéfice social net au regard de la situation concernée ») : Laurans Y., Dubien I., Jacq A., « La requalification de projets d'implantation de lignes électriques initiés dans les années 80 et contestés : quelle évaluation en tant que résultat de négociation ? », contribution au programme *Concertation Décision Environnement*, mars 2003, p. 14.

[16] En France, les compensations financières prévues dans le cadre du Programme d'Accompagnement de Projet sont surtout intéressantes pour les collectivités, car elles leur offrent la possibilité de procéder à des aménagements de dissimulation.

la contestation. Enracinées dans un rejet oppositionnel, de nombreuses mobilisations restent méfiantes à l'égard de ce qu'elles perçoivent comme des tentatives de *capture*[17]. De fait, les démarches de conciliation entreprises par les aménageurs ont échoué, tant l'équipement semblait indésirable dans tous les cas, quels que soient son tracé ou les compensations proposées.

Déterminées à ne pas entériner la dévalorisation de leur cadre de vie en s'inscrivant dans une telle logique de résignation, les coalitions étudiées se sont montrées particulièrement inflexibles et intransigeantes face à ce qu'elles percevaient comme une injustice inacceptable. Souvent désignés par leurs détracteurs comme représentant de graves menaces, les projets de ligne THT se sont révélés être une source intarissable de colère et de craintes pour les riverains. On a ainsi pu fréquemment relever des expressions insistant sur la « mort » des campagnes, le « mépris des gens de la ville », le « ravage » des espaces « authentiques » ou la « condamnation » de l'économie rurale.

L'opportunité participative : avantages et limites

Tantôt ouverte (et favorable), tantôt fermée (et contraignante), la structure des opportunités politiques[18] joue un rôle important dans le parcours d'une mobilisation sociale. À cet égard, les cas français sont exemplaires si l'on en juge par la façon dont les opposants aux projets de lignes sont parvenus à inscrire leur action dans la durée en tirant parti des contingences. Au début des années 1990, l'émergence d'une première série de dispositifs participatifs (protocole État-EDF, circulaire Billardon et décret 93-245) leur a ainsi permis d'acquérir une légitimité plus grande pour s'imposer comme des interlocuteurs incontournables. Toutefois, les marges de manœuvre restaient encore limitées, dans la mesure où il s'agissait avant tout de participer à l'élaboration d'une cartographie définissant les fuseaux de moindre impact, et non de réfléchir sur d'éventuelles alternatives au projet de renforcement. De fait, même si la création de structures de concertation a pu donner le sentiment d'un rééquilibrage du rapport de forces entre les parties prenantes (au sens où l'émergence de processus délibératifs a permis de limiter le monopole décisionnel de l'aménageur), il s'est avéré que ces espaces de dialogue semblaient avant tout conçus pour stériliser la

17 Rui S., « Conflits d'aménagement, débat public et construction de l'intérêt général : une expérience démocratique ? », thèse de doctorat en sociologie, université de Bordeaux II, 2001.

18 Le degré d'ouverture/fermeture de la structure politique influe sur la nature des relations entre mouvements sociaux et tenants de la décision : Kitschelt H., « Political Opportunity Structures and Political Protest : Anti-Nuclear Movements in Four Democracies », *British Journal of Political Science*, n° 16/1, 1986, p. 57-86.

controverse, en faisant parler « pour mieux faire taire »[19]. Ces dispositifs participatifs étant d'abord conçus pour favoriser une forme d'acceptabilité locale à l'égard des projets controversés de renforcement électrique, aucune remise en cause générale du projet ne paraissait en effet possible dans ce cadre. C'est pourquoi les mobilisations ont finalement fait appel à la Commission nationale du débat public (CNDP) en vue de la mise en œuvre d'une procédure de « débat public », telle que prévue dans la loi Barnier[20].

En 1998, soit un an après la création du Parc naturel régional du Verdon, le débat public qui s'est ouvert dans l'est de la région Provence-Alpes-Côte d'Azur (PACA) était la deuxième expérience de concertation de ce type. De mars à septembre, le débat a alors permis d'opposer au projet initial un ensemble d'alternatives, ce qui a conduit à une suspension provisoire du projet. Prouvant qu'une issue négociée et performante était possible, l'exemple du Verdon a inspiré la mobilisation lotoise qui a également demandé à la CNDP qu'un tel débat ait lieu. Si cette demande d'ouverture d'un débat public a été rejetée, la CNDP a toutefois préconisé la mise en œuvre par le maître d'ouvrage d'une procédure « expérimentale » de concertation. Et durant quatre mois, à la fin de l'année 2002, ce *débat local* sur le renforcement de l'alimentation électrique du Lot a offert aux opposants l'occasion de faire pleinement valoir leurs positionnements, ce qui s'est finalement traduit par l'abandon du projet.

Si les interventions virulentes des opposants ont parfois conduit à cristalliser le dialogue lors de réunions publiques houleuses, la concertation en tant que telle a progressivement pu se mettre en place, dès lors que les coalitions anti-THT ont rompu avec l'attitude de défiance qu'elles avaient à l'encontre de l'aménageur[21]. Dès lors, cette situation d'apaisement dialogique a permis l'élaboration d'issues négociées suite aux processus délibératifs.

Dépassant le simple *bricolage* d'arrangements qui prévalait auparavant, les débats organisés sous l'égide de la CNDP ont permis d'ébrécher le cloisonnement du modèle classique d'aménagement qui contraignait les riverains à se contenter d'une solution de moindre mal en négociant

---

19 Callon M., Lascoumes P., Barthe Y., *Agir dans un monde incertain. Essai sur la démocratie technique*, Paris, Seuil, 2001, p. 209-211.

20 Loi n° 95-101 du 2 février 1995 relative au renforcement de la protection de l'environnement.

21 Leborgne M., « La construction sociale de la confiance : une condition du processus d'apprentissage cognitif des acteurs des débats publics », in Simard L., Lepage L., Fourniau J.-M., Gariépy M., Gauthier M. (eds.), *Le débat public en apprentissage. Aménagement et environnement. Regards croisés sur les expériences française et québécoise*, Paris, L'Harmattan, 2006, p. 133-144.

l'acceptation du projet en échange de mesures compensatoires. En réduisant considérablement l'asymétrie qui prévalait jusque-là entre les acteurs en présence, les débats ont par ailleurs facilité la recherche effective d'un consensus en délimitant les contours d'un espace de discussion plus ouvert[22].

Toutefois, même si ce dispositif a joué un rôle considérable en offrant un nouveau cadre plus équilibré d'expression et de confrontation, on ne saurait considérer que c'est la mise en œuvre de procédures fortement structurées de débat public qui a permis de trouver des solutions négociées à ces controverses territoriales[23] et fait subitement changer d'avis l'aménageur. En retardant les projets de renforcement, ces processus délibératifs ont plus probablement contribué à renforcer l'hypothèse d'une requalification, en obligeant le gestionnaire du réseau à étudier préventivement les alternatives possibles[24] et à réévaluer les moyens nécessaires à une sécurisation de l'alimentation électrique[25]. Par ailleurs, il convient de rappeler que la situation ne finit pas toujours ainsi. En effet, il suffit de se référer à d'autres cas similaires[26], et à la situation de nos cas britanniques, pour constater que les processus délibératifs ne permettent pas toujours de telles issues.

De l'enclavement des réseaux sociotechniques au bouclage organisationnel

À la suite des conclusions des débats publics, il a été décidé de renforcer les réseaux en réutilisant des tracés existants, tout en revoyant à la baisse le calibrage envisagé des lignes. Ces solutions techniques s'avérant cependant moins puissantes que les projets initiaux, le risque de panne électrique restait élevé sur ces territoires. Pour s'en prémunir,

---

22 Le succès de ce type de procédure délibérative est conditionné selon Pierre Lascoumes à un mouvement symétrique de déplacement qui doit conduire l'opposant à sortir de la confrontation en faisant valoir sa figure de *profane outillé* tandis que l'imposant doit pour sa part rompre avec ses façons d'instrumentaliser la concertation pour devenir un *spécialiste ouvert* : Lascoumes P., « Débat public ou mise en public d'un débat ? Éléments d'évaluation de la méthode Ducsai », *Annales des Mines-Responsabilité Environnement*, n° 26, 2002, p. 35-43.

23 Blondiaux L., « Un débat sans conséquences ? Quelques remarques de conclusion sur les effets du débat public sur la controverse autour de la ligne THT du Lot », in Boy D., Brugidou M. (eds.), *op. cit.*, 2009, p. 165-176.

24 Tam K.S., « A Comparison of Alternatives to Enhance the Utilization of Transmission Lines », *Electricity Power Systems Research*, n° 41/2, 1997, p. 133-140.

25 Laurans Y. *et al.*, *op. cit.*, 2003, p. 21.

26 Simard L., « Conflits d'environnement et concertation : le cas des lignes THT en France et au Québec », thèse de doctorat en sociologie, Institut d'études politiques de Paris, 2003.

des programmes pluriannuels de maîtrise de la demande d'électricité (MDE) ont donc été mis en œuvre afin de contenir la croissance des consommations et donc de rendre inutile l'édification future de nouvelles infrastructures d'approvisionnement. Réunissant État, collectivités locales, acteurs du secteur électrique et société civile, ces dynamiques partenariales ont donné lieu à l'élaboration de stratégies territoriales visant à économiser l'électricité. Pourtant, en dépit d'objectifs ambitieux sur le long terme, ces politiques ne sont pas parvenues à s'inscrire dans la durée. Sans revenir sur l'ensemble de raisons qui permettent de comprendre l'essoufflement de ces programmes, nous insisterons ici sur quelques-unes qui nous paraissent plus particulièrement saillantes.

Dans un cas comme dans l'autre, c'est la question des engagements financiers sur le long terme qui a principalement posé problème aux parties prenantes. En effet, à la vue des budgets prévisionnels de ces programmes, le caractère temporellement lointain d'un éventuel retour sur investissement a dissuadé les organisations partenaires de s'impliquer plus avant. On a par ailleurs pu constater que ces deux politiques ne sont pas parvenues à atteindre l'objectif de proximité qu'elles s'étaient fixé. Pilotées par des acteurs ancrés à distance des territoires concernés[27], ces initiatives n'ont pas réussi à *intéresser* (en PACA) et à *enrôler* (dans le Lot) la société civile et les populations[28]. Dans le premier cas, le cloisonnement du processus décisionnel a conduit au désengagement des acteurs locaux, tandis que dans le second cas, ce confinement a favorisé la confrontation (et non la coopération) entre les différentes parties prenantes du projet territorial.

Négligés par le cercle restreint des décideurs[29] ou maintenus en périphérie des réseaux locaux de politique publique[30], en dépit de leur capacité (voire de leur volonté) à s'investir dans les programmes de MDE, les citoyens concernés par la problématique électrique locale tendent à prendre leur distance à l'égard d'un sujet qui les concerne pourtant au premier chef en tant qu'usagers/consommateurs. Cela génère donc parfois des formes de *court-circuit* au sein des réseaux partena-

---

[27] Dans les chefs-lieux de Région : Marseille et Toulouse.

[28] Callon M., « Éléments pour une sociologie de la traduction. La domestication des coquilles Saint-Jacques et des marins pêcheurs dans la Baie de Saint-Brieuc », *L'Année Sociologique*, n° 36, 1986, p. 169-208.

[29] Ce constat vaut également au Royaume-Uni (Van Vliet B., Chappels H., Shove E., *Infrastructures of Consumption. Environmental Innovation in the Utility Industries*, Londres, Earthscan, 2005, p. 102) et s'apparente à une forme d'*aveuglement organisationnel* (Boussard V., Mercier D., Tripier P., *L'aveuglement organisationnel, ou comment lutter contre les malentendus*, Paris, CNRS Éditions, 2004).

[30] Le Gales P., Thatcher M. (eds.), *Les réseaux de politiques publiques. Débat autour des policy networks*, Paris, L'Harmattan, 1995.

riaux. Pour préciser l'usage analytique de cette métaphore électrique, il semble opportun d'intégrer également l'idée de *bouclage* afin de montrer les similitudes qui existent entre réticulations sociale et électrique.

En effet, la principale façon d'agir pour sécuriser une partie du réseau électrique est de procéder à son bouclage, en mettant en service une voie d'approvisionnement alternative pour faire face à une interruption d'approvisionnement sur l'autre ligne. Cela doit *in fine* permettre de renforcer l'ensemble de l'infrastructure d'alimentation au travers d'un maillage équilibré. Dans l'idéal, le réseau d'approvisionnement électrique consisterait donc en une agrégation de circuits dont la parfaite interdépendance permettrait de réduire les risques encourus et, *ipso facto*, de limiter considérablement les effets induits par les incidents qui pourraient survenir. Ainsi, dans l'hypothèse où un court-circuit interviendrait en n'importe quel point de l'infrastructure, il existerait une solution de secours qui permettrait de maintenir l'alimentation dans le secteur concerné.

En transposant cet idéal technique aux réseaux partenariaux que nous avons observés, on constate qu'aucun acteur n'est hors circuit. Pour autant, le maillage organisationnel reste largement imparfait, ce qui explique en partie les répercussions qu'ont eues les différents courts circuits (contestation associative, appropriation politique, désengagement financier, etc.) sur l'ensemble des projets réticulés. Évidemment, le principe même d'un bouclage complet paraît inenvisageable, tant il va de soi que subsisteront toujours des *zones d'incertitude*[31] aux jonctions des circuits sociopolitiques. Toutefois, des efforts de sécurisation de l'organisation réticulée pourraient probablement permettre de limiter les risques, si l'on considère que c'est de la qualité des interconnexions que dépend le bon fonctionnement (et probablement la réussite) d'une gouvernance territoriale de la ressource électrique.

Dialogue et proximité : quelques pistes de réflexion

Au terme de ce chapitre, il paraît intéressant d'ouvrir quelques pistes de réflexion et de suggérer certaines orientations à suivre. Tout d'abord, il nous apparaît important de préciser à nouveau que le caractère sclérosant d'une relation conflictuelle entre villes et campagnes gagnerait à être davantage pris au sérieux. En effet, on constate bien souvent que l'expression du mécontentement des campagnes à l'égard des villes est éludée par les observateurs[32]. Pourtant, le constat d'un déséquilibre –

[31] Crozier M., Friedberg E., *L'acteur et le système*, Paris, Le Seuil, 1977, p. 78-79.

[32] Révélatrice d'un *urbanocentrisme* qui prévaut dans nombre de recherches universitaires, cette perspective analytique n'est pas sans poser problème, tout particulièrement quand elle postule la disparition de toute spécificité rurale. En effet, en occul-

effectif ou ressenti – en termes de péréquation territoriale par les populations rurales contribue bel et bien à renforcer une forme d'acrimonie des espaces périphériques à l'égard des grands centres urbains. Renouer le dialogue entre villes et campagnes s'impose donc comme un enjeu crucial. Et pour ce faire, le pouvoir central a un rôle d'arbitrage déterminant à jouer s'il souhaite favoriser le dialogue.

Considérant que c'est d'abord aux territoires de proximité et aux aménageurs de travailler ensemble, l'État a vocation à se tenir à distance, en se contentant de fixer un cadre et d'organiser la *mise en équivalence des intérêts divergents*[33] au sein des processus délibératifs. Dans cette perspective, il convient donc d'encourager la structuration d'espaces de concertation apaisés pour permettre l'instauration d'un dialogue constructif[34] et – éventuellement – la construction d'un arrangement négocié satisfaisant. En soutenant l'engagement des collectivités locales dans ces dispositifs participatifs, en clarifiant les enjeux associés aux projets de renforcement électrique et en prenant en considération la légitimité des peurs exprimées par les populations environnantes, une telle démarche doit favoriser la remise à zéro des compteurs pour que « le temps du débat annule les actions passées, les rapports de force préétablis, les positions déjà prises pour remettre le projet à plat et les acteurs à égalité »[35].

Par ailleurs, les deux études de cas français présentées ici nous invitent à réfléchir à l'éventualité d'un rapprochement physique et symbolique entre l'usager et l'électricité qu'il consomme, afin que cette dernière n'ait pas à transiter le long de nouvelles voies d'approvisionnement. Comme nous l'avons vu, les ambitions de développement des villes induisent en effet des projets de renforcement du réseau électrique qui s'opèrent fréquemment au détriment de la défense du patrimoine des campagnes. De la sorte, les implications de l'approvisionnement électrique se trouvent décentrées par rapport au lieu où la consommation génère la contrainte, puisque le problème s'inscrit alors dans le monde

---

tant de la sorte le ressenti des populations qui disent vivre « à la campagne », ces approches ôtent le droit des acteurs à se définir par eux-mêmes. De même, en surestimant l'importance des « néoruraux », ces études procèdent à une réduction hâtive, tout en validant des clivages discutables entre *natifs* et *migrants*.

33 Lascoumes P., Le Bourhis J.-P., « Le bien commun comme construit territorial », *Politix*, n° 42, 1998, p. 37-66.

34 Hilen C., « High-Voltage Electric Transmission Line Upgrades : The Value of Good Corporate Citizenship », *The Electricity Journal*, n° 16/7, 2003, p. 95-102. Dans cet article, l'auteur insiste sur l'importance des formes de civilités élémentaires qui président au bon déroulement d'une concertation.

35 Fourniau J.-M., « L'expérience du débat public institutionnalisé : Vers une procédure démocratique de décision en matière d'aménagement », *Annales des Mines-Responsabilité et Environnement*, n° 24, 2001, p. 67-80.

rural et non dans l'espace urbain, où la concentration démographique induit un intense besoin d'électricité. Inversement, l'idée d'une maîtrise de la demande en électricité part du principe opposé, consistant à imputer aux citadins la responsabilité de leurs consommations qu'ils doivent apprendre à contrôler.

L'émergence d'une telle solution alternative est intéressante à étudier, dans la mesure où elle illustre le passage d'une logique technique qui visait d'abord à consolider la structure d'approvisionnement à une logique planificatrice qui a pour objectif d'anticiper les limites à venir du réseau d'alimentation, par le biais d'une gestion raisonnée de l'électricité disponible. Dans cette perspective, l'État sort donc de son rôle de garant unique d'une offre électrique ininterrompue, en laissant aux usagers (personnes physiques ou morales ; acteurs privés ou publics) présents sur le territoire en contrainte une part de responsabilité directe sur ce point. À défaut d'une résolution technique du problème électrique, c'est aux consommateurs locaux d'agir pour éviter que les graves conséquences induites par la faiblesse du réseau ne surviennent. Il appartient en effet à ceux-ci de solliciter le réseau électrique local avec modération, pour que celui-ci ne cède pas sous le poids d'une demande trop forte. C'est donc une culture nouvelle de consommation électrique (prenant appui sur des notions à définir telles que la sobriété et l'efficacité) qu'il s'agit de construire de manière exceptionnellement décentralisée, au plus près des lieux où l'alimentation électrique pourrait se révéler insuffisante si rien n'était fait.

Relevant davantage de l'exception que de la règle, la mise en œuvre de programmes de maîtrise de la demande en électricité tels que ceux que nous avons évoqués reste largement perfectible. Dans cette perspective, un certain nombre d'étapes auront encore à être franchies pour parvenir à structurer de nouvelles formes de planification où l'ensemble des usagers de l'électricité serait (idéalement) invité à participer dans un cadre de gestion patrimoniale[36]. En s'attachant à éviter les *courts-circuits* organisationnels, cela permettrait en effet de tracer les contours d'une nouvelle forme de gouvernance territoriale de la ressource électrique grâce à l'élaboration conjointe des solutions de proximité répondant aux intérêts multiples. Et peut-être qu'enfin les besoins électriques des villes ne seraient plus en concurrence avec les enjeux de préservation paysagère des campagnes.

---

36 Falque M., « Protéger l'environnement. Gestion patrimoniale et/ou nouvelle économie des ressources », *Politiques et Management Public*, n° 10/1, 1992, p. 1-32.

Paysage, transport d'électricité et esthétique du quotidien

De la confrontation au *moins pire*

Caroline GAGNON

De nombreux débats entourant l'implantation des lignes de transport d'énergie dans le territoire, tant en Amérique du Nord qu'en Europe, ont révélé l'importance de leur dimension esthétique comme facteur d'acceptation sociale des projets[1]. Ces équipements techniques de nature industrielle sont imposants et sont le plus souvent qualifiés de laids. Ils dégradent, détruisent, saccagent le paysage. Ils provoquent pour les populations une transgression perçue du territoire en regard des éléments existants de leur milieu de vie ou plus largement de la nature[2]. Parmi les aspects qui motivent l'opposition des citoyens, le paysage est sans conteste un élément incontournable du discours social par l'attachement accordé à la qualité du cadre de vie et à l'intégrité du territoire qu'une ligne de transport d'énergie en tant qu'équipement technique vient perturber. Ainsi, l'enjeu de paysage constitue actuellement un frein majeur au développement des nouveaux projets de ligne à haute tension.

Les enjeux de paysage au Québec

Au Québec, le développement hydro-électrique a longtemps été considéré comme un symbole du génie québécois. Ce n'est qu'à partir des années 1980 que les lignes à haute tension commencent à apparaître

---

1 Furby L., Slovic P., Fischhoff B., Gregory R., « Public Perceptions of Electric Power Transmission Lines », *Journal of Environmental Psychology*, vol. 8, 1988, p. 19-43 ; Levy E., « The Aesthetics of Power : High-Voltage Transmission Systems and the American Landscape », *Technology and Culture*, vol. 38, n° 3, 1997, p. 575-607 ; De Billy P., « Les pylônes : la rançon du progrès ? », *Continuité*, hiver 1990, p. 50-53 ; Riendeau R., « Les autoroutes de l'énergie : une incision dans l'environnement », *Forêt et conservation*, octobre 1988, p. 18-22 ; International Electric Transmission Perception Project (IETPP), *Perception of Transmission Lines. Summary of Surveys and Framework for Further Research*, rapport déposé pour le Edison Electric Institute, 1996 ; CIGRÉ, « High Voltage Overhead Lines : Environmental Concerns, Procedures, Impacts and Mitigations », in *Working Group 22.14 Environmental Concerns and Regulatory Controls*, October 1999.

2 Levy E., *op. cit.* ; Furby L. *et al.*, *op. cit.*

comme un enjeu significatif notamment avec le projet de ligne La Vérendrye-Hertel[3]. Le discours de certains citoyens s'appuyait sur le caractère distinctif du paysage de villégiature. En 1984 avec le projet de ligne Radisson-Nicolet-Des Cantons[4], l'argumentation esthétique et paysagère devient un enjeu majeur. Hydro-Québec projetait alors de passer une ligne aérienne au-dessus du fleuve Saint-Laurent. Les oppositions locales ont été menées en insistant fortement sur le caractère patrimonial et emblématique des berges du fleuve dans la portion Grondines-Lotbinière du tracé. Face à la naissance de l'enjeu de paysage comme argumentaire majeur de contestation des projets et devant les retombées nationales de ce mouvement social, Hydro-Québec a changé radicalement son projet. Une traversée sous-fluviale beaucoup plus coûteuse s'est avérée être la solution. L'intégrité de la traversée du fleuve, en tant que patrimoine collectif à protéger, était la principale façon de conserver ce paysage, sans égard aux alternatives qui auraient pu privilégier l'amélioration esthétique des équipements[5].

Au début des années 1990, dans la vallée verdoyante du lac Williams, les pressions locales ont favorisé l'implantation d'une dizaine de pylônes portiques tubulaires nouvellement dessinés en remplacement du pylône traditionnel en treillis sur cette section de ligne[6]. Les stratégies d'absorption qui visent à camoufler l'équipement dans les éléments du milieu végétal étaient quasi impossibles et l'enfouissement irréalisable, le design de pylône s'est révélé être une façon d'atténuer l'atteinte aux qualités paysagères du site[7].

---

3 BAPE, *Réseau de transport La Grande – tronçon la Vérendrye-Duvernay, Rapport d'enquête et d'audience publique*, 1980.

4 BAPE, *Poste de ligne à courant continu à 450 kV, Radisson-Nicolet-Des Cantons. Rapport d'enquête et d'audience publique n° 22*, 1987 ; De Billy P., *op. cit.* ; Lyrette E., *La dynamique sociale entourant l'implantation d'une infrastructure majeure : le cas du parc éolien Le Nordais*, mémoire de maîtrise, Université du Québec – Institut national de la recherche scientifique – Urbanisation, culture et société, 2003.

5 Gagnon C., « Paysage et esthétique des pylônes », in Poullaouec-Gonidec P., Domon G., Paquette S. (dir.), *Paysages en perspective*, Montréal, Les Presses de l'Université de Montréal, série « Paysages », 2005, p. 209-240.

6 Hydro-Québec, *Méthode d'évaluation environnementale – Lignes et postes*, rapport du groupe de travail déposé à la Vice-présidence Environnement, 1990.

7 Gagnon C., « Paysage et esthétique des pylônes », *op. cit.*

Figure 1 : La traversée du fleuve Saint-Laurent à la hauteur de la Côte-de-Beaupré et de l'île d'Orléans au Québec constitue certainement un exemple de ce changement de valeurs. Aujourd'hui, ces trois lignes sont largement décriées.
Photographie : Luc Lévesque

Figure 2 : Implantation de pylônes tubulaires dans la vallée du lac Williams, ligne Des Cantons-Lévis.
Photographie : Chaire en paysage et environnement, 2001

Deux projets plus récents de ligne de transport d'énergie soumis à l'examen du Bureau d'audiences publiques sur l'environnement (BAPE) au Québec ont continué de démontrer l'importance de l'enjeu de paysage parmi les préoccupations citoyennes : le projet de ligne Grand-Brûlé-Vignan[8] qui a été rejeté par le BAPE et le Césaire-Hertel[9] qui longe désormais l'autoroute 10 dans les Cantons-de-l'Est au Québec. Dans le rapport du BAPE concernant ce projet, l'importance que revêt pour la population la prise en compte du paysage en tant qu'il est dépositaire de valeurs identitaire, patrimoniale, touristique et qu'il participe à la qualité de vie a été soulignée[10]. Parmi les impacts appréhendés d'un tel projet, les impacts visuels et plus globalement les impacts sur le paysage sont une préoccupation majeure des citoyens. Dans sa conclusion, le Bureau d'audiences va bien au-delà des recommandations sur le projet Saint-Césaire-Hertel en affirmant que les lignes à haute tension, par leur multiplicité dans le territoire québécois, sont un enjeu de société. Par ailleurs, parmi les mesures proposées afin de favoriser l'acceptabilité sociale des projets, la commission suggère à Hydro-Québec de se pencher sur le design des pylônes en parallèle aux développements des technologies d'enfouissement des lignes.

Les préoccupations des citoyens face aux projets d'implantation de ligne à haute tension s'inscrivent donc parmi les considérations du paysage au Québec. Ces dernières s'expriment à travers une dépréciation esthétique des milieux de vie induite par les équipements. Afin d'y remédier, des pratiques d'aménagement et de design sont alors considérées.

---

8 BAPE, *Projet de ligne à 315 kV Grand-Brûlé-Vignan. Rapport d'enquête et d'audience publique n° 148*, 2001.

9 BAPE, *Projet de ligne à 735 kV Saint-Césaire-Hertel et poste de la Montérégie. Rapport d'enquête et d'audience publique*, 2000.

10 *Ibid.*

Figure 3 : Traversée de la rivière Richelieu : implantation ponctuelle de pylônes portiques tubulaires aux abords du cours d'eau.
Photographie : Hydro-Québec, 2004

Pour une redéfinition de l'esthétique

S'appuyant sur une redéfinition de l'esthétique à la lumière des théories de l'esthétique environnementale et du quotidien[11], cet article propose d'articuler l'interprétation du phénomène d'appréciation esthétique des équipements de transport d'énergie (*a fortiori* dépréciation) en regard du discours social. Le paysage y est considéré comme « une appréciation du territoire par un individu ou une collectivité qui se développe sur la base de valeurs (historique, esthétique, écologique, technique, économique, etc.) et d'usages (résidentiel, touristique, agricole, industriel, etc.) partagés »[12]. Vu sous cet angle, ce phénomène révèle la

11 Berleant A., Carlson A., « Introduction. Special Issue : Environmental Aesthetics », *The Journal of Aesthetics and Art Criticism*, vol. 56, n° 2, 1998, p. 97-100 ; Berleant A., *Living in the Landscape : Toward an Aesthetics of Environment*, Lawrence (Kansas), University Press of Kansas, 1997 ; Saito Y., « Everyday Aesthetics », *Philosophy and Littérature*, n° 25, 2001, p. 87-95 ; Light A., Smith J.M. (eds.), *The Aesthetics of Everyday Life*, New York, Columbia University Press, 2005.

12 Poullaouec-Gonidec P., Domon G., Paquette S., *Guide de gestion des paysages au Québec : lire, comprendre et valoriser le paysage*, Montréal, Chaire en paysage et environnement de l'Université de Montréal, Gouvernement du Québec, 2008.

nécessité d'introduire comme composante de l'appréciation esthétique, l'analyse des valeurs multiples d'ordre pratique, éthique, économique, écologique, par exemple, et qui ne sont pas traditionnellement associées au domaine de l'esthétique. L'essentiel du propos reprend les résultats d'une recherche qualitative qui s'est appuyée sur trois types de données offrant des points de vue différenciés sur le phénomène à l'étude : l'observation directe par la chercheuse de 11 cas de lignes de transport ; l'analyse de 35 mémoires déposés lors des audiences publiques sur l'environnement portant sur les projets Hertel-Saint-Césaire et Grand-Brûlé-Vignan en 2000 au Québec et une enquête qualitative par entretiens semi-dirigés auprès de douze personnes[13]. L'approche méthodologique s'inscrit dans la tradition de la théorisation ancrée dont les résultats mènent à une proposition théorique cherchant à comprendre le phénomène plus qu'à l'expliquer[14].

Sur la base des résultats de cette recherche, l'article propose un repositionnement de l'esthétique traditionnelle en faveur d'une esthétique du quotidien afin d'appréhender plus adéquatement les phénomènes associés à la dépréciation paysagère induite par les équipements industriels dans le territoire. Ainsi, l'interprétation suggérée du phénomène questionne la conceptualisation dualiste et réactive de la relation entre l'équipement et le paysage qui renvoie à une confrontation de modèles esthétiques (paysage pittoresque/paysage industrialisé). L'appréciation esthétique des lignes de transport d'énergie renverrait davantage à un discours social associé à une logique du *moins pire* misant sur les opportunités d'accommodement qu'entrevoient les citoyens à l'égard des équipements et la transformation du territoire. Dans ce discours, entre en jeu des considérations du quotidien et des rapports familiers et ordinaires au territoire ainsi que de la pertinence des projets et de leurs valeurs sociales. Cette interprétation permet au final de relativiser les pratiques aménagistes de dissimulation ou de design des équipements.

Mais avant, une mise en contexte théorique des approches de l'esthétique est présentée en regard de leur pertinence face aux particularités du phénomène d'appréciation esthétique des équipements et des pratiques d'aménagement et de design y étant liées.

---

[13] Gagnon C., *Appréciation esthétique des équipements de transport d'énergie (réseau de pylônes)*, thèse de doctorat déposée à la Faculté de l'aménagement de l'Université de Montréal, 2006.

[14] Paillé P., Mucchielli A., *L'analyse qualitative en sciences humaines et sociales*, Paris, Armand Colin, 2003 ; Charmaz K., « Grounded Theory : Objectivist and Constructivist Methods », in Denzin N.K., Lincoln Y.S. (eds.), *Handbook of qualitative research*, Thousand Oaks (California), Sage Publications, 2000, p. 509-535 ; Strauss A., Corbin J., *Basics of Qualitative Research : Grounded Theory Procedures and Techniques*, Park (California), Sage Publications, 1998.

Au-delà du visuel et de l'apparence des équipements

De nombreuses études de perception effectuées auprès des populations un peu partout à travers le monde démontrent l'importance des impacts esthétiques[15]. Ces impacts sont associés à la grande visibilité des lignes de transport d'énergie, leur manque d'attrait et leur incongruité avec le paysage naturel. Pour répondre à cette problématique esthétique, les pratiques d'évaluation environnementale des projets de ligne insistent le plus souvent sur la discrétion et le camouflage de la ligne en tentant de réduire au maximum les impacts visuels sur le milieu récepteur. À l'échelle internationale, les compagnies d'électricité (Hydro-Québec, Électricité de France/EDF, Fingrid, Ente nazionale per l'energia elettrica/ENEL, pour ne nommer que celles-là) envisagent également comme stratégie alternative à la dissimulation, l'amélioration esthétique des lignes par le design des pylônes.

Dès les années 1960 mais surtout depuis les années 1990, le design des pylônes suscite de plus en plus l'intérêt des compagnies d'électricité qui voient là un moyen de traverser des milieux plus hostiles à l'intégration paysagère d'une ligne. À cet égard, le design devient une des solutions mises de l'avant pour remédier à la problématique d'acceptation sociale des lignes de transport d'énergie : plusieurs précédents internationaux en témoignent[16]. Assujetti au processus plus large d'évaluation environnementale, le design des pylônes est cependant utilisé dans des cas d'implantation problématiques, le plus souvent en dernier recours, pour atténuer les impacts visuels et les impacts sur le paysage. Cette stratégie de nature cosmétique se voit également utilisée parcimonieusement, davantage dans un souci économique et politique, que de valorisation paysagère. Ainsi, les projeteurs s'appliquent à changer sur une ligne un nombre restreint de pylônes traditionnels avec des pylônes architecturés afin de viser l'acceptation locale de son passage. Dans ce sens, le design des pylônes est considéré davantage comme un outil de négociation avec les populations et non comme un réel moyen de

---

15 IETTP, *op. cit.* ; Furby L. *et al.*, *op. cit.* ; Levy E., *op. cit.* ; CIGRE, *op. cit.*

16 Electric Research Council's, *Electric Transmission Structures : A Design Research Program. Esthetic Designs for Transmission Structures*, rapport présenté à Edison Electric Institute, 1968 ; Lorin M., « Recherches et développement des pylônes esthétiques en France », in *Les lignes de transport et l'environnement*, CIGRÉ, symposium Stockholm, 23-25 juin, 210-10, 1981, p. 1-6 ; Levy E., *op. cit.* ; Zorgno A.M., « Electricity and Land », *Rassegna*, vol. 17, n° 63, *Electricity. United-States and USSR, France and Italy*, 1995, p. 70-81 ; Bosoni G., « The "form" of power lines, between design, architecture and landscape », *Domus*, n° 827, June 2000, p. 78-85 ; Hydro-Québec, *op. cit.* ; National Grid, « Summary », www.nationalgrid.com/uk/social&environement/tower_design.asp#, 2002, page consultée le 15 octobre 2004.

répondre adéquatement à la problématique paysagère dans son ensemble[17].

En effet, l'esthétique des lignes de transport d'énergie se polarise autour des questions paysagères qui sont de nature plus complexe que ne laissent entendre les seules considérations visuelles ou cosmétiques des équipements. Entre l'absorption visuelle de la ligne par les éléments du milieu en cherchant ici à la dissimuler ou le design des pylônes, les approches par évaluation des impacts visuels semblent sous-évaluer la portée plus transversale des préoccupations esthétiques des citoyens. En outre, ces approches abordent l'esthétique de manière très limitée en tant que valeur générique associée à la beauté formelle ou en tant qu'énoncé de préférences paysagères ou de type d'équipements. Cette définition de l'esthétique se fonde en grande partie sur les approches visuelles et formelles de l'esthétique en paysage. Ces dernières sont héritières de la tradition pittoresque établie à la fin du XVIIIe siècle, qui consiste à privilégier les caractéristiques picturales du paysage et en conséquence, à mettre l'emphase sur la vision comme véhicule de l'appréciation esthétique de la nature[18]. Le paysage devient une scène à contempler et acquiert une valeur esthétique exclusivement lorsqu'il répond à une composition formelle exceptionnelle.

Dans cette perspective, l'appréciation esthétique du paysage s'enracine dans la tradition de la peinture du paysage et dans l'« art du jardin »[19]. Cette tradition artistique a généralement mis de côté les questions qui relèvent de l'expérience « ordinaire » du paysage. Elle a occulté ce qui contribue, pour un citoyen, à faire de son milieu de vie, un milieu qu'il apprécie : les activités, les liens affectifs, les fonctions, le caractère familier, les valeurs, etc. L'expérience esthétique a été au contraire confinée dans une posture contemplative et passive, exclue des sphères du quotidien. Cette expérience est par ailleurs généralement interprétée comme étant positive alors que les phénomènes d'appréciation des milieux de vie amènent tout un registre de nuances, entre ce que les personnes apprécient et déprécient. Ces dernières dépassent les considérations traditionnelles de l'esthétique, le paysage étant ici un concept central, concept esthétique ayant prise dans une réalité physique

---

17 Jobert A., Merle E., « La question de l'esthétique au prisme de l'acceptabilité des ouvrages », communication faite à l'occasion du *Colloque-atelier international interdisciplinaire Design et projets d'équipements publics*, 4 et 5 novembre 2004, musée d'art moderne de Saint-Étienne, 2005 ; Desjeux S., Taponier D., *Retour d'expérience sur l'implantation du pylône « Corolle » : Synthèse détaillée des résultats*, rapport du groupe Argonautes – recherche conseil en sciences humaines, 2000.

18 Saito Y., « The Aesthetics of Unscenic Nature », *The Journal of Aesthetics and Art Criticism*, vol. 56, n° 2, *Environmental Aesthetics*, printemps 1998, p. 101-111.

19 Le Dantec J.-P., *Jardins et paysages*, Paris, Larousse, 1996.

qui invite à dépasser sa conception visuelle telle une peinture, une œuvre d'art.

Le paysage poserait autrement la relation esthétique. Berleant, en questionnant les modes de relation esthétique au territoire, postule ainsi deux manières de définir le paysage : le paysage panoramique où l'observateur est distancié de la scène à contempler, et le paysage participatif où l'observateur est impliqué dans l'espace. L'importance relative du visuel distingue ces deux définitions : « One is a predominately visual idea of landscape, which we can call the panoramic landscape ; the other, the more intimate, participatory landscape »[20]. La première définition s'inscrit dans la tradition de l'art alors que la seconde définition participe d'une reconsidération des fondements de l'esthétique qui se détache de l'art pour s'ancrer dans l'expérience de la nature et du quotidien.

Dans ses travaux sur l'esthétique environnementale, Carlson[21] va dans le même sens en soulignant que l'appréciation esthétique ne se détermine pas uniquement par le regard sur les objets ou les scènes depuis un point de vue tel un spectacle à contempler ou une photographie. Parce que la personne fait partie intégrante de l'environnement, son appréciation implique une situation d'immersion qui interpelle tous les sens au-delà de la vision. L'appréciation esthétique est ainsi un mode actif : « It is such active, involved aesthetic appreciation, rather than the formal mode of appreciation nurtured by the scenery cult and encouraged by photographs, that is appropriate to the natural environnement »[22].

De l'esthétique traditionnelle à l'esthétique du quotidien

Traditionnellement, les théories esthétiques appréhendent les objets d'art de manière isolée du contexte environnant et mis à l'écart de la vie en général. Ils ont ainsi privilégié une posture de distanciation et de contemplation dans la définition de l'expérience esthétique des personnes face aux œuvres et des objets. La personne est perçue en tant que spectateur[23]. Appliqué aux environnements quotidiens, ce type de relation distante provoque une rupture avec le monde réel ayant pour conséquence de privilégier la vision, mettant ainsi l'emphase sur les aspects formels et visuels de l'environnement, aux dépens des autres sens plus

---

20 Berleant A., « Aesthetic perception in environmental design », in Nasar J.L. (ed.), *Environmental Aesthetics : Theory, research, and Applications*, Cambridge, Cambridge University Press, 1988, p. 87.

21 Carlson A., *Aesthetics and the Environment : The Appreciation of Nature, Art and Architecture*, London, Routledge, 2000.

22 *Id.*, p. 25.

23 Berleant A., « Aesthetic perception in environmental design », *op. cit.*

interpellés par la relation située au monde ainsi que les valeurs qui modulent cette expérience. La distanciation suscite du même coup chez les personnes une attention totalement désincarnée. Talon-Hugon[24] stipule que l'esthétique ainsi définie est orientée vers « l'apparence, l'agrément, la légèreté, la gratuité et le plaisir relevé ». D'où, peut-être, cette tendance à associer l'esthétique à l'apparence des objets ? Ce mode référentiel de la relation esthétique prive néanmoins le discours esthétique d'un ancrage dans la réalité ordinaire des personnes sur les plans personnel, social et pratique, voire politique. Saito[25] rappelle qu'un discours propre aux phénomènes d'appréciation esthétique du quotidien, de la nature, du paysage et des objets du design ne fait pas encore partie d'un corpus théorique bien établi. Aussi, le quotidien est le plus souvent appréhendé esthétiquement telle une œuvre d'art : certains musées en architecture et en design, en isolant les objets de leur contexte d'usage et des modes de vie, en sont certainement l'illustration.

Selon elle, les auteurs qui affirment dépasser le cadre de référence de l'art proposent peu d'exemples du quotidien. La majorité d'entre eux continue à référer quasi uniquement à l'expression artistique dans leur démonstration théorique ce qui induit une certaine méconnaissance des modalités expérientielles ordinaires. Les phénomènes du quotidien, en les appréhendant directement, confirment leur spécificité en regard de l'art. Ils se démarquent aisément des manifestations artistiques et soulèvent des difficultés que l'art ne peut évoquer. Le recours quasi dogmatique à l'art comme exemplification de l'expérience esthétique pose donc certaines limites à la conceptualisation des phénomènes ordinaires. Ainsi, il n'est pas étonnant de constater que les phénomènes non artistiques sont marginalisés dans les théories esthétiques et quand ils sont étudiés, ils le sont en utilisant des concepts et le cadre de référence du domaine artistique[26]. En conséquence, les objets et les environnements du quotidien deviennent une manifestation inférieure de l'esthétique[27]. Il est alors de bon ton de les considérer telle une œuvre d'art, dans une mise à distance et une mise à l'écart de leur contexte d'usage et de vie pour les considérer de manière esthétique. Dans ces circonstances, on les étudie avec les caractéristiques de l'art : cohérence formelle, pouvoir expressif, matérialisation d'une idée, créativité et originalité[28]. En outre,

---

24 Talon-Hugon C., *L'esthétique*, Paris, Presses universitaires de France, 2004.

25 Saito Y. « Machines in the Ocean : The Aesthetics of Wind Farms », *Contemporary Aesthetics*, vol. 2, 2004.

26 Saito Y., « Everyday Aesthetics », *op. cit.*

27 *Ibid.*

28 *Ibid.*

l'art se soumet plutôt à une caractérisation assez permanente qui se distingue du caractère éphémère des expériences du quotidien[29].

La plupart du temps, les objets et les environnements se transforment au gré des conditions des expériences et des nécessités de la vie de tous les jours (moment de la journée, saisons, moments de la vie, présence de personnes, disposition psychologique, etc.). Occulter ces caractéristiques fondamentales de l'expérience esthétique du quotidien équivaut à s'écarter de leur nature profonde. En abordant l'expérience esthétique autrement que par l'art, Saito[30] constate à quel point il devient nécessaire de réorienter l'esthétique vers de nouvelles approches afin de s'adapter aux différents enjeux des expériences esthétiques du quotidien.

Esthétique traditionnelle vs esthétique du quotidien

Esthétique traditionnelle	Esthétique du quotidien
Perspective moderniste	Perspective postmoderniste et critique
Art	Nature/Quotidien/Environnement
Univers formaliste (visuel)	Univers polysensoriel
Emphase sur l'étrangeté, la nouveauté ou l'exceptionnel, le remarquable	Emphase sur le familier, l'ordinaire, la proximité
Permanence	Impermanence
Cognition vs Sentiment – dialectique du corps et de l'esprit	Interpénétration des dimensions humaines dans l'expression de la sensibilité esthétique
Désintéressement	Implication/Engagement
Contemplation (attention passive)	Expérience (attention active)
Dichotomie Objet/Sujet	Interrelation, immersion – continuité
Distanciation	Participation
Mise à l'écart de l'objet/sujet (institutionnalisation – muséification)	Contextualisation (physique, psychologique, morale et pratique)
Universalité du jugement	Généralités contextuelles – communautés esthétiques

Dans ce contexte, les défis que pose la problématique paysagère des lignes de transport à l'esthétique sont le dépassement de l'esthétique du domaine artistique et de l'emphase sur les dimensions formelles et visuelles ainsi que de l'apparence des objets. Cette problématique suggère également de s'intéresser aux expériences négatives et au phénomène de dépréciation.

29 *Ibid.*

30 *Ibid.*

Interprétation du phénomène d'appréciation esthétique des équipements de transport d'énergie

L'étude de l'appréciation esthétique des équipements de transport dans le contexte d'expérience esthétique du paysage au Québec a démontré la pertinence de cette perspective de l'esthétique du quotidien[31]. Les sections qui suivent s'appliqueront à en dégager les principales manifestations soulevées dans le cadre des analyses des données de l'étude[32]. Ainsi deux perspectives sur la compréhension du phénomène d'appréciation esthétique des équipements sont proposées : la logique de confrontation et la logique du *moins pire*. La volonté de protection du paysage qui amène à idéaliser l'absence d'équipements, caractérise la logique de confrontation. La logique du *moins pire* rend plutôt compte des différents discours d'accommodement des équipements exprimés par les citoyens.

31 Gagnon C., *Appréciation esthétique des équipements de transport d'énergie (réseau de pylônes), op. cit.*

32 *Ibid.*

Modèle interprétatif de la logique du *moins pire*

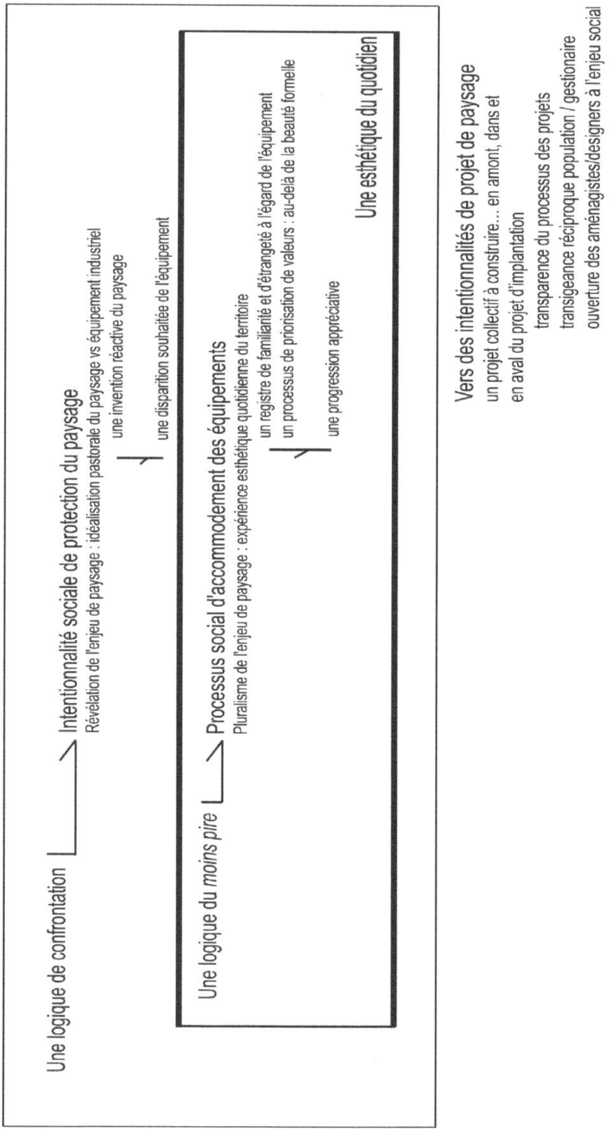

Ces perspectives sur le phénomène démontrent la nécessité et la pertinence d'une esthétique du quotidien pour l'exploration des phénomènes entourant l'interface entre les environnements et les équipements publics qui contribuent actuellement à la construction sociale du paysage.

De manière générale, le phénomène appréciatif « ordinaire » a été conceptualisé comme étant un phénomène en progression découlant d'un processus de priorisation de valeurs multiples et diversifiées (donc pas uniquement d'ordre visuel et formel) et d'un registre de référence esthétique axé sur la familiarité et l'étrangeté. Par conséquent, la dimension esthétique des équipements touche à la fois les questions matérielles et immatérielles de la mise en œuvre des projets. Par exemple, les attitudes du projeteur pourront affecter la perception esthétique tout comme les valeurs environnementales associées à l'utilisation d'une technologie ou d'une filière de production électrique particulière (hydroélectrique, nucléaire ou thermiques). En cela, limiter l'évaluation de la dimension esthétique à la mesure des impacts visuels devient limitatif et réducteur de la complexité de l'appréciation esthétique. Les connaissances liées au projet, sa justification, la transparence du processus, la multifonctionnalité des emprises sont autant d'éléments qui peuvent contribuer ou non à bonifier l'appréciation esthétique des équipements[33]. Sur le plan du rapport à l'espace, le registre de la familiarité et des environnements quotidiens servent d'éléments de référence à l'appréciation.

> En revanche, un jugement esthétique est toujours susceptible d'être aboli par une nouvelle conduite esthétique portant sur le même objet mais associé à un indice de satisfaction différent, par exemple parce que notre connaissance de l'objet a évolué et que donc l'attention que nous lui accordons est différente[34].

Une logique de confrontation

Dans les analyses des mémoires du BAPE entourant les dynamiques contextuelles des projets d'implantation et l'enquête par entretiens semi-dirigés, il ressort que les équipements participent activement à la valorisation sociale et culturelle du paysage en tant qu'entité à protéger. La seule possibilité qu'une intervention vienne transformer le territoire de façon définitive tend à révéler ou encore à réaffirmer l'identité paysagère du lieu et à aboutir à un enjeu collectif de protection. Ainsi, pour certains, le territoire visé par l'implantation future d'un équipement

---

33 *Ibid.*

34 Schaeffer J.M., « La conduite esthétique comme fait anthropologique », in Y. Michaud (dir.), *L'art et la culture – Université de tous les savoirs*, tome 20, Paris, Odile Jacob, 2002, p. 284.

deviendrait aussitôt un paysage. Pour d'autres, il réactive avec plus de force l'affection paysagère. Néanmoins, le paysage serait désormais à protéger de l'intrusion industrielle qu'occasionnent les lignes de transport. Cette invention paysagère ou encore sa réinvention, ne ferait qu'activer par la suite la volonté de voir disparaître les équipements. Ainsi, la problématique paysagère des lignes de transport d'énergie renvoie à une confrontation importante qui trouve ultimement refuge dans la dichotomie nature/technologie. L'idéal pastoral du paysage présiderait en quelque sorte à cette opposition qui sous-entend une forme d'attachement à l'intégrité de la nature et son caractère inviolable. Si bien que l'appréciation esthétique du paysage exclurait d'emblée la présence des équipements. En quelque sorte, le paysage s'éclipse avec la présence des équipements et s'ensuit un réel sentiment de perte de celui-ci dans ses manifestations plurielles : perte de la pleine nature, pertes économiques, création d'un espace de déréliction, perte d'un espace bienfaisant, etc.[35]

Dans plusieurs cas, la disparition du paysage s'exprime pourtant à l'aube de son invention. Ainsi peut-on dire que ce phénomène dépréciatif fait souvent émerger le paysage. On assisterait alors à une invention du paysage qui s'effectue de manière réactive. Et cela est particulièrement vrai en situation de projet où la valorisation paysagère est supportée par l'implantation potentielle des équipements qui vient menacer l'intégrité territoriale et qui affecte la qualité de vie et la qualité du cadre de vie des citoyens[36]. Ce phénomène d'invention paysagère engendre une mise en valeur de différentes réalités qui trouvent résonance dans la relation esthétique quotidienne accordée au territoire avec le temps. Il y a, dans ce phénomène, une forme de réactivation de l'appréciation portée à l'endroit du territoire qui insiste désormais sur une qualification qui était jusqu'alors latente. Cette qualification paysagère est supportée par la venue des équipements.

À la base de l'invention du paysage ou de sa réactivation, il semble néanmoins exister une apparente impossibilité de conciliation du paysage et des équipements. Les éléments de la problématique qui participent de cette logique de la confrontation sont par ailleurs liés à des considérations esthétiques qui s'appuient essentiellement sur une idéalisation de la nature et qui conduit à la construction sociale du beau paysage d'une part, et sur une impasse appréciative importante quant à l'équipement lui-même et à son implantation territoriale qui le rend du coup indésirable, c'est-à-dire

[35] Gagnon C., *Appréciation esthétique des équipements de transport d'énergie (réseau de pylônes), op. cit.*

[36] Poullaouec-Gonidec P., « Paysage et modernité », in *Conférence d'ouverture du colloque. Dynamique et visions du paysage québécois*, Québec, 15 au 18 juin 1998.

laid en son essence. De telle sorte que l'enjeu de paysage cristallise à ce point l'appréciation des équipements, qu'il évacue totalement la possibilité qu'un pylône, par exemple, puisse être un bel objet. Il ne peut se soustraire à sa relation environnementale. L'équipement doit disparaître pour préserver le paysage ; l'enfouissement des lignes de transport d'énergie constitue ici l'idéal esthétique à atteindre. « Ce serait mieux. Passer ça sous la terre, c'est à venir... » (Répondant 10)

Le non-équipement, comme modèle esthétique, interroge par ailleurs les attentes des personnes à l'égard des équipements. Bien que l'analyse ait révélé une variation dans l'appréciation accordée à l'équipement selon les milieux et les types de pylônes, aucune proposition ne semble totalement satisfaisante si l'on tente d'atteindre l'idéal qui s'actualiserait dans une forme de beauté naturelle. En conséquence, si l'analyse de l'appréciation esthétique s'appuie uniquement sur le paysage idéal ou la réformation du paysage, la réponse sociale à l'implantation d'une ligne tendrait alors à ne revendiquer que sa disparition. Cette disparition n'étant pas toujours possible, elle ne peut qu'aboutir au constat d'une perte paysagère. La logique de confrontation n'autoriserait donc aucunement les demi-mesures, et finirait par exclure toute possibilité de réconciliation entre le paysage et les équipements parce que leur réunion ne trouve pas d'ancrage dans les modèles attendus du beau paysage.

Parallèlement, le phénomène de dépréciation esthétique des équipements sur le paysage a fait naître, sur le plan de l'aménagement, une volonté de minimiser les répercussions de l'équipement à l'égard du paysage en tentant de le dissimuler. En misant uniquement sur la protection du paysage, les interventions matérielles se sont subordonnées à des stratégies visant à rendre le moins visible possible les équipements par des principes de camouflage en espérant les faire disparaître. Du coup, elles ont exclu un registre plus élargi de leurs possibilités matérielles, spatiales et symboliques.

De plus, la protection du paysage s'est principalement centrée sur sa dimension visuelle. Les stratégies appliquées à diminuer l'impact visuel sur le paysage, le design des pylônes ou la dissimulation paysagère axées sur le concept de visibilité, tendent par conséquent à ignorer la complexité de la problématique paysagère et à la confiner aux seules considérations du visible. Dans cette lignée, ils atteignent rarement leurs objectifs car ils sous-estiment l'importance de l'atteinte au paysage engendrée par la présence des équipements. Et paradoxalement, ces stratégies insistent parfois, par le design des équipements, à promouvoir la valorisation paysagère par la mise en beauté d'un équipement, l'embellissement, dont le qualificatif de bel objet est socialement inconcevable. Si bien que, ni une amélioration esthétique des équipements, ni même les pratiques d'atténuation des impacts visuels ne peuvent répondre adéquatement à la problématique posée en termes dialectiques, puisque l'idéal paysager ne peut tolérer la présence d'équipement. D'ailleurs, en situation d'implantation projetée d'une ligne de transport d'énergie, les opposants omettent toutes formes d'alternatives comme le design des pylônes par exemple. Ce dernier est considéré comme une ouverture à l'implantation de la ligne et une telle position n'est pas envisageable sans amoindrir l'intégrité du discours d'opposition qui tend à vouloir protéger à tout prix le paysage puisque celui-ci fonde son invention et sa réaffirmation à même le projet d'implantation.

Une logique du moins pire

La logique sociale du *moins pire* émerge non plus d'une idéalisation esthétique mais de la compréhension de la relation quotidienne des personnes aux équipements actuels qui est exemplifiée par l'usage chez les participants à l'enquête des élocutions langagières superlatives. Celles-ci tendent à rendre compte d'un processus d'accommodement d'une réalité et non de son idéalisation : « meilleur dans le pire », « clash moins dans le paysage », « un petit peu plus mieux », « moindre mal », « fatigue moins », « moins dommageable », « moins pire ». Dans la lecture du discours social, il est donc possible de saisir l'ambiguïté que pose l'aménagement de telles infrastructures. L'appréciation des équipements se construit autour de l'adaptation quotidienne à leur présence qui se développe par des activités et des pratiques dans les milieux de vie. Elle s'exerce de manière progressive dans une relation à un registre de familiarité et à des valeurs multiples.

Le registre de familiarité des équipements

Les contextes physiques d'implantation des lignes de transport d'énergie sont reconnus pour être des environnements quotidiens familiers. En analysant ces expériences, il a été démontré que la familiarité tend, chez certaines personnes, à diminuer l'attention visuelle envers les équipements implantés. Ainsi, l'attention n'est pas toujours activée de la même manière et par conséquent, il arrive que certaines personnes ne voient tout simplement plus les équipements. La familiarité avec laquelle l'environnement est appréhendé joue alors un rôle important dans la modulation appréciative en favorisant, parfois, un effacement des lignes de transport dans le territoire. Les équipements deviennent en quelque sorte imperceptibles ce qui actualise les autres aspects du territoire et conduit alors à faire resurgir le paysage.

> Comme je vous le dis, on s'habitue [...]. Bien, c'est toujours le tubulaire pour moi qui... qui s'accorde le plus si tu veux à la vie courante des gens. [...] C'est plus facile à vivre avec ça qu'avec... Quoique, on vient qu'à oublier tout ça, à l'occasion là hein ? [...] Quel que soit le contexte dans

lequel on se trouve, l'autoroute ou une situation urbaine là, c'est plus facile avec les tubulaires qu'avec les treillis, je pense (Répondant 05).

De même, la proximité à un équipement en situation d'habitation riveraine tend à le rendre familier dans le quotidien en plus de laisser vacant un espace collectif souvent valorisé en raison de l'emprise.

En somme, les personnes peuvent arriver à ne plus se soucier de la présence des équipements en situation d'appréciation et faire apparaître le paysage au-delà des équipements. Ce phénomène s'installe avec le temps et l'habitude. Les équipements de transport d'énergie se trouvent alors en suspens de la perception. Cependant, ce phénomène peut en tout temps se confronter à nouveau à une sollicitation attentionnelle et provoquer une modification de l'appréciation. En conséquence, les équipements redeviennent présents à la perception. Aussi, une forme de résurgence du paysage peut également être provoquée *a contrario* par une réactivation perceptive des équipements lorsqu'un événement ou une information vient rappeler leur présence. Par exemple, l'événement du verglas de 1998 au Québec a mis beaucoup l'emphase sur l'importance des équipements de transport d'électricité, la figure des pylônes pliés en deux étant particulièrement véhiculée dans les médias.

Une imbrication de valeurs

Au-delà de ce phénomène qui conduit à l'occultation perceptive des équipements ou à leur révélation, l'analyse a examiné les différents types d'expériences que les lignes de transport génèrent dans les environnements quotidiens. Dans la plupart des cas, l'examen des données a conduit à révéler une imbrication de différentes valeurs dans le processus appréciatif lié à ces expériences. Cet entremêlement de valeurs provoque à l'occasion des conflits appréciatifs chez les personnes, illustrant ici la relation complexe entre les équipements et le paysage. La logique du *moins pire* s'articule donc également à la lumière du processus de priorisation des valeurs concernées par le conflit d'appréciation.

Ainsi, si une personne considère que les équipements ne sont pas désirables dans les milieux sur les plans matériel et visuel, elle peut à la fois accepter leur présence parce qu'elle les sait nécessaires à la vie contemporaine. L'utilité de l'équipement tend alors à infléchir l'appréciation de manière plus positive sans affecter sa forme et sa finalité matérielle.

> Vers les lignes, oui, c'est déboisé. C'est déboisé, tout en étant boisé, parce que tu as 5-6 pieds [1,5 à 1,8 mètre] d'arbustes qui poussent chaque côté, mais il y a toujours un chemin. Un chemin qui te mène dans des beaux endroits. Des érablières, des cabanes à sucre, entendus, des bûcherons (Répondant 11).

Par contre, dans une situation d'un projet d'implantation d'équipements de transport d'énergie à venir, l'utilité publique de l'équipement doit se révéler à travers le processus du projet qui exige une démonstration crédible de sa réelle nécessité par les promoteurs. Cette posture n'autorise donc en rien l'implantation des projets dans le territoire de n'importe quelle sorte et de n'importe quelle manière sans questionner leur nécessité et leur pertinence. Au contraire, l'appréciation se modulant à même la pertinence d'un projet, cette dernière doit être justifiée et démontrée sur plusieurs plans pour qu'elle soit acceptable. Dans tous les cas, la transparence quant au processus même de mise en œuvre des projets et leurs justifications demeurent indispensables car l'analyse démontre clairement que la confiance envers les promoteurs est généralement ébranlée. De même, le processus doit conduire à des pratiques d'implantation et d'aménagement jugées rigoureuses et adéquates par les citoyens. Si l'équipement tend à détériorer le paysage sur le plan visuel, il peut néanmoins contribuer à la qualité de vie générale des citoyens et l'ambivalence que font naître ces deux aspects de la problématique esthétique peut faire modifier à tout moment l'appréciation des équipements. À partir de là, une ouverture appréciative est possible et permet de considérer différentes possibilités d'intervention qui constituent, non pas un idéal, mais plutôt un compromis acceptable qui s'exprime par une volonté d'accommodement.

> Mais probablement, il y a une question que le parc est mieux aménagé là, ça il faut le souligner là aussi là, comparativement à l'autre parc tel qu'on l'a vu là. [...] on a mis de la végétation sous le pylône qui fait en sorte [...] de, un peu minimiser d'essayer de voiler les bases du pylône. [...] Un peu plus élancés là que les pylônes en treillis, de forme en X qu'on a vu donc. Ils prennent un peu plus d'espace, mais on a quand même ici un effort d'aménagement (Répondant 01).

Une esthétique du quotidien à la rencontre de la logique du *moins pire*

La logique du *moins pire* propose de revoir l'interprétation de la présence des lignes de transport d'énergie dans le territoire et, par conséquent, les projets d'implantation en visant l'intégration d'une pluralité de valeurs qui participent à la qualité de vie et du cadre de vie dans le quotidien et donc à moduler l'expérience esthétique du paysage. Par contre, cette posture ne signifie pas que tous les projets soient acceptables et que la protection du paysage ne soit pas souhaitable, bien au contraire. Il s'agit surtout de lire autrement l'articulation du conflit entre les équipements et le paysage pour revoir et réactualiser les pratiques aménagistes qui accompagnent les projets en manifestant plus d'ouverture à la complexité des revendications sociales associées à l'appréciation esthétique de ces projets. Ce repositionnement évite du coup une interprétation simpliste du phénomène en le caractérisant systématiquement par le tout laid ou tout beau, ou le catastrophique et l'exceptionnel qui aboutit à une esthétique du paysage réactive et qui instaure un idéal de protection *a priori* et absolu sur le plan des intentions.

Cette esthétique réactive renvoie subséquemment à une forte logique de confrontation sur le plan de l'idéalisation, entre l'équipement et le paysage, qui découle des concepts que s'est dotée l'esthétique dans sa posture traditionnelle. La logique de confrontation, dans ses manifestations extrêmes, s'inscrirait dans une esthétique qui tend à valoriser la mise à l'écart de la vie ordinaire, en souscrivant à des modèles immuables et pérennes du paysage et qui, par conséquent, ne tolère pas certains changements voire aucun dans certains cas. Il y aurait dans ce discours une artialisation[37] du territoire, certes nostalgique des modèles pittoresques, mais qui marque sa mise en paysage et le rend imperméable aux nouvelles conditions de sa transformation. L'art comme modèle de l'expérience esthétique du paysage, qui a abouti à considérer quasi exclusivement les dimensions visuelles et formelles de la réalité matérielle, confronte celle-ci à une forme d'idéalisation. Le paysage idéalisé se complaisant dans une fixité, occulte son actualisation potentielle qui autoriserait, par exemple, la présence des équipements. *A contrario*, elle propulse le changement dans un idéal d'embellissement qui insiste, encore là, sur le pouvoir rédempteur de l'art et non sur une connaissance approfondie des logiques sociales qui modulent l'appréciation des milieux de vie.

À l'extrême, elle finit par évoquer la beauté de l'étrangeté des structures de transport d'énergie dans son sens artistique pour valider son acceptabilité. Dans tous les cas, il y a un désinvestissement du rapport quotidien à l'équipement. D'une part, les modèles passéistes du paysage qui semblent être l'expression d'une impasse appréciative, c'est-à-dire d'une impossibilité de réinvention, risquent de s'imposer comme allant de soi. D'autre part, la volonté d'embellissement des environnements quotidiens peut conduire à des pratiques strictement artistiques qui laissent toute la place à une intervention d'auteur. Les dangers de telles positions sont soit de trouver une forme de compromis social à travers une généralisation de préférences figées dans un idéal pittoresque et opérer ainsi une forme de stagnation dans l'évolution paysagère ou soit de laisser uniquement aux mains des experts et connaisseurs les conditions de l'invention paysagère en favorisant un certain élitisme du bon goût.

---

37 Roger A., *Nus et paysages*, Paris, Aubier Montaigne, 1978.

Vers un projet de paysage

La perspective interprétative empruntée par la logique du *moins pire* questionne donc le rôle des pratiques d'aménagement entourant les projets d'implantation des lignes de transport. Cela signifie que la logique du *moins pire* insiste sur les conditions d'accommodement des équipements dans un milieu donné. Elle ne génère pas de solutions généralisables à l'ensemble des projets d'implantation de ligne mais suggère plutôt un cadre de mise en œuvre qui nécessite de se pencher sur le contexte pluriel dans lequel se module l'appréciation esthétique. Un projet de paysage proposerait ainsi de rassembler, de manière cohérente et nuancée, les enseignements tirés de la modulation appréciative du *moins pire* pour la formulation du projet de ligne de transport d'énergie.

Cette perspective viserait à créer une vision globale du projet d'implantation d'une ligne de transport dans le territoire dont l'objectif se détourne de la tentation d'établir des stratégies ponctuelles de réparation. Elle chercherait plutôt à trouver des opportunités d'accommodement et peut-être même d'invention fondée sur la prise en charge dans le projet, des préoccupations sociales. Cela offrirait une alternative aux stratégies d'aménagement qui sont le plus souvent considérées comme des stratégies d'embellissement. En effet, elles se réduisent dans ces cas à une logique de réparation cosmétique en négociant le passage d'une ligne par l'ajout ponctuel de pylônes architecturés ou améliorés visuellement ou par l'ajout d'un aménagement paysager aux endroits visuellement sensibles. Le design devient ici un outil de médiation politique qui vise explicitement à faire accepter le passage d'une ligne plutôt qu'une démarche créative de prise en charge des problématiques sociales et d'innovation dans les solutions proposées pour y parvenir. On détourne ainsi l'enjeu de paysage de sa complexité sociale en le réduisant aux seules considérations visuelles et formelles du paysage et des équipements. Les stratégies aménagistes propulsées dans une logique d'embellissement mènent rarement à une valorisation paysagère comme en témoignent les nombreuses études de perception menées par les promoteurs au sujet de leurs mesures d'atténuation[38].

Le design des pylônes et l'aménagement des emprises, en tant que pratiques créatives, ne sont donc pas indépendants du cadre global des projets d'implantation. Un projet de paysage, en mettant l'emphase sur la problématique sociale, offre certainement une opportunité de participer à renouveler les manières de faire et de conduire les projets d'implantation des lignes. En outre, les différentes considérations du design ou de l'aménagement profiteraient de ce projet fondateur pour intégrer

---

[38] IETPP, *op. cit.* ; CIGRE, *op. cit.*

la problématique sociale en amont des processus de projets de ligne de transport par la saisie de l'appréciation esthétique des équipements.

De la ligne au projet de paysage

Enjeux, principes et défis[1]

Sylvain PAQUETTE, Caroline GAGNON &
Philippe POULLAOUEC-GONIDEC

Au cours des années 1980, un projet de ligne de transport d'électricité visant la traversée du fleuve Saint-Laurent à la hauteur des municipalités riveraines de Grondines et Lotbinière posait l'enjeu du paysage, au Québec, avec une acuité sans précédent. Au tournant des années 2010, la prise en compte des dimensions paysagères de même que l'acceptabilité sociale des projets de ligne demeurent encore une préoccupation des plus actuelles. Par delà ce domaine d'intervention, les occasions de mesurer aujourd'hui l'importance des préoccupations collectives à l'endroit du paysage sont multiples. Celles-ci traversent effectivement l'ensemble des principaux enjeux d'aménagement du territoire[2].

Ainsi et à titre d'exemple, les résultats des consultations publiques sur le projet de Plan de développement durable du Québec en 2005 en sont une illustration probante. Le paysage arrivant au deuxième rang des priorités des populations consultées. Plus récemment encore, d'autres chantiers comme celui engagé au regard de l'élaboration du projet de Loi 82 sur le patrimoine culturel (Gouvernement du Québec, 2010) permettent de prendre en compte le paysage comme valeur fondamentale du patrimoine au Québec en misant notamment sur la reconnaissance des paysages valorisés par les collectivités locales. Cette reconnaissance

---

1 Ce texte constitue une synthèse d'une recherche (Paquette S., Gagnon C., Poullaouec-Gonidec P., Domon G., *Élaboration et mise en œuvre d'une ligne de transport : conditions de cohérence du projet de paysage*, rapport final déposé à la division TransÉnergie d'Hydro-Québec, chaire en paysage et environnement de l'université de Montréal, 2008, 158 p. + annexes) menée en partenariat avec Hydro-Québec dans le cadre des travaux de la Chaire en paysage et environnement de l'université de Montréal. En tant que société parapublique responsable de l'ensemble des activités de production, de transport et de distribution d'électricité sur le territoire québécois, Hydro-Québec déploie depuis plusieurs années des efforts pour prendre en charge les préoccupations paysagères à l'intérieur des processus de planification et de projet d'infrastructure et d'aménagement.

2 Paquette S., « Les enjeux de paysage au Québec entre logiques de préservation et de développement », *Économie rurale*, vol. 297-298, 2007, p. 41-54.

publique constitue un virage important pour le développement à venir de l'espace québécois et affirme la nécessité de protéger et de mettre en valeur le paysage au regard des enjeux d'aménagement du territoire. Ce faisant, de nouvelles exigences en matière d'approches et de méthodes d'intégration des valeurs paysagères à l'aménagement du territoire restent à combler.

Aussi, en posant les préoccupations paysagères liées à l'élaboration de ligne à haute tension à travers la perspective du projet de paysage, le présent texte se propose de fournir quelques éléments de réponse quant au débat concernant les actions menées en matière de planification des projets d'infrastructures de transport d'électricité comme en matière de développement des territoires. Il vise plus spécifiquement à définir les conditions de cohérence du projet de paysage dans le processus d'élaboration et de mise en œuvre des lignes de transport d'énergie sous l'angle de ses dimensions physico-spatiale, sociale et politique.

Après un nécessaire rappel des grands principes régissant l'implantation des projets de ligne à haute tension au Québec, des enjeux spécifiques que soulèvent ces questions en lien par exemple à la visibilité des infrastructures de même qu'aux différents facteurs contextuels liés à l'expérience paysagère du point de vue des milieux d'accueil, il présente quelques repères conceptuels utiles à la compréhension de la portée du projet de paysage dans le contexte particulier des logiques d'évaluation et d'élaboration de lignes.

Enfin, ce texte identifie, à la lumière de cette discussion, les principales implications en matière d'aménagement du territoire que pose une meilleure prise en compte des conditions de cohérence paysagère des projets de lignes à haute tension. Celles-ci témoignent de la nécessité de dépasser les logiques d'opposition et d'acceptation en portant une attention plus aiguë aux valorisations sociales et culturelles des territoires et des cadres de vie, en misant sur les opportunités de mise en valeur des paysages, en dépassant les approches sectorielles au profit d'approches transversales en matière d'évaluation environnementale et en positionnant le projet de paysage comme une occasion de repenser le partage des responsabilités entre les différents intervenants impliqués (ex. : promoteurs, experts, milieux régionaux et locaux, etc.).

Aperçu des grands principes de projets d'implantation de ligne d'électricité au Québec

Comme évoquées précédemment, les préoccupations paysagères se sont manifestées avec le développement des premières évaluations environnementales et des premières consultations publiques concernant les projets de ligne à haute tension au tournant des années 1980. Depuis, la cohabitation entre les infrastructures de transport d'énergie et les milieux d'implantation s'est progressivement révélée conflictuelle du point de vue des populations, la ligne venant dégrader le paysage. Se profilant d'abord en sourdine des enjeux environnementaux, cette préoccupation concernant la qualité des territoires traversés émergera ensuite comme un des freins majeurs à l'implantation des projets[3].

Face aux préoccupations récurrentes qui se sont exprimées au cours des années 1980 et 1990 au Québec, tout comme elles se manifestaient aux États-Unis et en Europe depuis les années 1960, plusieurs méthodes, études et outils ont été développés par Hydro-Québec avec comme objectif de permettre d'internaliser les questions de paysage à l'intérieur même de la méthodologie d'évaluation environnementale de l'entreprise. Dès lors, les considérations du paysage se voient explicitement consignées sous la forme d'une *Méthode spécialisée du paysage*[4]. Elle est prescrite pour l'ensemble des projets à l'exception du milieu urbain, lequel renvoie à une méthode spécifique.

À partir de ces outils, l'approche de mise en œuvre de projet de ligne favorise l'intégration optimale des équipements dans un milieu en visant l'ensemble des composantes du paysage concret, visible et symbolique, ce qui constitue, en soi, un principe fort louable. Cette prise en charge globale du paysage est effective lors de l'amorce de l'analyse territoriale à grande échelle (macro) en ce qu'elle tend à vouloir épargner les enjeux dits sensibles *a priori* en évitant les zones susceptibles d'engendrer des conflits d'ordre paysager. Les outils sont développés pour transcrire ces enjeux sur la base d'une cartographie à une échelle relativement grande à partir d'un découpage des unités de paysage de type générique. À cette étape, la méthode cible les grandes problématiques du paysage qui sont le plus souvent associées à des types de milieu reconnus comme étant sensibles (ex. : villégiature, urbain, patrimonial) et tente de les éviter lors de la sélection du corridor et des différentes variantes de tracés d'une ligne.

Jusque-là, la saisie globale du paysage engendre sur le plan des pratiques de sélection des tracés, une logique d'évitement qui tend à contourner toute zone susceptible d'être porteuse de valorisations paysa-

---

3 International Electric Transmission Perception Project [IETPP], *Perception of Transmission Lines. Summary of Surveys and Framework for Further Research*, rapport déposé pour le Edison Electric Institute, 1996 ; CIGRE, *High Voltage Overhead Lines : Environmental Concerns, Procedures, Impacts and Mitigations*, Working Group 22.14, Environmental Concerns and Regulatory Controls, October. 1999.

4 Le Groupe Viau inc. en collaboration avec le Groupe Entrato inc., *Méthode d'étude du paysage pour les projets de lignes et de postes de transport et de répartition*, service Ressources et Aménagement du territoire, direction Recherche et Encadrements, vice-présidence Environnement, Hydro-Québec, 1992.

gères fortes. Cette stratégie d'évitement « à la source » dans l'élaboration des choix de tracé provoque néanmoins certaines conséquences : un tracé sinueux qui multiplie les possibilités d'expérience paysagère d'une ligne et induit d'autres impacts sur le territoire non distinguable à partir d'une lecture cartographique à grande échelle[5]. Selon Noiseux[6], cette pratique tend à augmenter l'impact sur le « paysage visible » par le nombre plus élevé de pylônes que nécessite une ligne non rectiligne.

Une fois le tracé défini, il reste à mener l'évaluation des impacts sur le paysage et à proposer des mesures d'atténuation. À cette étape, il n'est plus question d'éviter les enjeux, mais d'assumer leur répercussion et de chercher à en atténuer les effets négatifs à travers une logique de « réparation ». C'est donc à cette étape que l'on se saisit des impacts « réels » sur le paysage occasionnés par le passage de la ligne dans un milieu donné et c'est précisément à ce moment que leur interprétation et leur prise en charge tendent à se limiter.

Ainsi, plus l'échelle de saisie du paysage se raffine, plus la méthode tend à réduire la portée du paysage à sa dimension visuelle. D'une part, il y a un changement de logique dans les pratiques d'évaluation des impacts sur les paysages qui n'est plus celle de l'évitement, mais celle de la réparation. D'autre part, elle retient, pour sa mise en application concrète sur le territoire, des principes qui limitent son résultat final dans les projets à des mesures d'atténuation des impacts visuels. En abordant l'intégration paysagère de la ligne dans un milieu sur un plan strictement visuel, elle s'appuie sur les approches d'insertion et d'absorption visuelle qui misent la plupart du temps à la dissimuler[7]. Noiseux[8] constate une simplification opérationnelle du paysage dans les procédures d'évaluation des impacts environnementaux. Selon lui, le paysage visible, plus facilement intégré aux manières de faire existantes, est privilégié au détriment des autres aspects du paysage, particulièrement ses dimensions sociale et symbolique qui nécessiteraient de repenser l'ensemble de la démarche. Par conséquent, l'adaptation des méthodes d'évaluation environnementale aux enjeux de paysage paraît complexe aux yeux des différents intervenants[9]. Au-delà de ces limites, il importe de noter que les initiatives de suivis environnementaux engagées

---

[5] Noiseux D., « Analyse des méthodes d'évaluation des impacts visuels et des impacts sur le paysage des lignes de transport d'électricité : le cas d'Hydro-Québec », mémoire déposé à la Faculté des études supérieures, université de Montréal, 2001.

[6] *Id.*

[7] Gagnon C., « Appréciation esthétique des équipements de transport d'énergie (réseaux de pylônes) », thèse de doctorat déposée à la Faculté de l'aménagement, université de Montréal, 2006.

[8] Noiseux D., *op. cit.*

[9] *Id.*

témoignent d'une volonté d'entreprendre une réflexion critique au regard des méthodes de prise en compte du paysage[10].

Le paysage entre visibilité objective et attention visuelle

À l'intérieur du processus d'évaluation des impacts visuels d'un projet de ligne à haute tension, les méthodes d'analyse visuelle du paysage permettent de fournir une bonne approximation des caractéristiques qui modifient la visibilité des lignes dans le territoire. Ces conditions de visibilité sont généralement identifiées à partir de paramètres tels la distance à la ligne, la nature du champ visuel, le type d'observateur et le lieu d'observation[11]. Si elles demeurent relativement aisées à dégager à partir d'une échelle de perception cartographique, la juste mesure de cette visibilité à partir d'une prise en compte de l'expérience quotidienne du territoire reste plus difficile à traduire.

Pour illustrer cette question, un examen plus approfondi du défi que pose la prise en compte du caractère linéaire de ces infrastructures est révélateur des défis rencontrés en vue d'assurer une meilleure considération des dimensions paysagères dans les processus de planification et de projet. Une ligne de transport traverse le territoire sur une longue distance, soit sur des dizaines, voire des centaines, de kilomètres. Si la linéarité de cet équipement ressort comme particulièrement prégnante à l'échelle cartographique, les conditions de sa perception visuelle du point de vue de l'expérience paysagère sont extrêmement variées. De fait, pour saisir cette linéarité, il est nécessaire de la percevoir de manière continue, ce qui n'est pas toujours le cas en situation d'expérience *in situ*. Dans ce type d'expérience, au moins trois possibilités de perception sont identifiées : en continuité, en discontinuité ou en fragmentation[12].

---

10 Letourneau H., *Les enjeux sociaux et humains de la localisation d'une ligne de transport d'énergie*, conférence donnée dans le cadre du congrès annuel de l'Association québécoise pour l'évaluation d'impacts (AQÉI), 15 et 16 novembre 2007.

11 Le Groupe Viau inc. en collaboration avec le Groupe Entrato inc., *op. cit.*

12 Poullaouec-Gonidec P., Gagnon C., Bergeront C., *et al.*, *Inscription spatiale des équipements de transport : révision des critères de design – Caractérisation paysagère des équipements*, rapport d'activités II déposé à la division TransÉnergie d'Hydro-Québec, Montréal, chaire en paysage et environnement, université de Montréal, 2001 ; Gagnon C., « Appréciation esthétique des équipements de transport d'énergie (réseaux de pylônes) », *op. cit.*

Ainsi, s'il est possible à certains moments de comprendre partiellement la linéarité d'une ligne lorsqu'elle se présente en continuité, soit en une succession de plusieurs pylônes sans interruption, cette situation est rarement rencontrée dans les faits. Une ligne est plus généralement vue en discontinuité, c'est-à-dire que l'observateur ne peut percevoir qu'une partie de la ligne, soit un ou quelques pylônes à la fois. Elle est aussi habituellement visible en fragmentation, soit lorsque seulement une partie (un fragment) du pylône ou des conducteurs est visuellement perceptible (figure 1).

Figure 1 : Linéarité perceptible en continuité (en haut), en discontinuité (au centre) et en fragmentation (en bas) (Source : CPEUM, 2005)

L'expérience paysagère *in situ* met en branle effectivement une diversité de facteurs qui agissent sur les conditions de perception d'une ligne. Une première série est tributaire de la composition et de l'organisation des caractéristiques physico-spatiales des infrastructures et des milieux d'accueil. À titre d'exemple, un pylône situé dans l'axe de perspective d'une rue sera dans les faits plus visible qu'un pylône se dissimulant derrière un écran végétal. De même, dans un contexte d'expérience de conduite autoroutière, une ligne implantée en parallèle d'une route est bien évidemment visible dans le champ de vision périphérique de l'automobiliste. Au moment où l'automobiliste s'engage dans une courbe, l'équipement se profile non plus de côté, mais devant l'observateur, ceci ayant pour effet d'amplifier, pour un temps, sa visibilité (figure 2). Dans ces circonstances, les pylônes tendent à paraître les uns contre les autres dans une vue frontale, créant une forte impression que certains individus qualifient de « forêt de pylônes »[13].

Figure 2 : L'expérience de conduite amplifie à l'occasion la visibilité des lignes à haute tension (Source : CPEUM, 2004)

[13] Findeli A., Gagnon C., Allie J.-F., Bossé M.-P., Lemay P., Gauthier P., Poullaouec-Gonidec P., Gariépy M., *Inscription spatiale des équipements de transports : révision des critères de design, Tome 1*, rapport synthèse final déposé à la division TransÉnergie, Hydro-Québec, Montréal, chaire en paysage et environnement, université de Montréal, 2005 ; Gagnon C., « Appréciation esthétique des équipements de transport d'énergie (réseaux de pylônes) », *op. cit.*

Une autre série de facteurs associée aux temporalités changeantes des contextes d'expériences, comme les conditions saisonnières (ex. : été, hiver), météorologiques (ex. : pluie, brouillard, ensoleillement, etc.) ou d'éclairage (ex. : expérience à contre-jour, nocturne, etc.), influence de manière significative les conditions de visibilité d'une ligne.

Au côté de ces conditions de visibilité dites objectives, il importe également de reconnaître que les modalités d'attention visuelle ne sont pas constantes. Le caractère subjectif de l'expérience paysagère est bien réel. À ce titre, le degré de familiarité occasionné par la présence des lignes[14] vient souvent influencer l'attention que portent les personnes à ces infrastructures étant donné leur caractère attendu dans le territoire. Les implantations en milieu agricole par exemple sont associées à une impression de familiarité pour certaines personnes[15], laissant penser que les équipements sont à leur place[16].

Néanmoins, la familiarité qui se crée par habitude peut disparaître lorsqu'une ligne est portée à l'attention d'un individu, d'un groupe social ou d'une collectivité entière[17]. La nature imprévisible d'un événement ou d'un enjeu rapporté par les médias peut agir à tout moment et polariser l'attention sur les lignes en général ou sur un projet en particulier. Un événement d'envergure tend à laisser des traces dans l'imaginaire collectif et à rediriger l'attention, voire parfois à faire émerger de nouvelles valeurs collectives. À ce titre, la tempête de verglas qu'a connu la région métropolitaine de Montréal en 1998 a certainement joué un rôle dans la conscience collective entretenue envers les infrastructures électriques dans la mesure où elle est devenue un événement de référence pour les populations[18].

En somme, bien que l'attention visuelle soit déterminée par les possibilités inhérentes de la visibilité d'une ligne, le fait d'être visible ne signifie pas pour autant qu'on la remarque[19]. Dans leur recherche, *Entre les lignes* avait en effet montré qu'environ 50 % des répondants affirmaient ne pas apercevoir de lignes de leur résidence alors que l'analyse

---

14 International Electric Transmission Perception Project [IETPP], *op. cit.* ; Gagnon C., « Appréciation esthétique des équipements de transport d'énergie (réseaux de pylônes) », *op. cit.*

15 Findeli A. *et al.*, *op. cit.* ; Gagnon C., « Appréciation esthétique des équipements de transport d'énergie (réseaux de pylônes) », *op. cit.*

16 Gagnon C., « Appréciation esthétique des équipements de transport d'énergie (réseaux de pylônes) », *op. cit.*

17 *Id.*

18 Findeli A. *et al.*, *op. cit.* ; Gagnon C., « Appréciation esthétique des équipements de transport d'énergie (réseaux de pylônes) », *op. cit.*

19 *Entre les lignes*, 1992 ; Gagnon C., « Appréciation esthétique des équipements de transport d'énergie (réseaux de pylônes) », *op. cit.*

visuelle effectuée par des experts avait pourtant noté une visibilité objective[20]. De la même manière, Priestley et Evans[21] ont relevé une différence entre la visibilité rapportée par les résidents riverains d'une ligne et celle analysée lors de l'évaluation paysagère[22]. Ce phénomène d'occultation visuelle qui est illustré par la différence entre la possibilité de voir et le fait de voir s'explique en partie par la familiarité entretenue envers ce type d'équipement[23]. « En d'autres mots, les conditions de visibilité objective d'une ligne n'influencent pas à ce point la perception de l'impact sur le paysage, dans la mesure où voir beaucoup la ligne ou la voir peu n'influence pas l'importance et la valeur accordées à l'impact visuel »[24].

Il y a là un point important qui mérite d'être approfondi dans la mesure où une distinction persiste entre l'impact visuel déterminé par des mesures objectives et celui qui est perçu et vécu par les populations. À la lumière de ce constat, il est essentiel d'admettre que les considérations techniques et physico-spatiales du déploiement d'une ligne dans un milieu donné ne peuvent à elles seules rendre compte de la variabilité de l'attention visuelle portée à son égard. L'attention dépend également des dimensions sociales et politiques associées au déploiement territorial des lignes et du contexte de leur mise en œuvre dans les projets. C'est ce que la perspective du projet de paysage, présentée dans les lignes qui suivent, cherche à concilier.

Portée et fondements du projet de paysage

Avant d'aborder plus spécifiquement les conditions de cohérence physico-spatiale, sociale et politique du projet de paysage, il importe d'en situer plus globalement la portée. Or les premiers réflexes en ce sens ont été le plus souvent associés à une démarche réactive. Celle-ci émerge généralement lorsque les transformations (pressenties ou réelles) du paysage menacent l'intégrité d'un cadre de vie, d'un champ visuel, d'un environnement, mettent en péril la pratique d'une activité ou limitent la fréquentation d'un lieu. Aussi, cette tendance semble enfer-

---

20 International Electric Transmission Perception Project [IETPP], *op. cit.*

21 Priestley T., Evans G.W., *Perceptions of Transmission Lines in Residential Neighbourhoods : A Case Study in Vallejo*, California, Southern California Edison Company, 1990 ; Priestley T., Evans G.W., « Resident Perceptions of a Nearby Electric Transmission Line », *Journal of Environmental Psychology*, n° 1, vol. 16, 1996, p. 65-74.

22 International Electric Transmission Perception Project [IETPP], *op. cit.*

23 Gagnon C., « Appréciation esthétique des équipements de transport d'énergie (réseaux de pylônes) », *op. cit.*

24 Richard C., Roberge D., « La résidence et le paysage : analyse de perceptions », *Arpenteur – Géomètre*, n° 2, vol. 22, 1995, p. 12.

mer la question du paysage tantôt dans une logique de la sauvegarde[25], tantôt dans une logique plus spécifique au phénomène NIMBY. Ces deux logiques se manifestent souvent à travers la tentation des individus ou des collectivités à vouloir figer le territoire à un stade donné, et à fixer les termes d'une qualification paysagère une fois pour toutes. Si, à titre d'exemple, certains paysages de référence (ex. : emblèmes de nature collectivement reconnus comme les collines montérégiennes) commandent des mesures plus strictes de protection, d'autres espaces caractérisés par de profonds changements ou confinés à un état de dégradation avancée (ex. : friches industrielles) exigent une approche et des outils d'intervention adaptés. En clair, il s'agit, à l'instar des recommandations aujourd'hui largement admises comme celles dégagées dans le cadre des travaux de la *Convention européenne du paysage*, d'accompagner les changements à venir à travers un juste équilibre entre protection, gestion et aménagement des paysages ainsi que par la mise en place de procédure de participation publique. Aussi, l'enjeu du projet de paysage se trouve dans la capacité des collectivités à accompagner les évolutions des paysages tout en tenant compte de la singularité des lieux et des valeurs sociales entretenues envers ceux-ci.

Trois principaux pôles d'actions paysagères se dégagent de cette position (figure 3).

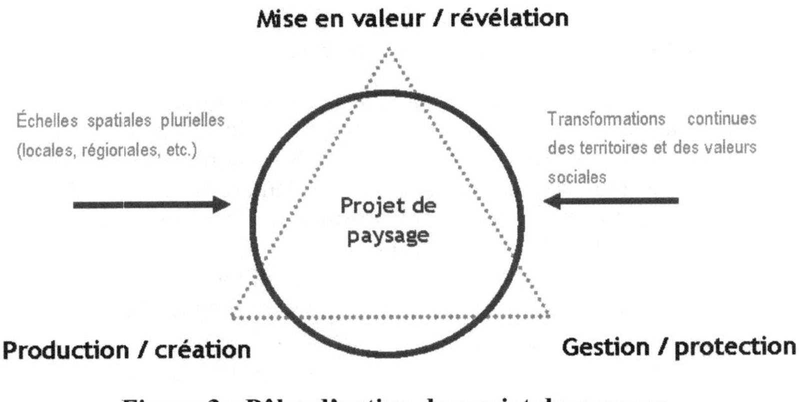

Figure 3 : Pôles d'action du projet de paysage
(Source : CPEUM, 2008 adapté de CPEUM, 2001)

25 Poullaouec-Gonidec P., « Esthétique des paysages de la modernité », *Trames*, n° 9, 1993, p. 29-34 ; Poullaouec-Gonidec P., « Les cultures du paysage », in Lemieux D. *et al.* (dir.), *Traité de la culture*, Québec, Éditions de l'IQRC/Les Presses de l'université Laval, 2002, p. 643-660.

1. Le premier pôle (mise en valeur/révélation) concerne entre autres la diffusion des connaissances en vue de favoriser une véritable culture territoriale et susciter une mobilisation identitaire envers le paysage. Il porte les intentions visant à reconnaître, à qualifier et à mettre en valeur certains attraits tangibles (ex. : cadrages visuels) et intangibles (ex. : intérêt identitaire d'un lieu) du territoire. Ces actions participent ainsi à renforcer la relation des citoyens envers leurs lieux de vie, de travail ou de loisir.
2. Le second pôle (production/création) correspond aux projets d'aménagement visant soit la restauration et la récupération de paysages dégradés, soit la fabrication et la création de nouveaux paysages. Il concerne aussi l'ensemble des démarches visant la révélation et l'invention de nouvelles qualités et/ou qualifications paysagères.
3. Le dernier pôle (gestion/protection) comprend les actions visant à encadrer et/ou à accompagner de manière dynamique les transformations des paysages induites par les évolutions sociales, économiques et environnementales en résonance avec les états futurs socialement désirés. Il implique des mesures de gestion (ex. : programmes, politiques) comme des opérations de suivi et de monitoring des territoires et des paysages. Il couvre également les actions de préservation des caractères et qualités des paysages et/ou éléments porteurs de valorisations paysagères collectivement reconnues en raison de leurs significations patrimoniales, identitaires, culturelles, esthétiques, etc.

L'ensemble de ces actions témoigne de la volonté de prendre en compte tant les paysages considérés comme emblématiques, les paysages et cadres de vie de proximité, que les territoires dégradés en quête de nouvelles qualifications paysagères.

Trois conditions du modèle de cohérence du projet de paysage

Les sections précédentes ont montré la nature et la portée des enjeux de paysage liés à la mise en œuvre d'infrastructures de transport d'énergie. Des préoccupations d'ordre physico-spatial et visuel, social et politique ont été évoquées. Étant étroitement associés à l'expression des dynamiques d'opposition ou d'acceptation des projets de lignes à haute tension, ces trois registres de préoccupations se situent à la base des conditions de cohérence du projet de paysage proposé.

Cohérence physico-spatiale

L'intégration réussie d'une ligne de transport d'énergie ne peut reposer uniquement sur l'appréciation esthétique de pylônes, ni sur la base des seuls objectifs de dissimulation ou d'absorption des équipements à partir d'un champ visuel donné[26]. Ainsi, les conditions de cohérence physico-spatiale portent le projet de paysage à s'accomplir « non pas en dépit des équipements, mais avec les équipements »[27]. Sur la base du balisage des enjeux d'ordre paysager[28], il est aujourd'hui acquis, d'une part, que la ligne contribue de manière significative à la structuration du territoire. Considérant que le projet de ligne se déploie sur plusieurs kilomètres, une attention particulière aux situations de rupture qu'impose la traversée de telle infrastructure de transport dans le territoire est essentielle. Aussi, l'examen de l'inscription spatiale de la ligne doit-il envisager l'équipement comme un tout, soit tel que l'infrastructure se dessine par exemple à l'échelle de perception cartographique de la localité ou de la région. D'autre part, la ligne contribue bien évidemment à moduler les expériences paysagères offertes *in situ* tout au long de son tracé. Du point de vue de l'usager, l'examen de l'inscription physico-spatiale de la ligne se doit par conséquent d'envisager l'équipement comme une juxtaposition d'expériences paysagères distinctes. Il est reconnu que ces expériences offrent des possibilités variées de perception de la linéarité de l'infrastructure, marquées tantôt par une impression de continuité, tantôt encore par un effet de discontinuité, tantôt enfin par une perception fragmentée et partielle d'un élément de la ligne.

Ainsi, les conditions de cohérence physico-spatiale du projet de paysage commandent d'envisager tout à la fois le caractère structurant du projet d'équipement par la prise en compte des contextes visuels et topographiques saisis à l'échelle du territoire régional, de même que la diversité des expériences paysagères des usagers telles que perçues du point de vue de positions fixes ou mobiles (ex. : points de vue du résidant versus celui de l'usager de l'autoroute) à l'échelle du site (ex. : rue, résidence, tronçon autoroutier, etc.). Ces conditions exigent également de considérer le caractère évolutif des composantes paysagères liées par exemple aux transformations constantes de l'utilisation des sols aux échelles locales et régionales. En particulier lorsque ces composantes

---

26 Couderchet L., « L'illusion du visible. Paysage et aménagement d'infrastructures de transport d'électricité », in Puech D., Honegger A. (dir.), *L'évaluation du paysage : une utopie nécessaire* ?, Montpellier, Presses de l'université de Montpellier, 2004, p. 59-73 ; Findeli A. *et al.*, *op. cit.* ; Gagnon C., « Appréciation esthétique des équipements de transport d'énergie (réseaux de pylônes) », *op. cit.*

27 Findeli A. *et al.*, *op. cit.*, p. 93.

28 Paquette S. *et al.*, *op. cit.*

agissent sur les conditions de visibilité et de l'expérience plus générale des lignes.

Suivant cette perspective, le projet de paysage tel que proposé ici n'est pas reproductible[29]. Il se distingue par conséquent des approches strictement normatives et instrumentales, garantes de regards et de modes d'intervention standardisés appliqués à grande échelle. Le projet de paysage ne peut prétendre dicter une seule manière de faire ou de voir partout et tout le temps. Ainsi et à titre d'exemple, il se doit de composer avec le caractère singulier et relatif de l'expérience quotidienne aux infrastructures de transport.

Outre le caractère relatif de l'expérience visuelle « objective » de la ligne, s'ajoutent les qualités variables et changeantes des regards sociaux et culturels. De là la nécessité, en plus des conditions de cohérence physico-spatiale, d'élaborer le projet en cohérence également avec les valorisations sociales et culturelles entretenues envers un territoire donné. Ces dimensions orientent directement, comme mentionnées précédemment, l'attention visuelle portée aux lignes.

Cohérence sociale

En plus du travail essentiel de caractérisation matérielle ou physico-spatiale, le projet implique également la révélation des valorisations individuelles ou collectives qui s'avèrent à l'occasion source d'enjeux et de tensions (ex. : conflits d'usage, attentes et intérêts divergents). Chaque lieu étant porteur d'identités et de significations particulières, il s'agit dès lors d'en évoquer la spécificité en résonance avec les visions et les aspirations sociales. Certaines initiatives menées à l'enseigne du paysage contribuent effectivement à la reconnaissance collective de la singularité des attraits, des qualités et, plus encore, des valeurs entretenues envers les paysages et cadres de vie locaux et régionaux.

Ce constat pose la nécessité d'élargir la portée du projet de paysage à une prise en compte des préoccupations socioculturelles. Or, l'intervention sur le paysage, entendue comme geste agissant sur les qualités matérielles d'un milieu de vie en vue de le rendre plus habitable et significatif pour les populations, est de loin la dimension la plus couramment associée au projet de paysage. Bien qu'il se traduise régulièrement par une opération d'aménagement de cette nature, il importe de souligner que « projet de paysage » et « projet d'architecture de paysage » ne sont pas pour autant synonymes. Boutinet insiste précisément sur le fait que le projet procède non pas exclusivement d'une activité

---

[29] Poullaouec-Gonidec P., « Les cultures du paysage », *op. cit.*

concrète de production ou d'organisation des espaces habités[30]. Suivant cette perspective, l'objectif opérationnel du projet de paysage pourrait ainsi se limiter à l'élaboration d'une vision socialement partagée, d'un diagnostic commun, bref d'un consensus minimal menant éventuellement à la formulation de projets matériels et/ou immatériels. Ainsi, il est possible d'initier une logique de projet autrement qu'en menant une simple intervention physique sur le territoire (ex. : design, production ou entretien des espaces), en cherchant notamment à révéler les perceptions collectives (ex. : sensibilité aux paysages d'intérêt patrimonial, à la qualité du cadre de vie) comme en agissant sur les processus et les modes de régulation (ex. : politiques et programmes intervenant sur le paysage). C'est pourquoi les projets de paysage doivent de moins en moins être envisagés comme des projets « terminés et destinés à rester constants dans leurs résultats une fois pour toutes »[31]. Cette dimension sociétale s'avère fondamentale dans la mesure où elle implique autant un travail de reconnaissance des valeurs et aspirations que projettent les individus et collectivités en regard de leur milieu de vie ou de fréquentation qu'un travail de « ménagement » et de médiation entre les divers acteurs territoriaux impliqués.

Dans le contexte d'élaboration de projets de ligne à haute tension, notamment dans la perspective de mieux comprendre les logiques d'acceptation et d'opposition, ce travail commande de prendre en compte la pluralité des valeurs associées aux territoires et cadres de vie des populations, que ce soit en matière d'environnement, de patrimoine, de santé publique, de sécurité ou de valeurs d'usage. Force est d'admettre, par ailleurs, que ces valeurs sont changeantes dans le temps et associées au contexte particulier des milieux en présence. Aussi, ces valeurs agiront-elles directement sur la nature et l'intensité des préoccupations qu'une population entretiendra en regard d'un projet d'infrastructure donné. À l'inverse, les conditions d'accoutumance ou de familiarité que les individus ou les populations développent dans leur rapport au territoire tendent à atténuer l'intensité des préoccupations sociales, voire même à détourner l'attention visuelle portée à l'endroit d'une ligne[32].

---

30 Boutinet J.-P., « À propos du projet de paysage, repères anthropologiques », *Les Carnets du paysage*, n° 7, 2001, p. 65-83.

31 Boutinet J.-P., *op. cit.*, p. 76.

32 Gagnon C., « Appréciation esthétique des équipements de transport d'énergie (réseaux de pylônes) », *op. cit.*

Cohérence politique

Comme mentionné précédemment, le projet de paysage ne s'assimile pas seulement à une quelconque volonté d'architecturer l'espace, il interpelle également la reconnaissance des qualités valorisées d'un territoire, d'un cadre de vie, d'un environnement. Le projet d'infrastructure, comme il se présente lors du déploiement d'un réseau de transport d'énergie, vient souvent heurter ces sensibilités paysagères. Aussi, les nouvelles valorisations et demandes sociales entretenues envers le territoire remettent-elles en question tantôt la pertinence des objectifs sectoriels de rendement du service public concerné, tantôt la justification des critères techniques et fonctionnels des projets d'infrastructure.

Ces enjeux renvoient en quelque sorte à une vision équivoque du bien commun[33]. Pour les uns, porteurs de valorisations paysagères, le territoire s'assimile d'abord et avant tout à un patrimoine commun à préserver et à mettre en valeur en faveur du bien-être individuel et social du plus grand nombre. Pour les autres, le projet d'infrastructure participe également au bien-être commun, sur le plan, cette fois, des services qu'un tel projet rend à la société. Or, force est de constater l'écart qui subsiste bien souvent entre les aspirations des uns et les mesures d'accommodements consenties des autres.

Considérant que les approches strictement normatives et instrumentales ne semblent plus répondre aux besoins et préoccupations actuels des populations, l'action publique et parapublique visant l'acceptabilité sociale des projets d'infrastructure, se doit d'être repensée davantage à travers la construction d'une démarche de projet cohérente et ouverte à l'ensemble des acteurs sociaux concernés. Délaissant les mesures de réglementation et de coercition, cette vision est à situer davantage en termes de mobilisation sociale et d'accompagnement partenarial[34]. Ce faisant, elle force à dépasser le syndrome « pas dans ma cour », réflexe d'opposition systématique qui se confirme chaque fois qu'un élément de perturbation vient bousculer un certain ordre établi répondant à des intérêts locaux ou individuels, au profit d'un engagement de tous les acteurs sociaux à l'élaboration conjointe des enjeux liés au projet d'infrastructure et aux options d'aménagement envisagées.

---

[33] Tremblay F., « Les paysages de rivières », in Poullaouec-Gonidec P., Domon G., Paquette S. (dir.), *Paysages en perspective*, Montréal, Les Presses de l'université de Montréal, série « Paysages », 2005, p. 131-152.

[34] Paquette S., Poullaouec-Gonidec P., Domon G., *Guide de gestion des paysages au Québec. Lire, comprendre et valoriser le paysage*, Québec, ministère de la Culture, des Communications et de la Condition féminine, chaire en paysage et environnement de l'université de Montréal et chaire UNESCO en paysage et environnement de l'université de Montréal, 2008b.

Enfin, par delà la singularité des éléments de solution à considérer, une idée nouvelle fait son chemin. De plus en plus effectivement, plusieurs reconnaissent que l'infrastructure dispose d'un potentiel certain, mais trop rarement envisagé, de qualification positive des territoires. Cette vision ouvre un chantier encore inexploré en matière d'aménagement des territoires d'accueil de projets d'équipement. Il s'agit d'évaluer ici de quelle manière le projet d'équipement peut contribuer effectivement à la découverte des qualités paysagères ou la mise en valeur des usages singuliers des territoires concernés.

Dans l'optique de l'élaboration d'un projet d'infrastructure de transport d'électricité, les conditions de cohérence politique du projet de paysage viseraient plus précisément à encadrer la cohabitation souvent divergente des perspectives entretenues quant au devenir des territoires concernés. À ce titre, la justification du projet de même que le caractère transparent du processus de mise en œuvre, à toutes les étapes du projet, représentent une prémisse essentielle à l'atteinte de ces visées. Ce constat ressort fortement de l'examen des enjeux publics de paysage relevés quant à la mise en œuvre de projets récents de ligne à haute tension.

Dans une perspective d'acceptabilité publique des projets et de développement durable des territoires, ces conditions relèvent de la capacité de l'ensemble des acteurs publics :

i) à articuler de manière transparente leurs intérêts et motifs respectifs en faveur de l'apprentissage et la reconnaissance mutuelle des préoccupations de chacun[35] ;

ii) à mettre en place des partenariats (ex. : entre citoyens, groupes associatifs, professionnels et partenaires publics, parapublics et privés) en vue de l'élaboration de diagnostics et de consensus communs ;

iii) à valoriser les meilleures pratiques existantes au plan régional, national comme international en termes d'actions paysagères.

Ce faisant, ces conditions témoignent de la volonté d'envisager le projet de paysage comme un outil permettant de dépasser les dynamiques de contestation et les logiques réactives qu'instaure bien souvent le développement de ligne de transport d'électricité en faveur de dialogues plus constructifs entre le promoteur et la société civile.

Implications pour de nouvelles pratiques

Par leur caractère transversal et dynamique, les enjeux de paysage associés aux projets d'implantation de lignes de transport d'énergie dans

---

35 Tremblay F., « Les paysages de rivières », *op. cit.*

le territoire invitent à renouveler les processus de mise en œuvre des projets. Les quatre points suivants résument les implications en matière d'aménagement du territoire en soulignant la nécessité de dépasser les logiques d'opposition et d'acceptation, d'investir les échelles locale, régionale et nationale et de s'assurer d'une prise en compte des dimensions physico-spatiale, sociale et politique des projets.

Des dimensions visuelles aux valorisations sociales et culturelles des territoires et des cadres de vie

Bien que les méthodes d'analyse visuelle rendent possible une appréciation de l'expérience visuelle « objective » d'une ligne à haute tension, l'analyse des projets de ligne avancés récemment au Québec[36] oblige de reconnaître qu'elles ne peuvent répondre, à elles seules, à l'ensemble des tensions et conflits que soulèvent les préoccupations paysagères. L'attention visuelle portée aux lignes résulte à la fois des conditions physico-spatiales d'implantation et des valorisations individuelles et collectives entretenues envers un territoire donné qu'il s'agisse d'environnement, de patrimoine, de santé publique ou de valeurs d'usage[37]. Afin d'élaborer des projets en cohérence avec les préoccupations des populations concernées aux échelles régionales et locales, la mise en œuvre de projets de paysage commande de porter une attention particulière, plus en amont dans les processus de projet, à la pluralité des valeurs collectives associées à la qualité des territoires et des cadres de vie. Changeantes dans le temps et associées au contexte particulier des milieux en présence, ces valeurs agissent directement sur la nature et l'intensité des préoccupations qu'une population entretient au regard d'un projet d'infrastructure donné et, par conséquent, sur son acceptabilité sociale.

D'une logique d'évitement à une logique d'opportunité

À l'heure actuelle, les approches de prise en charge des enjeux de paysage à l'intérieur des procédures d'évaluation environnementale au Québec prennent appui, à l'échelle régionale, sur une logique d'évitement des secteurs sensibles (ex. : territoire d'intérêt écologique, patrimonial, etc.) et, à l'échelle locale, sur une logique d'atténuation des impacts visuels. Dans un contexte où le paysage constitue un levier avéré et essentiel pour le développement social, culturel et économique

---

36 Paquette S. *et al.*, *op. cit.*

37 Gagnon C., « Paysage et esthétique des pylônes », in Poullaouec-Gonidec P., Domon G., Paquette S. (dir.), *Paysages en perspective*, Montréal, Les Presses de l'université de Montréal, série « Paysages », 2005, p. 209-240 ; Gagnon C., « Appréciation esthétique des équipements de transport d'énergie (réseaux de pylônes) », *op. cit.*

des collectivités, les enjeux se posent bien davantage aujourd'hui en termes de requalification et de mise en valeur des qualités paysagères des territoires concernés. Ce constat implique d'outrepasser les limites des approches traditionnelles en intégrant au processus d'évaluation des impacts des projets d'équipement, une démarche d'évaluation et d'identification des opportunités de projets de paysage. Tout en reconnaissant le caractère évaluatif de ce processus qui requiert forcément une analyse des potentialités de développement à partir d'une logique de mise en œuvre de projets d'infrastructure, la mise en évidence des opportunités de valorisation ou d'usages alternatifs du territoire (ex. : sentiers multifonctionnels, jardins communautaires, etc.) suppose une réflexion multipartite impliquant les principaux intervenants régionaux et locaux. De telles démarches sont de nature à améliorer la qualité des milieux limitrophes aux emprises, tout en contribuant à bonifier considérablement la perception du réseau électrique par les populations concernées. Sur un plan concret, cette logique d'opportunité permettrait certainement de délaisser les stratégies d'évitement qui concourent à favoriser l'élaboration de tracés sinueux accentuant du même coup la présence de la ligne dans le territoire au profit d'une intégration adaptée aux réalités physico-spatiales, sociales et politiques du territoire traversé.

D'une approche sectorielle à une préoccupation transversale en matière d'évaluation environnementale

Reconnaissant que la question du paysage intègre des préoccupations plurielles, les logiques sectorielles visant à en assurer la gestion se révèlent limitées. Ainsi et à titre d'exemple, la lecture des préoccupations sociales qui se sont exprimées lors de certaines consultations publiques sur les projets de lignes à haute tension[38], montre clairement que l'enjeu de paysage interpelle autant les milieux visuel, naturel qu'humain. Force est de reconnaître qu'une prise en compte adéquate des questions de paysage ne peut advenir sans considérer les dimensions paysagères à partir d'une perspective transversale. Ceci afin de poser à chacune des étapes du processus d'évaluation environnementale (ex. : diagnostic, planification, mesures de suivi) des décisions éclairées sur le devenir des territoires traversés.

---

[38] Noiseux D., *op. cit.* ; Simard L., « Conduite de projets et concertation : le cas des lignes THT en France et au Québec », thèse de doctorat déposée à l'Institut d'études politiques de Paris, cycle supérieur de sociologie, 2003 ; Gagnon C., « Appréciation esthétique des équipements de transport d'énergie (réseaux de pylônes) », *op. cit.* ; Letourneau H., *op. cit.*

D'une responsabilité unique à une responsabilité partagée

Admettant le caractère foncièrement public des préoccupations paysagères, la mise en œuvre de projets de paysage dans le contexte d'élaboration de projets de lignes impliquerait, à terme, un nouveau partage des responsabilités entre le maître d'ouvrage et les autres acteurs impliqués aux échelles nationale, régionale et locale. Ainsi, ce nouveau partage supposerait, tout d'abord, une révision de l'encadrement législatif et procédural assuré actuellement à l'échelle du Québec par les instances gouvernementales concernées. Ceci serait essentiel afin de rendre compte de la portée nouvelle des enjeux de paysage à l'intérieur des balises encadrant la procédure d'évaluation environnementale. Il supposerait ensuite une implication plus étroite des intervenants régionaux et locaux à travers la mise en œuvre d'approche partenariale et concertée.

Conclusion

Au carrefour des préoccupations d'ordre physico-spatial, social et politique, la mise en œuvre de projets de ligne à haute tension plus cohérents eu égard aux enjeux de paysage pose de nombreux défis, tant au plan des procédures et des processus actuellement en vigueur dans le domaine de l'évaluation environnementale, qu'au plan des principes qui encadrent actuellement les stratégies de développement et d'aménagement du territoire.

Sur le plan instrumental, il apparaît incontournable de mieux comprendre la nature des changements à opérer en matière notamment de planification, de participation publique, de partenariat et de suivi. Un travail énorme reste à accomplir de ce côté, car il implique de nouvelles manières de faire ainsi que de nouvelles responsabilités à partager à divers niveaux de gouvernance (national, régional et local). Dans un contexte où de nouvelles dispositions législatives (ex. : statut de valorisation de paysages particuliers) se mettent en place au Québec et au moment où de nouveaux outils de prise en compte des paysages se développent (ex. : guides de gestion, chartes régionales de protection et de mise en valeur, processus d'idéation, démarches de diagnostic)[39], les besoins d'actualisation des approches de mise en œuvre de projet de ligne se font pressants afin d'atteindre les objectifs d'acceptabilité sociale des équipements et de développement durable des territoires visés.

[39] Paquette S. *et al.*, *Élaboration et mise en œuvre d'une ligne de* transport, *op. cit.* ; Poullaouec-Gonidec P., Paquette S., *Montréal en paysages*, Montréal, Presses de l'université de Montréal, 2011.

Le vrai faux débat du beau

Pierre-Jean DELAHOUSSE

Tout et son contraire peut être dit lorsqu'on aborde la question du paysage. C'est pourquoi la façon la plus confortable, la moins risquée et la plus politiquement correcte est d'en faire un objet d'observation dont on décrit – « objectivement » donc – l'état, le fonctionnement, l'évolution ou, plutôt les « dynamiques » pour être sémantiquement correct et utiliser le vocabulaire en cours parmi les spécialistes.

Si donc Paysages de France[1] est ici aujourd'hui, c'est bien sûr parce qu'elle a été invitée. Mais ce n'est certainement pas pour que Paysages de France soit le comptable des wagons de béton ni l'entomologiste des poteaux et des poutrelles dont on a hérissé le paysage et dont on le hérisse jour après jour, depuis un siècle. Ni pour faire le *story-board* (scénarimage) des « dynamiques » passées et futures du paysage sous l'effet de la fée Électricité.

Le choc des poteaux

Une chose est sûre, si hier le poteau était « beau » parce que symbole de progrès, aujourd'hui plus personne n'en veut à côté de chez lui. Il y a donc bien une « régression ». Tout le monde veut désormais enfouir les lignes, les enterrer, les mettre six pieds sous terre ! On indemnise les riverains pour le préjudice visuel. On ne peut plus les encadrer. Et lorsque le photographe cadre, il les fait sortir du cadre. Au besoin sur son ordinateur. Les cartes postales sont, de ce point de vue, radicales.

On n'en veut plus ni à Saint-Tropez ni à Saint-Guénolé. Ni dans les « plus beaux villages de France » ni dans les « petites cités de caractère ». Ni dans les zones protégées, les espaces labellisés. Pas de poteaux à Monaco. Ni à Gstaad non plus. Le poteau est désormais un symbole d'archaïsme, de retard, de misère. Bref, pas dans mon jardin ! Prenez une demeure de riche. Celle d'un dirigeant d'une grosse société de l'électricité, par exemple. Vous pensez qu'on verra un poteau se risquer

[1] Paysages de France est une association agréée dans le cadre national au titre du Code de l'environnement. Site : http://www.paysagesdefrance.org/ ; adresse : contact@paysagesdefrance.org.

à proximité ? Non, bien sûr. Pas plus qu'on ne verra de panneaux dans le jardin de Decaux.

Pour trouver les poteaux dont plus personne ne veut, il faut aller dans la France profonde, dans les périphéries urbaines, dans les quartiers les plus défavorisés, les plus abîmés. On pourrait même dire que le nombre de poteaux autour des maisons est inversement proportionnel au niveau de vie des habitants. Combien de hameaux avec dix poteaux pour trois maisons !

Et si un projet de ligne haute tension (HT) ou très haute tension (THT) vous tombe sur la nuque, alors là, c'est la panique. Et lorsque, dans un paysage épargné l'habitat est dispersé, c'est le lever de boucliers. C'est pourquoi chaque fois que possible, on fait prendre aux lignes des chemins de traverse, on les éloigne, on les bannit, comme on bannissait les pestiférés, au fond des bois, là où personne n'habite, là où personne ne vit.

Mais en agissant ainsi, on les installe là où le paysage survit. Et c'est donc pire pour lui !

Et puis il y a eu, voici vingt ans, un choc, une révélation. À la Claudel. Non pas derrière le pilier d'une cathédrale, mais devant un pylône sacrilège... Un monstrueux poteau électrique en béton venait d'être planté à quelques mètres d'une chapelle romane, au beau milieu d'un paysage éblouissant de beauté et de pureté. C'était révoltant, absurde, barbare. Et c'est de ce choc qu'est née l'idée de créer l'association Paysages de France, aujourd'hui agréée au plan national et membre du Conseil national du paysage (CNP) !

Le vrai faux débat du beau ?

Mais n'est-ce pas là un regard kitsch ? Une subjectivité bornée, un conformisme éculé ? Même si les plus riches et les « meilleurs » ne veulent pas de panneaux et de poteaux dans leurs ghettos fleuris ?

Qu'y a-t-il de plus « beau » d'ailleurs, au sens moderne du terme, de plus saisissant, de plus transcendant que la tour Eiffel ? Elle était décriée. Elle est adorée. Elle était stigmatisée : elle est classée. Ce serait même le monument le plus visité, le plus photographié. Or s'il est un « miracle », c'est que ce geste architectural magistral au cœur de la capitale se soit multiplié comme les petits pains. C'est qu'il puisse se décliner – certes en plus petit, en moins grandiose, en plus pataud ou moins élancé – à l'infini, au-delà de la Ville lumière, jusque dans les campagnes les plus profondes et obscures, par-dessus les rocs, les falaises, les vallons et les pitons. Les pylônes HT ou THT, c'est la tour Eiffel pour tous et à tous les étages du paysage. Bref, le bonheur est désormais même dans le pré !

Vous aurez donc remarqué que la question de l'esthétisme est derrière nous. Elle l'est en fait depuis longtemps. La question n'est plus de savoir si l'on a affaire à un poteau beau (genre pylône de Louxor ou plutôt genre colonne de la place Vendôme), ou si l'on a affaire à un poteau laid. Mais plutôt de comprendre que, comme le Mont-Blanc, so ist, cela est.

La vérité est que nous sommes passés de l'autre côté du miroir. Un autre monde fascinant et fantastique s'ouvre à nous sur le grand écran du paysage postmoderne. L'art explore d'autres voies, d'autres « galaxies » ; il pose et impose un regard neuf sur l'espace.

L'art de l'installation a fait de l'artiste un installateur. Hélas, pourrait-on dire, installations et accumulations sont circonscrites dans des espaces étroits. Et elles sont éphémères. Limitées donc dans l'espace et le temps. Or, quelle est dans la création contemporaine, l'accumulation, l'installation qui peut rivaliser un seul instant avec la ligne de fuite éperdue, quelque part dans le Nevada ou le Sud marocain, des centaines de pylônes d'une ligne THT crépitant au soleil couchant, dans un ciel de jeu vidéo ? Aucune, naturellement.

Agir pour éviter le pire

Et donc puisque, vous l'avez compris, le « laid » peut être le « beau » et inversement, l'enjeu aujourd'hui est, non pas de discourir, mais d'éviter le pire. Car nous avons tous, consciente ou tapie au fond de nous, l'angoisse de ce pire : la mort pure et simple de ce que chacun sait obscurément être le paysage. Le recul à grande vitesse de la biodiversité et des paysages, sous le rouleau compresseur de l'artificialisation galopante de l'espace, chacun est capable de le mesurer : l'équivalent d'un département français bétonné, aménagé, rayé de la carte tous les dix ans !

Paradoxalement, ceux qui sont les premiers à stigmatiser les « irresponsables » qui, au nom de la nature (et de concepts aussi fumeux que le paysage !), mettent des bâtons dans les roues de la course folle à laquelle on assiste sont aussi les premiers à protéger ou recréer, chez eux et pour eux, le paysage qu'ils tuent ailleurs. Les écrins paysagers inaccessibles au commun des mortels, c'est pour eux ! Les espaces de beauté à l'abri de toute nuisance visuelle ou sonore, c'est à eux ! Ce qu'est le paysage, ils savent donc instinctivement, pertinemment. Et donc ils savent ce qu'est la mort du paysage.

Il est donc temps aujourd'hui que la fée Électricité, ainsi la naïveté du XIXe siècle finissant l'appelait, ne soit plus la sorcière qu'elle est devenue progressivement en déployant ses rets à travers l'ensemble du territoire.

Il est urgent aujourd'hui de consacrer tous les efforts nécessaires pour que ce ne soit pas en définitive la fatalité (il n'y a rien à faire !) qui ait le dernier mot, mais que les progrès techniques et l'imagination permettent de trouver les solutions appropriées, compatibles avec la survie de ce que chacun sait, obscurément ou pertinemment, être le paysage.

Clichés : Paysages de France

Notices biographiques

Sophie Bonin

Ingénieur agronome (Engref), docteur en géographie, Sophie Bonin est maître de conférences à l'École nationale supérieure de paysage de Versailles-Marseille, depuis 2009. Elle est responsable du Master 2 Théories et Démarches du Projet de Paysage. Les questions de paysage sont au cœur de son activité de recherche et d'enseignement, depuis une expérience en bureau d'étude, puis de sa thèse de doctorat (Université Paris 1, laboratoire LADYSS), qui portait sur les paysages du fleuve Loire, leur perception par les habitants et leur prise en compte par les politiques publiques. Elle a piloté un programme de recherche sur les grands barrages, notamment en ce qu'ils révèlent comme attachement au territoire et comme modes de gouvernance des projets d'aménagement. Plus récemment, ses recherches ont porté sur les questions de trames vertes, et de qualification des paysages périurbains. La problématique centrale reste celle des écarts entre les perceptions et représentations sociales des habitants, et celles des politiques publiques et de l'expertise paysagiste. Son premier poste de maître de conférences était à l'université Joseph-Fourier de Grenoble, UMR PACTE-Territoires ; son parcours l'a aussi conduite à un poste de chargée de recherche au sein du CETE de l'Ouest, organisme du réseau scientifique et technique de l'ex-ministère de l'Équipement.

Christophe Bouneau

Ancien élève de l'École normale supérieure de Saint-Cloud et agrégé d'Histoire, Christophe Bouneau est professeur d'histoire économique à l'université Michel de Montaigne Bordeaux 3 et directeur de la Maison des sciences de l'homme d'Aquitaine (MSHA). Ses travaux de recherche portent sur l'histoire de l'innovation, des grands réseaux techniques, du développement régional et du tourisme en Europe occidentale. Il a publié une quinzaine d'ouvrages, notamment avec M. Derdevet et J. Percebois, *Les réseaux électriques au cœur de la civilisation industrielle*, Paris, Timée Éditions, 2007, 178 p. ; *Entre David et Goliath. La dynamique des réseaux régionaux. Réseaux ferroviaires, réseaux électriques et régionalisation économique en France du milieu du XIXe siècle au milieu du XXe siècle*, Bordeaux, Éditions MSHA, 2008, 558 p. ; *The History of CIGRE (International Council on Large Electric Systems). A key player in the development of electric power systems since 1921*, Paris, Conformes, 2011, 204 p. ; dir. avec Y. Lung, *Les dynamiques des systèmes d'innovation : logiques sectorielles et espaces de l'innovation*, Bordeaux, Éditions MSHA, 2009, 224 p. ; dir. avec M. Figeac, *Le verre et le vin de la cave à la table du XVII*e *siècle à nos jours*, Bordeaux, Éditions MSHA, 2007, 418 p. et dir. avec D. Burigana et A. Varsori, *Trends in Technological Innovation and the European Construction : the Emerging of Enduring Dynamics ?*, Bruxelles, PIE Peter Lang, 2009, 258 p.

Yves Bouvier

Maître de conférences en histoire contemporaine à l'université de Savoie (Chambéry), depuis 2009. Après sa thèse, soutenue en 2005 à l'université Paris-Sorbonne sur les relations entre la Compagnie générale d'électricité et l'État au XXe siècle, il a prolongé ses recherches en histoire de l'énergie et en histoire des entreprises ainsi qu'en histoire des technologies de la communication. Il a été secrétaire scientifique du Comité pour l'histoire de l'électricité de la Fondation EDF de 2003 à 2009. Ses principales publications sur le sujet sont *État et énergie. XIX*e*-XX*e *siècle* (avec Alain Beltran, Christophe Bouneau, Denis Varaschin et Jean-Pierre Williot, Paris, CHEFF, 2009), *Le patrimoine industriel de l'électricité et de l'hydroélectricité* (avec Denis Varaschin, Chambéry, université de Savoie/LLS, 2009), « Patrimoine en poche : Électricité de France et l'objet publicitaire » (*Flux. Cahiers scientifiques internationaux Réseaux et territoires*, n° 82, octobre-décembre 2010, p. 24-33), « Filming Electrical Consumption. EDF's Promotional Films (1946-2004) » (in Karin Zachmann and Nina Möllers (eds.), *Past and Present Energy Societies. How Energy connects Politics, Technologies and Cultures*, Bielefeld, Verlag, 2012, p. 109-133).

Pierre-Jean Delahousse

Président de l'association Paysages de France. Fondée en 1992, Paysages de France se présente comme la seule association nationale militante et indépendante qui ait pour objet explicite la défense du paysage dans sa globalité. Elle a pour objet de protéger, réhabiliter et valoriser les paysages urbains et non urbains, ces derniers constituant une part essentielle du « patrimoine commun de la nation ». Pour ce faire, elle lutte contre les atteintes au paysage et au cadre de vie et contre toutes les formes de pollution, notamment visuelle. Très impliquée dans la lutte contre l'affichage publicitaire illégal, elle a remporté de nombreuses victoires judiciaires (67), en particulier devant les tribunaux administratifs. Alors que les conséquences de la course à la croissance marquent quotidiennement au fer rouge le visage de la planète, Paysages de France défend une autre conception de la relation de l'homme au monde : à la consommation et à l'exploitation sans frein des richesses de la planète, elle oppose une approche fondée notamment sur la contemplation. http://paysagesdefrance.org.

Jean-Christophe Fichou

Professeur de géographie en CPGE au lycée de Kerichen à Brest, Jean-Christophe Fichou est agrégé, docteur en géographie, docteur habilité en histoire contemporaine, chercheur associé du Centre Viète-université de Bretagne occidentale, Brest, et membre du CETMA, CNRS-MNHN, Paris. Sur les phares, ses publications comprennent une cinquantaine d'articles et de monographies, dont : *Phares*, Le Chasse-marée édition, 1999 ; *Gardiens de phares*, PUR, 2002 ; *Tous les phares de France*, Ouest-France, 2005 ; *La Flotte du Service des Phares*, Marines Éditions, 2009 ; *Les maisons-phares*, Ouest-France, 2011 ; *Phares en mer*, à paraître, Ouest-France, 2013. Ses recherches actuelles portent sur le domaine maritime au sens large et les communautés maritimes qui le font vivre. D'abord sur les thèmes liés aux poissons et à leur pêche (conserveurs de poissons, pêcheurs et leurs techniques, pisciculture, poissons pêchés, alimentation en mer, etc.). Ensuite sur les infrastructures d'accueil (ports, entrepôts, glacières, chantiers navals, villes portuaires, etc.). Enfin sur la navigation et la sécurité de la navigation (cartes marines, phares, tourelles, règles de balisage, etc.). À paraître : *Conserveurs et conserveries de poisson sur le littoral atlantique français, 1852-1969.*

Caroline Gagnon

Détentrice d'un doctorat en aménagement, d'une maîtrise en aménagement de l'université de Montréal et d'un baccalauréat en design de l'environnement de l'université du Québec à Montréal, Caroline Gagnon occupe depuis quelques années le poste d'agente de recherche senior à la Chaire en paysage et environnement et enseigne à titre de chargée de cours à l'École de design industriel et à l'École d'architecture de paysage à l'université de Montréal. Ses travaux de recherche couvrent un large champ de réflexion, soit les questions reliées à l'esthétique du quotidien dans les projets de design à travers une perspective apte à cerner les conditions et les valeurs associées à l'environnement et aux milieux de vie des citoyens. Elle travaille principalement sur des recherches portant sur le design des équipements publics dans le paysage (toits verts et infrastructures vertes, écrans acoustiques, boîtiers de télécontrôle et équipements techniques, équipements de transport et de distribution électrique). Plus largement, elle développe une réflexion sur la contribution du design au développement des villes et des territoires ainsi que sur l'acceptabilité sociale et publique des interventions de design dans les milieux de vie.

Rémi Guillemette

Rémi Guillemette détient un baccalauréat (licence) en histoire de l'université de Sherbrooke, où il termine sa maîtrise en histoire dans un cheminement de type recherche en informatique appliquée à l'histoire. S'intéressant aux questions paysagères, environnementales et énergétiques, son mémoire en cours s'intitule : *« The Electric City » : Sherbrooke et son paysage hydroélectrique de 1880 à 1930*. Cet intérêt pour l'histoire environnementale ainsi que pour les nouvelles technologies l'amène à participer au projet « La lecture enrichie des récits de voyage à partir du *widget* Simile Exhibit ». Celui-ci applique un balisage XML aux récits d'explorateurs préindustriels dans le but de mieux suivre l'évolution des milieux et l'impact de la présence humaine en Amérique du Nord. Rémi Guillemette est également auxiliaire d'enseignement et assistant de recherche à l'université de Sherbrooke.

Audrey Jeanroy

Ancienne allocataire de l'université François-Rabelais de Tours (2007-2010) et ancienne chargée d'études et de recherche à l'Institut national d'histoire de l'art (2007-2011), Audrey Jeanroy est actuellement A.T.E.R. à l'université Marc Bloch de Strasbourg (UFR des Arts) où elle enseigne l'histoire du design. Depuis 2006, elle travaille sur l'architecte Claude Parent (1923) dans le cadre de ses recherches universitaires (thèse en cours). Elle a été commissaire associée de l'exposition *Claude Parent : l'œuvre construite, l'œuvre graphique* qui s'est tenue à la Cité de l'architecture et du patrimoine de Paris en 2010.

Maxime Krummenacker

Ancien étudiant de l'université Michel de Montaigne – Bordeaux 3, il a rédigé un mémoire de recherche en histoire contemporaine sur *Le réseau de transport d'électricité face aux tempêtes de décembre 1999 et janvier 2009 : enjeux techniques, gestion de crise et retours d'expérience*, sous la direction de Christophe Bouneau. Il est l'auteur d'un article portant sur « L'impact de la tempête Klaus de janvier 2009 en Aquitaine », paru dans la revue de l'Institut aquitain d'études sociales.

Actuellement étudiant à Sup de Co Montpellier, il finalise un master 2 en e-business et en finance, orienté vers le secteur de l'énergie. Après six mois en Suède durant lesquels il a rédigé plusieurs articles pour *Utrikespolitiska studentföreningen vid Linköpings Universitet,* association portant sur les grands enjeux de la politique internationale (« A sketch of the surveillance society : description and general issues » ; « Swedfund : a tool for a global development »), il effectue un stage chez RTE à la Direction de la communication, en tant que communicant média sur le web.

Olivier Labussière

Docteur en géographie – aménagement (université de Pau, 2007), Olivier Labussière a été chercheur CNRS (post-doc, 2008-2010) au Centre de recherche historique (EHESS) et au Centre international de recherche sur l'environnement et le développement (CIRED). Maître de conférences à l'Institut de géographie alpine (Grenoble), il est chercheur au laboratoire PACTE. Ses travaux portent sur la géographie de l'énergie et les nouvelles spatialités de la transition énergétique. Il co-coordonne avec Alain Nadaï et Jonathan Rutherford le séminaire mensuel « Énergie, sociotechnique, territoire » (EST) qui se déroule à Paris et à Grenoble. Il dirige avec Alain Nadaï le projet ANR « Collectifs sociotechniques et transition énergétique » et participe à de nombreux projets de recherche.

Stéphanie Le Gallic

Stéphanie Le Gallic (IRICE-CRHI) prépare actuellement une thèse de doctorat sur l'histoire de la publicité lumineuse à Paris et à Londres depuis la fin du XIXe siècle sous la direction du Pr Pascal Griset, Paris-Sorbonne. Ses domaines de recherche s'articulent entre histoire de l'électricité, histoire des techniques et réflexions sur le paysage urbain selon une approche comparée des grandes métropoles occidentales. Parallèlement, elle enseigne depuis quatre ans l'histoire des médias et des télécommunications en Europe et aux États-Unis à Paris-Sorbonne. Secrétaire scientifique du Comité d'histoire de l'électricité, EDF, depuis 2011, elle est également trésorière de l'association P2M, Passé-Présent-Mobilité qui soutient le développement d'un champ disciplinaire centré sur les questions de mobilité, à partir de problématiques historiques.

Alain Nadaï

Socio-économiste, directeur de recherche au Centre international de recherche sur l'environnement et le développement (CIRED-CNRS), ses recherches ont porté sur les controverses environnementales (taxation carbone énergie, écolabels de produits) ainsi que sur les politiques de l'environnement, de l'énergie et du paysage. Elles se concentrent aujourd'hui sur les enjeux sociaux, institutionnels et territoriaux de la transition énergétique ainsi que sur l'articulation entre les dynamiques locales, nationales et transnationales qui en sont au cœur, à partir de l'analyse de plusieurs processus : développement de l'éolien terrestre et *offshore* ; développement du solaire photovoltaïque ; émergence et déploiement de la politique européenne de capture et le stockage géologique du CO_2 ; émergence de communautés énergétiques durables en France et lien à la politique climat énergie. De 2007 à 2011, Alain Nadaï a contribué à la rédaction du rapport du GIEC sur les énergies renouvelables (SRREN).

Sylvain Paquette

Professeur agrégé sous octroi à la Chaire en paysage et environnement de l'université de Montréal (CPEUM), ses travaux abordent la question du paysage comme un phénomène de valorisation sociale et culturelle des territoires habités et ont fait l'objet de nombreuses publications dans des revues d'envergure nationale et internationale. Évoluant au sein d'une chaire de recherche appliquée supportée par un large partenariat institutionnel, il a été engagé depuis 2001 dans de nombreuses opérations de recherche impliquant, entre autres, les ministères québécois des Affaires municipales, des Régions et de l'Occupation du territoire, des Transports, Hydro-Québec ainsi que plusieurs instances régionales et locales. Parmi ses publications récentes, il est l'auteur, avec Philippe Poullaouec-Gonidec et Gérald Domon, du *Guide de gestion des paysages au Québec : lire, comprendre et valoriser le paysage*, ouvrage publié en 2008 avec le soutien du ministère de la Culture, des Communications et de la Condition féminine. Ce guide constitue le premier ouvrage de référence au Québec destiné à encadrer l'action gouvernementale dans son rôle d'accompagnement des démarches paysagères élaborées à l'échelle des territoires régionaux et locaux.

Virginie Parent

Diplômée d'études supérieures spécialisées en archivistique à Angers, Virginie Parent a successivement occupé les postes d'archiviste aux Archives départementales d'Ille-et-Vilaine puis de responsable de la section archives au Bureau des archives du monde combattant du ministère de la Défense (archives des prisonniers de guerre, internés, déportés, fusillés de la Seconde Guerre mondiale). En 2002, recrutée comme responsable des archives historiques d'EDF-GDF puis comme adjointe au responsable d'EDF Archives au 1er octobre 2010, elle est en charge des archives historiques et de l'activité conseils-expertise.

Arnaud Passalacqua

Maître de conférences en histoire contemporaine à l'université Paris Diderot, ses travaux portent sur l'histoire de la mobilité en Europe, dans les métropoles (Paris, Londres, Rome, etc.), comme à l'échelle interurbaine, par le biais d'une campagne d'archives orales sur la naissance de RFF. Il co-dirige la collection *Cultures mobiles* aux éditions Descartes & Cie et participe à l'animation du séminaire P2M d'histoire de la mobilité. Publications récentes : *La Bataille de la route*, Paris, Descartes & Cie, 2010 ; *L'Autobus et Paris. Histoire de mobilités*, Paris, Economica, 2011.

Éric Pautard

Chercheur à l'Institut des sciences de l'homme (USR 3385 du CNRS) et enseignant au Département de science politique de l'université Lyon II-Lumière, il est membre associé au Laboratoire interdisciplinaire des énergies de demain (LIED-université Paris Diderot), et l'auteur d'une thèse de sociologie intitulée « Vers la sobriété électrique. Politiques de maîtrise des consommations et pratiques domestiques » (université Toulouse II-Le Mirail, 2009). Ses recherches portent sur les formes de régulations sociales et politiques des usages individuels, notamment en lien avec les questions énergétiques et environnementales.

Sophie Pehlivanian

Après des études en design industriel, Sophie Pehlivanian s'est orientée vers l'histoire de l'art à l'université d'Aix-Marseille I. Elle s'est ensuite spécialisée dans la mise en valeur du patrimoine industriel scientifique et technique à l'université d'Artois, puis de Savoie. Durant l'année 2009, dans le cadre de son emploi en tant que chargée du patrimoine à l'Institut pour l'histoire de l'aluminium (IHA), elle a écrit des articles portant sur la collection d'automobiles Jean-Albert Grégoire-IHA, publiés dans l'Archéologie industrielle en France (CILAC) et dans les Cahiers d'histoire de l'aluminium (IHA). Depuis 2009, Sophie Pehlivanian prépare une thèse de patrimoine sur l'histoire de l'énergie solaire en France à l'université de Savoie, sous la direction du professeur Denis Varaschin.

Philippe Poullaouec-Gonidec

Titulaire et cofondateur de la Chaire en paysage et environnement de l'université de Montréal. Depuis 2003, ce professeur titulaire de l'École d'architecture de paysage de l'université de Montréal est titulaire et fondateur de la Chaire UNESCO en paysage et environnement de l'université de Montréal (CUPEUM). Il est également expert auprès de l'UNESCO. Engagé activement à faire reconnaître la portée culturelle et sociale de l'enjeu du paysage auprès des pouvoirs publics, il a reçu en 2005 l'un des cinq prestigieux prix de recherche Trudeau (Lauréat de la Fondation Trudeau) en reconnaissance de sa contribution remarquable aux questions d'intérêt public dans le domaine de l'architecture de paysage. Avec Gérald Domon et Sylvain Paquette, il a dirigé l'ouvrage intitulé *Paysages en perspective* collectif publié en 2005 aux Presses de l'université de Montréal (PUM). Il dirige également la collection « Architecture de paysage » des PUM dont la parution des trois premiers titres a été l'occasion de diffuser les expérimentations internationales de projets de paysage urbain de la CUPEUM.

Denis Varaschin

Professeur d'histoire contemporaine depuis 1999 et en poste à l'université de Savoie (Chambéry) depuis 2007, Denis Varaschin est président de l'université de Savoie depuis 2012. Directeur du Centre de recherche « Milieux économiques, modernisation et intégration européenne » de 1999 à 2007, délégué scientifique coordinateur auprès de l'AERES, expert auprès de l'ANR et du CNRS, ses travaux de recherche portent sur l'histoire et le patrimoine de l'énergie, et d'abord sur celui de l'électricité. Parmi ses publications : *Tignes, la naissance d'un géant* (2001, réed. 2011), *Mémoires de l'électricité* (DVD-Rom, MSH, Fondation EDF, 2007), *État et énergie. XIXe-XXe siècle* (avec Alain Beltran, Christophe Bouneau, Yves Bouvier et Jean-Pierre Williot, Paris, CHEFF, 2009), *Le patrimoine industriel de l'électricité et de l'hydro-électricité* (avec Yves Bouvier, Chambéry, université de Savoie/LLS, 2009).

Renan Viguié

Actuellement professeur d'histoire-géographie au collège Louis Aragon de Torcy, Renan Viguié est lauréat du prix Jeune Chercheur de l'académie François Bourdon « techniques, entreprises et société industrielle » pour son *Histoire des échanges électriques entre la France et l'Espagne de l'entre-deux-guerres à nos jours*, mémoire de master sous la direction du Pr Christophe Bouneau, université Michel de Montaigne – Bordeaux 3. Ses travaux s'intéressent à l'histoire de l'électricité, mais aussi au développement industriel des deux côtés des Pyrénées (« Électricité, électrification et industrialisation régionale dans la première moitié du XXe siècle. Panorama pyrénéen » *in* Le Bot F. et Perrin C. (dir.), *Les chemins de l'industrialisation en Espagne et en France. Les PME et le développement des territoires (XVIIIe-XXIe siècles)*, Bruxelles,

PIE Peter Lang, 2011, p. 335-349), à la question du patrimoine industriel électrique (« Le réseau électrique en France » dans Bouffange S. et Moisdon P., *Regards sur le patrimoine industriel de Poitou-Charentes et d'ailleurs*, Cahiers du Patrimoine n° 91, La Crèche, Geste éditions, 2008, p. 196-205) ou bien encore au rôle des entreprises gestionnaires des réseaux, notamment RTE avec laquelle il a plusieurs fois collaboré.

Collection « Histoire de l'énergie »

La collection « Histoire de l'énergie » est née du constat de l'éparpillement des publications sur le thème de l'énergie, au moment même où le champ est en profond renouvellement. Le projet scientifique de la collection consiste à rendre compte, par la publication de thèses, d'actes de colloques ou de travaux de recherche, de la diversité des approches scientifiques. Proposer une vaste réflexion sur les différentes énergies, tant pour ce qui est de leur production que de leur consommation, étudier au plus près les acteurs (entreprises, États, consommateurs), les marchés, les modes de vie : l'ambition est de privilégier une mise en perspective historique globale dans laquelle les différentes énergies sont tout à la fois concurrentes et complémentaires. En ouvrant cette voie volontairement large, la collection « Histoire de l'énergie » entend faire circuler et se rencontrer des travaux académiques venus d'horizons variés.

*

Le Comité d'histoire de l'électricité est l'héritier de l'Association pour l'histoire de l'électricité en France, créée en 1982 par Marcel Boiteux, alors PDG d'EDF, Maurice Magnien et François Caron, professeur à l'Université Paris-Sorbonne. Grâce au concours d'EDF, la mission qu'il se donne est double : soutenir la recherche sur l'histoire et le patrimoine de l'électricité et en diffuser les résultats. Ainsi, après avoir soutenu l'organisation du colloque « Les paysages de l'électricité : perspectives historiques et enjeux contemporains », en assure-t-il aujourd'hui la publication dans la collection « Histoire de l'énergie ».

FSC
www.fsc.org
MIX
Papier | Fördert
gute Waldnutzung
FSC® C083411

Kolibri 360 GmbH
Ferdinand-Jühlke-Straße 7
99095 Erfurt, Deutschland
produktsicherheit@kolibri360.de